U0050104

主題餐廳設計與管理

黃瀏英◎著

前　言

　　二十一世紀是個講求個性的時代，表現在消費行為上，大眾化模式不再適合人們的口味，追求消費個性便成了一種時尚潮流。在這種時代背景下，以滿足個性餐飲消費需求的主題餐廳將會成為一種新的流行趨勢。

　　這種以滿足人們享受消費環境為主、吃飯為輔的主題餐廳是在八〇年代由美國人創造發明的，因為獨特的經營方式，很快風靡世界。有記者這樣描述主題餐廳：海盜船餐廳播放著恐怖音樂，天棚內懸掛著猙獰的骷髏頭，人們在這樣的環境下仍悠閒地喝著啤酒，談笑自如；「太空艙」內，服務小姐一身太空衣，窗外不時有流星閃爍；「潛水艇」內魚兒從舷窗游過，海浪不時奔湧……這就是日益走近我們生活的主題餐廳。

　　本書從分析主題餐廳的內涵著手，抓住主題餐廳的兩大本質特徵——差異性和文化性，分六個篇章介紹了主題餐廳興起的源泉、尋找主題的前提、主題餐廳成功的關鍵、主題餐廳發展的根基、主題餐廳活力的體現以及部分主題餐廳個案設計。書中索引了大量的案例以及圖片，力求通俗地向讀者朋友介紹主題餐廳的設計要點與管理要點。但由於作者學識有限、時間倉促，書中定有不少瑕疵，敬請各讀者朋友指正。

目 錄

第一章
個性化消費：主題餐廳興起的源泉

隨著社會的發展，顧客的心思越來越難以把握。五、六〇年代，十個顧客只有一個聲音，到了九〇年代，一個顧客就有十個不同的聲音。個性化、多樣化的消費潮流使人人都希望透過產品或服務來表現出自己獨特的個性和品位。因而，對於餐廳而言，其經營活動的終極戰場應該是顧客的心靈，以富有個性的產品或服務接近、迎合顧客。越接近顧客，餐廳成功的機會就越大。而主題餐廳的出現，正是迎合了顧客日益變化的餐飲消費需求，它以定制化、個性化、特色化的產品和服務來感動餐廳所選定的諸多「上帝」發揮出了巨大的魅力。

主題餐廳的出現並非偶然，而是基於一定的社會條件。本章擬在分析主題餐廳基本內涵的基礎上，著重研討主題餐廳的類別、效用以及興起的原因。

第一節　主題餐廳內涵分析

在文藝創作中，主題是一個非常核心的概念。它是指在文藝作品中透過具體的藝術形象表現出來的中心思想，也稱作主題思想。它是文藝作品內容的靈魂，任何一篇優秀的文藝作品都必須具備鮮明的主題，並且題材的選擇、人物的塑造、情節的安排、結構的組合、語言的錘煉都應服從表達主題的需要。作品的主題集中反映了作者對所描繪的生活的認識和評價，反映了作者的階級立場和世界觀。

正如一篇好的文藝作品需要有一個明確的主題，步入新時代的餐廳，也必須創設一個鮮明、獨特的主題，才能在眾多的同行中脫穎而出。那麼，什麼是主題餐廳？主題餐廳的基本內涵是什麼？如何從本質上來把握主題餐廳？這些都是餐廳在創設主題時首先應解決的基本問題。

一、主題餐廳的涵義

　　一般認為，主題餐廳是透過一系列圍繞一個或多個歷史或其他的主題為吸引標誌，向顧客提供飲食所需的基本場所。它是最大特點是賦予一般餐廳某種主題，圍繞既定的主題來營造餐廳的經營氣氛：餐廳內所有的產品、服務、色彩、造型以及活動都為主題服務，使主題成為顧客容易識別餐廳的特徵和產生消費行為的刺激物。

　　簡而言之，主題也就是題目。一個主題是「一個復現的題目或在該題目上構築的各種變化」：一個時間、一個地點、一種思想狀態，都可演變成為一種細節豐富、值得回味和逃避現實的主題環境。如舊上海的三〇年代，如好萊塢的默片時代，如中美洲的熱帶雨林，如披頭四的搖滾樂，這些特定的時間概念、地點概念、人物概念，都可作為主題，由此誕生了世界上最著名的舊浦江風情主題餐廳、好萊塢星球餐廳、熱帶雨林餐廳、硬石餐廳等。

　　主題也可看作是想像力和幻想馳騁的發射台。因為它需要人們透過豐富、大膽的聯想和回憶，「親臨」世界各個地方、歷史各個時期、理想中的香格里拉、現實中的風土人情，使顧客在富有異國情調的環境中、變幻莫測的時光隧道中享用美食佳餚，暫時拋卻塵世生活中的生活特色和生活內容。尤其是對八〇年代出生的新新人類而言，這種超脫現實的主題情境更具誘惑力和吸引力。

　　值得分析的是，主題餐廳和特色餐廳兩者之間的關係。一般，提及主題餐廳，人們習慣上將其與特色餐廳等同起來。事實上，兩者是相區別的概念。首先，主題餐廳一定是一個特色餐廳。主題餐廳的必備特質是特色，即主題餐廳生存和發展的資本是「個性化」的特色，如熱帶雨林、硬石等世界知名的主題餐廳無一例外都是以獨特的品質傲立於世界餐飲。但是，特色餐廳不一定是主題餐廳。在現實餐飲市

場上，存在著許多特色餐廳，它們一般以特色的招牌菜取得「特色」地位。如杭州西湖邊著名的「樓外樓」是一家以經營杭菜爲主的特色餐廳，其看家菜「西湖醋魚」、「宋嫂魚羹」、「西湖蔬菜」、「叫化雞」、「炸響鈴」、「龍井蝦仁」等蜚聲海外；成爲杭州餐廳中的一枝特色獨秀。但是，從嚴格意義上講，「樓外樓」不能稱爲是主題餐廳。因爲主題餐廳除了要有特色鮮明的各類特色菜之外，還非常注重主題文化的深度開發，注重相應環境的營造，藉助於環境突出其主題特色。而樓外樓的建築風格雖有「仿古特色」，但流於一般的中式古建築，沒有淋漓盡致地表現出杭州當地應有的基本文化特徵。

因此，較之於特色餐廳，主題餐廳更強調從菜式到環境的全範圍的特色化和鮮明化。著名的硬石餐廳（如**圖1-1**），就是一家以搖滾樂爲主題的餐廳，把音樂與美國菜餚融於一體，成爲美食和音樂的化身。

這家餐廳是西洋音樂的博物館，收集和展出了許多世界樂壇明星的紀念品。以北京的硬石餐廳爲例，一走進餐廳，即可看見正門上方

圖1-1　硬石餐廳

牆壁上高懸著一輛紅色的凱迪拉克轎車。據說是1960年製造的高級名貴的「老爺車」，只是不知是哪位歌唱家收藏。餐廳台階有意設計成鋼琴鍵，「鋼琴鍵」一直通到餐廳走廊。沿著這走廊即可步入現代音樂的「天堂」。放眼望去，四周牆壁都是吉他和金唱片，吧台也是一把奇妙的吉他！天花板上是一幅圖形壁畫，西方著名的歌手在天壇和長城邊高歌。餐廳設有表演台，可供各類樂隊或顧客即興演出，顧客在此可同時欣賞到西洋樂和新的流行樂。二樓為露台，意在體現人性、音樂與自然的天然吻合。

值得一提的是，餐廳收藏品極為豐富，陳列出來的多達四百多種，這裡有Elton Johns的眼鏡和手提式鍵盤、Michael Jackson的金屬片手套、Everly兄弟的吉他、Def Leppardde的吉他、披頭四45英寸的金唱片，有1966年到1967年的迷魂音樂海報，還有多種由著名樂手簽名的唱片、白金唱片以及音樂會的海報等。這是硬石餐廳的又一大特色：世界上音樂紀念品最廣泛、最豐富的收集者。還有硬石T恤，帶有硬石標誌的各式別針、鈕扣、手錶、牛仔夾克等，也成為收藏品的熱點，吸引了一批批忠實的硬石迷。

硬石餐廳的第三個特色，也是最主要的特色，就是擁有純正的美國家鄉菜餚。硬石整個餐廳可容納四百多位客人，客人可以品嚐到硬石餐廳特色食品。因為硬石餐廳是面向大眾的，所以，與一些高檔餐廳比，硬石的菜並不算貴。它的特色食品有：水牛城辣雞翅、燒烤肉絲三明治、硬石鹹肉三明治、硬石墨西哥烤肉煎餅、燒烤豬排和各式風味漢堡；硬石的著名甜餅有道地的紐約起司蛋糕、巨無霸巧克力核桃餅、巧克力仙蒂等，硬石的吧台也很有特色，呈一個大吉他形狀。坐在吧台高腳椅上，要一杯硬石特色酒水：冰鎮香檳雞尾酒、硬石龍捲風或碎冰香檳雞尾酒，吃著免費提供的美國大爆米花，聽著超一流音響設備播放的六〇年代到九〇年代的西洋音樂，還可以到大廳中央盡興起舞。如果恰好有人過生日，硬石餐廳會送上生日禮物，「壽星」

高高地站在椅子上接過禮物好好風光一次。此時此刻，全場的口哨聲和歡呼聲會一浪高過一浪，讓「壽星」充分體會到大家庭的祝福。並且，在硬石餐廳用餐若出餐廳辦事，門衛會在顧客手腕上蓋一個藍色的印章，憑此可免去排隊再次進入餐廳。硬石在店名、店內環境、菜點設計、活動安排等方面都集中體現了一個主題：搖滾樂和美式餐飲。

可見，主題的關鍵在於如何充分調動各種「因素」來深化特色，營造出一種無所不在的特色氛圍。特色餐廳充其量只能稱爲「準主題餐廳」。大凡在菜式上有新意的餐廳就可稱之爲特色餐廳，對於特色餐廳而言，關鍵在於菜式上的突破。而對於主題餐廳而言，追求的則是從菜式、環境、服務、文化等方面的整體創新巧特色。

二、主題餐廳的本質

從主題餐廳的內涵出發，我們可進一步分析主題餐廳的本質。一般，主題餐廳的本質可以從如下兩方面來把握：

(一) 主題的本質是差異

較之於大眾餐廳，主題餐廳的優勢在於強調差異——標準化基礎上的差異化，即餐廳在激烈的競爭中，透過塑造一種與眾不同的形象，使自己的產品與服務區別於競爭對手，優於競爭對手，進而使顧客偏愛自己的產品與服務。這種差異，就餐廳而言，應是全面的，不僅包括菜餚糕點、桌椅餐盤等有形的差異，還包括微笑服務、個別關照等無形的差異，不僅包括設施設備的多寡、優劣、新舊等物質屬性上的差異，還包括廣告宣傳、營銷策劃等銷售環境上的差異。因此，對於主題餐廳而言，經營的著眼點應放在標準化之上的差異化，應努力尋求各種不同的差異——即主題。在餐飲市場跨入買方市場的今

天，差異化是餐廳營銷人員手中的武器。差異的優勢越明顯，該餐廳在競爭中的優勢就更多，成功的機會也就越大。

當然，對於任何一家餐廳而言，可供選擇的主題是非常豐富多彩的，如地域上的差異、歷史上的差異、文化上的差異等。但是餐廳在確立主題時，應始終站在顧客的立場上考慮問題，做顧客的「同盟軍」，而不是站在他們的對立面，必須從顧客的立場出發，要調查分析顧客的所有需求，包括細微的需求，從而確定主題。

主題餐廳的本質就是差異，餐廳所選定的主題切忌重複和盲目跟隨潮流，否則，容易使「特色」走向反面，變成沒有特色。現實市場上一波又一波的「跟風式經營」，使得一個又一個的模仿者成為市場的「淘汰者」。因此，餐廳要善於正確分析自身的優勢和劣勢，發揮餐廳各種資源的綜合優勢，揚長避短，形成其他餐廳一時難以模仿的主題，使餐廳的主題具有較長時期的穩定性，從而逐步形成壟斷優勢。

為實現這一目標，餐廳要進行市場細分。在市場細分時，餐廳不要貪大求全，因為千奇百怪的消費需求需要由各具特色的餐廳一一來滿足。市場定位越大，越難以形成主題，就越難有穩定和固定的客源群體（特大規模的餐廳除外）。餐廳要認識到市場這塊「蛋糕」是不可能被某家餐廳獨吞的，要明確自己分到哪一塊，並保證這一塊「蛋糕」能拿到手、拿穩。大凡成功的主題餐廳一般都「心平氣和」，它們只經營一種風味，只突出一種特色，譬如美國的星期五餐廳做的是美國的食品，波倫娜重現的是德國的巴伐利亞風味，澳仕經營的是澳洲的菜點，而好萊塢重現的是默片時代的風格。

值得一提的是，餐廳一旦形成某類主題，並非絕對化地排斥其他客源。著名的酒店管理專家王大悟先生認為：「剛步入小康的中國大陸，對主題的需求還不致那麼執著和細緻，尤其是有一定規模的餐廳，應一主幾輔，以主題吸引主要客源，同時適當滲入拓展若干個其

他細分市場。鑑於此，一些基本的、有較廣泛市場覆蓋面的產品和服務，仍應保留，並重視其質量。」

（二）主題的本質是文化

主題餐廳並不僅僅只是一個提供餐飲消費的場所，而應當是富有文化內涵的商業賣點，蘊涵豐富的主題文化特色。餐飲市場上，陽春白雪式的貴族餐廳可以成為主題餐廳，而下里巴人式的平民餐廳也可成為主題餐廳中的一族。個中原由何在？就是因為有不同的文化相支撐。主題本身並無高低貴賤之分，主題的本質是文化。文化的雅和俗、文化的新和舊、文化的中和西，與主題的吸引力和產品的價格毫無關聯，關鍵在於文化的獨特性、唯一性和對口性。尋找文化、挖掘文化、設計文化、製作文化產品和服務，應是餐廳經營者在經營管理餐廳時最重要、最具體、最花心思和精力的大事。文化選點成功，就等於主題經營成功了一半。

因此，從這一點上看，要求主題餐廳在創設主題時考慮兩方面的要求：

■專業上的文化要求

所謂專業化上的要求，就是主題本身的文化內涵和工藝技術上的要求。真正使「主題」走紅的不僅僅是菜點，而是從菜餚、氛圍到服務都圍繞一個精心挑選的主題展開。專家指出：主題餐廳不是就吃論吃，而是圍繞一個主題，經營一種文化。環境的味道、服務的味道和食物的味道變得同等重要。「太極茶道」主題茶館內部環境都圍繞深奧精闢的茶文化展開，欣賞環境就等於欣賞中國茶道的歷史，並將這種文化透過服務淋漓盡致地再現出來，這就是專業上的要求。

再以都市非常流行的各類特色吧為例，以前，顧客並不在意主題本身有多少貨真價實的東西，只要是新開的，顧客總會抑制不住自己的好奇去趕一趟熱鬧。這種不成熟的做法現在顯然已經過時。目前，

各類主題吧不僅會越來越普及，還將越來越帶有沙龍色彩。有相同趣味、修養的人經常會在某個主題吧聚會，即所謂品位的分流。這就要求主題吧有強烈的專業色彩，以區別不同的消費口味。在上海，不僅有布吧、鐘錶吧等懷舊類的主題吧，還有像玻璃吧、首飾吧等較為新潮的主題吧，至於網吧、音樂吧、陶吧、影吧等更是比比皆是。這些特色吧之中，有的因存在明顯的形式主義而缺乏深厚的文化內涵遭到顧客無情的冷落。如杭州紅舞鞋舞吧的停業，就屬於這種情況。而都市各類迪吧，大都「曇花一現」，個中原由，除了追求時尚的男女「忘恩負義」之外，很大程度上是經營者除了在規模、設施上競爭外，並沒有在文化上進行深度開發，導致了形似而神不似的結果。

■ 形象上的文化要求

　　主題餐廳的形象就是氛圍，這種氛圍首先由服務場所的人員體現出來。一個成功的主題餐廳，從總經理到服務生都必須愛好並熟悉自己的主題。如汽車吧的老板肯定是個道地的愛車族，球迷吧的老板肯定是個道地的球迷，否則，就會使這種主題氣氛大打折扣。

　　另一個就是本身的形象，即從文化的角度看，能給消費者多少真切的感受。以不同主題亮相京城使館區的酒吧街就在形象設計上搞得有聲有色：「流行一號」門前矗立著兩個碩大的酒桶；具有捷克風格的「公牛吧」被巨大的牛頭雕刻護衛著；「十二橡樹」則被星星點點的紅葉襯出了幾分溫柔；「西部陽光」獨具美國西部風情，一個木製的車輪高懸於天花板中央，牛頭骨、馬鞍、長劍、樹皮、鏢靶等分掛四周，一圈古樸的籬笆圍出一片空地，在樂隊演奏的粗獷音樂中，有年輕人陶醉地起舞，客人剛掏出煙，就馬上有穿著牛仔裝的服務生將一枝手槍對準你，當然，那是打火機；「巴比松」以法國的一個畫派為名，著力刻劃親近大自然的風格，「巴比松」內展示著多件洋溢著自然氣息的植物畫作，燈光淡雅，磚牆素樸，舒緩的西洋古典音樂宛若流水；「酷吧」突出表達青春和前衛的感覺，裝飾誇張，濃墨重

彩，音樂也動感十足；「功夫吧」裡滿牆都是武術掛圖，一進門，牆上的「武松醉打蔣門神」就令人精神為之一振，京劇臉譜、李小龍的圖片等裝飾獨樹一幟，這裡還有太極名師現場指點，喜愛武術的客人盡可在此切磋武藝；而「非常院線」牆上陳列的是Ausel Adansr原作，顧客喜歡的話，可把這些作品買回家，整體布置充滿藝術氣息，中世紀風格的燭台映著昏黃的光，還可欣賞奧斯卡經典影片；「藍夢吧」的空間布置則比較精巧，演奏台布置在中央。所有的這些酒吧餐廳，無一不是充滿了個性、充滿了文化。

因此，主題餐廳整個格局的布置、音樂的選擇、服務的設計等，都是一門藝術。如粗狂而原始的裝飾、朦朧昏黃的燈光、略帶頹廢的音樂、穿著休閒的服務員、衣著隨便的「同味」客人等，所有這一切，都烘托出一種鮮明的氛圍，從而形成自己的特色形象。

聯繫主題餐廳的兩大本質特性，餐廳在創設主題時，必須體現一定的差異性和相當的文化性，這才是真正意義上有生命力的主題。

三、主題餐廳的特點

作為一種與眾不同的餐廳，主題餐廳的特點絕不僅僅局限於「主題」。一般，一個相對成熟的主題餐廳應具備以下特點：

(一) 鮮明的主題特色

鮮明的主題是主題餐廳生存和發展的資本，並且一旦確定了某個主題，餐廳的一切都將以這個主題為中心，圍繞主題展開經營活動。

首先，餐廳外觀應體現相應的主題內涵。如美國有一家以「恐怖」為主的餐廳，用冷硬的岩石作為餐廳外牆，並在外牆的正中懸掛了一個齜牙咧嘴、眼眶深陷的「骷髏頭」，在入口的牆壁上，斜釘著一個巨大的人頭（如圖1-2）。餐廳的正門緊閉，門外是兩位恐怖的「門

圖1-2　餐廳的「恐怖」門面

衛」，一位如俠客裝扮，另一位則是一具身穿警服的「骷髏」架，幽深的燈光斜斜地照在兩位「門衛」的頭頂，呈現一圈暗黃氣氛。見到此情此景，「恐怖」的感覺油然而起。

其次，餐廳室內裝修裝飾和餐飲用具配備也應與主題相適應，使餐廳具有個性色彩。如「恐怖」餐廳的內部到處是用木頭和皮革作爲裝飾素材，整個用餐空間掛滿了從世界各地探險和狩獵所獲得的「戰利品」——獅身人面像、動物頭顱、波里尼西亞的面具、中世紀的雕塑、兇猛動物的化石等，更具恐怖氣息的是，在餐廳內，各種穿著不同時期服裝的「骷髏」會突如其來，膽小者無不魂飛魄散。而餐廳所用的各種餐具，可選擇各種「出土文物」。

再者，服務人員的服裝也可作爲營造主題氛圍的道具。作爲一道

外顯的「風景」，服飾是主題的「流動旗幟」。「恐怖」餐廳的服務人員往往打扮成不同的模樣，以「太空人」、「科學家」、「考古者」，甚至是「精神病院的瘋子」形象出現在顧客面前。

而從聽覺角度出發，背景音樂也可採用相應的素材，如「恐怖」餐廳的音樂當然也帶有「陰森」的恐怖感覺，如深夜的腳步聲、叢林中猛獸的嗥叫聲等。

同時，還可藉助一些動態的行為來強化主題，如穿插一些緊扣主題的小節目或表演。

而菜餚的選擇、菜名菜單的設計以及餐廳的營銷口號均應突出主題特徵。

總之，有關餐廳經營過程中所發生的一切活動都應充分考慮到主題的存在，用各種各樣的方法和手段來再現主題。

而美國著名的星期五餐廳則突出「休閒氣息」，與「恐怖餐廳」形成鮮明對比，它也透過各種手段展現主題文化的魅力。其店名「星期五」意味著休閒，這家經營美國食品的主題餐廳就以休閒為主題，並將軟硬體都與「休閒」掛起鉤來。在星期五餐廳裡，牆上到處裝飾著古舊的圖片、器物，如陳舊的小木馬、小自行車、冰刀等，據說都是從美國運來的古董，就連洗手間，也同樣掛滿裝飾物，同樣的講究。背景音樂則是美國老歌，電視上播放著體育比賽、卡通節日和歌舞表演。古老的景物、隨和的情調，讓人想起孩提時玩耍的歲月、休閒的日子。

（二）濃厚的文化內涵

餐廳在市場上存在三個不同層次的競爭模式。第一個層次的競爭是價格競爭，所謂低價入市，低價競爭，餐廳在市場上生存和發展的主要資本是價格，這是最低層次的也是最普遍的競爭方式。第二個層次的競爭是質量競爭，即餐廳藉助高質量來取得生存、發展的機會。

在這一層次，「標準化」成爲餐廳提高質量內涵的有力法寶。許多餐廳都透過建立各種規章制度，加強培訓與質量控制，以保證餐廳所提供的產品和服務達到一定的標準水平，一些有遠見的餐廳更是進一步考慮餐廳與國際標準的接軌。第三個層次的競爭是文化競爭，即餐廳藉助深厚、獨特的文化取得競爭的最終勝利。在這一層次，「差異化」、「主題化」成爲「文化競爭」的主要賣點。八○年代，學術界曾經討論過，旅遊到底是經濟還是文化，當時于光遠先生曾經說過一句話：「旅遊是經濟性很強的文化事業，又是文化性很強的經濟事業。」後來，孫尙清先生組織中國旅遊經濟發展戰略研究時提出一個觀點，「旅遊在發展的一定階段是經濟—文化產業，到發展的成熟期是文化—經濟產業」。這是兩個功能重心的調整，是一種性質的轉化。發展到二十一世紀，文化性已成爲旅遊的一個重要性質。作爲旅遊業重要組成部分的餐廳，其文化性的特點也應十分鮮明。可以說，文化性是餐廳的活力源泉。

事實上，餐廳本身就有深厚的文化底蘊，從菜餚的設計、菜單的設計、餐廳內部的裝飾和布置等，到處都可透出濃厚的文化氣息。這就爲文化競爭提供了強有力的基礎。現代顧客去餐廳消費，不僅僅是爲了塡飽肚子，更多的是去體會一種精神上的享受，這種能帶來享受的根源就來自於文化。從某種意義上來講，顧客來到餐廳，是購買文化、消費文化、享受文化。作爲主題餐廳，其文化性要求就更爲突出，因爲主題本身就是一種文化，選擇了某項主題，就是選擇了去經營某種文化，這種文化將體現在餐廳經營的裡裡外外和方方面面，體現在餐廳經營的全過程。在上海，有一家以「三○年代」這一特定的時間爲主題的大飯店。眾所周知，「三○年代」是上海東西方文化交融的一個重要歷史時期，不僅出現了石庫門房和歐陸小洋房兼容並舉，還出現了中西菜點的相互滲透。三○年代的文化不僅吸引著老上海，對年輕人同樣魅力無窮。「三○年代大飯店」就著意營造這一主

題氛圍。店堂裡採用的是三〇年代的風情裝潢，古色古香，包房裡貼的是三〇年代的電影明星照片，背景音樂是三〇年代電影歌曲。餐廳還舉辦三〇年代摩登髮型演示會，每逢週六下午免費舉辦三〇年代系列文化講座，包括三〇年代的電影欣賞、三〇年代名人故居、三〇年代茶館和評彈、三〇年代咖啡吧和西餐廳、三〇年代滑稽戲、油畫、戲劇、娛樂圈、三〇年代髮型和服裝等介紹，並供應三〇年代的本幫傳統經典菜餚。濃郁的文化意趣，鮮明的懷舊主題，吸引了新老顧客近悅遠來。

可見，在餐飲業發展的過程中，文化性競爭越來越突出。沒有文化就談不上生命力，更缺乏競爭力。因此，追求文化底蘊和文化含量，正在成為餐廳競爭的共同行為。

（三）高利潤、高風險

主題餐廳的特色還表現為其「雙高特色」。一方面，由於主題的差異性非常明顯，餐廳可藉助差異優勢掌握定價的主動權，使餐廳不至於像其他餐廳一樣成為價格的被動接受者。因為主題色彩越鮮明，就意味著這種產品滿足某類顧客特殊偏好的效用就越強，顧客對這類產品就越忠誠，其他產品對該產品的替代性就越小。並且，由於顧客對產品的忠誠，當產品的價格發生變化時，顧客的敏感度就低，就容易在市場上建立一個穩固的壟斷地位，獲得豐厚的壟斷利潤。

但是，高利潤、高風險往往與生俱來。因此，主題餐廳的另一高就表現為「高風險」。因為主題餐廳是建立在市場高度細分的基礎上，它的目標服務對象是範圍較小的一部分對該主題有特殊偏好的「顧客」。並且，為突出餐廳的某種主題，往往需要在深度上做深層次開發和設計，形成一個完整的主題套餐。相對狹隘的顧客群和相對狹隘的氛圍布置，並非「船小好掉頭」，導致的直接後果卻是餐廳退出壁壘非常厚實，也即，一旦主題選擇不當或經營不靈活，需要轉型

時，就必須從頭再來。並且，由於餐飲產品具有「非專利性」的特點，競爭對手進入壁壘非常小，一旦經過辛苦摸索的經營之道得到市場的認可，受高額利潤的誘惑，競爭對手往往會蜂擁而至，造成主題的快速「一般化」而流於平庸。這些都使得主題餐廳帶上了濃厚的風險色彩。因此，經營主題餐廳可謂是「機遇和挑戰並存、甜頭和苦水共融」。

（四）專門化的從業人員

就一般餐廳而言，其從業人員一般只需掌握最基本的一些服務之道即可。但這對主題餐廳的從業人員而言是遠遠不夠的。主題餐廳的成功與否取決於餐廳能否做足、做透主題文章，因此，要注重深層次的文化內涵的培養，尤其要求服務人員掌握與主題相關的一切常識。如美國科羅拉多州的丹佛有一家硬幣主題餐廳，其精髓就在於介紹世界各國、各個歷史時期的各種面值的硬幣，餐廳本身就是一個「硬幣博物館」。因此，對於從業人員而言，就必須具備有關硬幣的知識。一旦顧客有所疑問，就必須能像「博物館」的解說員那樣如數家珍，讓顧客滿意。否則，若硬幣餐廳的從業人員對硬幣的知識一問三不知，顧客對這家餐廳的印象可想而知。

因此，主題餐廳在從業人員的招聘、培訓、考核等方面有較高的要求。因為，從業人員本身就應是主題的象徵，應是主題文化重要的「載體」。

（五）個性化的消費對象

主題餐廳的消費對象實際上是餐廳經過市場高度細分而選擇的，因此，這些消費對象除了一些好奇的顧客外，絕大多數顧客對該主題有明顯的偏好。所謂的「物以類聚，人以群分」，主題餐廳實際上就是個興趣接近、愛好相同、具有共同語言的人群的集聚地。因此，主

題餐廳帶有「沙龍」的味道。人們在此消費，除了基本的「胃的滿足」外，還要獲得精神上的共鳴。如在搖滾餐廳的顧客，大都對搖滾音樂有一種特殊的感情，因此，將此餐廳視爲是知音。

由於消費對象相對個性化，主題餐廳在主題的深層開發上就應時刻考慮這些個性化顧客的個性需求，可透過舉辦各種對「胃口」的主題活動來鞏固這些客源市場。

（六）忠誠型的客源構成

美國兩位經濟學家雷切海德和賽士爾在《哈佛商評》的一篇文章裡指出：「對一家企業最忠實的顧客，也是給這家企業帶來最多利潤的顧客。」由於主題餐廳具有鮮明的主題特色，吸引來的客人也大多是對該主題頗感興趣的消費群體，只要他們第一次用餐的感覺還不錯，那再次光臨就順理成章，這種高忠誠度來自於客人們對餐廳的喜歡與興趣。

與普通餐廳回頭客不同的一點是，主題餐廳的回頭客有著對餐廳特有主題的共同興趣，久而久之，就發展爲類似俱樂部性質的一群具有相同或類似興趣的消費群體。而這類客人是不會因爲些許的環境改變、略微的菜餚質量或服務上的小失誤等輕易放棄對該餐廳的忠誠，只要興趣依舊，他們會一如既往地光臨和消費。因爲吸引他們的不僅僅是地理環境、菜餚質量、服務水準等因素，是整個餐廳的主題氛圍、「同味」的其他顧客群體。

因此，從某種意義上而言，主題餐廳就是某一性質的「沙龍」，其「會員」相對固定。

第二節　主題餐廳效用分析

　　現階段，大眾化消費不再適合人們的口味，追求消費個性化便成了一種時尚潮流。因此，在世界上許多國家，主題餐廳出現已成為一種流行趨勢。美國人率先興辦了以滿足人們享受消費環境為主、吃飯為輔的主題餐廳，很快顧客盈門並風靡世界。有記者這樣描述主題餐廳：海盜船餐廳播放著恐怖音樂，天棚內懸掛著猙獰的骷髏頭，人們在這樣的環境下仍悠閒地喝著啤酒，談笑自如；「太空艙」內，服務小姐一身太空人打扮，窗外不時有流星閃爍；「潛水艇」內，魚兒從舷窗游過，海浪不時奔湧……這就是日益走近我們生活的主題餐廳。

　　雖然主題餐廳設計難，投入大，但因其獨特的魅力引起世人的關注。作為一種嶄新的經營方式，主題餐廳在美國初露端倪後，就很快以幾何級數在世界各地得到蓬勃發展，受到人們的偏愛，這一切源於主題餐廳非凡的功效。

　　較之於普通餐廳，主題餐廳的效用體現為：

一、優化餐飲市場結構

　　目前，在我國餐飲市場上，各類餐廳、酒樓雖然數量上非常可觀，但要舉出一些較有影響的名牌餐廳、明星酒樓卻非易事。以速食為例，顧客耳熟能詳的也幾乎全是「舶來品」；而中式速食給人的綜合感覺就是「便宜沒好貨」。因此，要振興我國的餐飲業，就有必要對目前這種結構現狀作根本的改變。

　　而主題餐廳的出現給古老的餐廳帶來了一股生機。它以主題方式營造出一種深層的文化經營理念，並因為其高利潤率引發人們對主題

餐飲的研究、思索和實踐，從而形成一個發展提高的競爭態勢。這對優化餐飲市場結構、促進餐飲業全面繁榮發展產生了一定的推動作用。

二、促成社會資源的合理利用

在餐飲市場上，存在大量的重疊性競爭，受市場「亮點」的牽引，許多餐廳盲目地「見好就上」、「見熱就仿」，成了大規模的重複競爭，導致社會資源的極大浪費。

而主題餐廳創設主題的關鍵不純粹是為了製造熱點和亮點，而是為了避免或減少重疊性的市場競爭，實現有序和細緻的市場分割，避免社會資源的浪費。因此，從這點上看，主題餐廳的出現有利於實現社會資源的合理配置和有效使用，它以「社會營銷」這一先進的營銷理念作為指導思想，使餐廳成為社會的「責任人」。

三、為中小餐廳的發展提供空間

長期以來，中小餐廳一直是夾縫中求生存的「小草」，時刻受到來自各方面的壓力和挑戰。而進入新世紀，餐飲市場的發展態勢可歸結為兩種基本模式。一種是規模化、集團化運作模式的出現，在餐飲市場上，也將會出現一個個「航空母艦」式的超大型餐飲集團，他們以自己雄厚的資金資本、人才資本、技術資本和信譽資本，成為餐飲市場上的壟斷者，在餐飲市場上占據較大的市場份額，支配餐飲市場的發展。另一種發展態勢就是中小餐廳尤其是小餐廳將會在餐飲市場上起「拾遺補缺」作用。小餐廳、小酒樓由於其規模小，經營靈活性強，在經濟生活中也起了舉足輕重的作用。這些「小字輩」的存在，不僅活躍了市場，以其多品種、多花樣的產品和服務滿足了客人的多

樣化、個性化、差異化的需求，而且在擴大就業、穩定社會等方面都是大餐廳所不能完全替代的。

要使這些小型餐廳的作用更加突出，就可藉助於主題營銷，採用高度的專業化運作策略，透過鮮明的差異化經營，使之成爲「航空母艦」背後的一條條輕快的「小舢板」。在現實餐飲市場上，藉助於「準主題」（如一些特色餐廳）或「主題」開展營銷活動取得成功的案例可謂是屢見不鮮。如北京的「歷家菜館」，其規模卻小得讓人無法相信，它只有兩個座位！卻因其獨特的手藝和獨特的經營規模，成爲蜚聲海外的菜館。在美國紐約市的蘇活區普林斯街有一家稱作「形名」的日本小餐廳，只有五十五點七平方公尺，但是由於它較好地選擇了主題經營方式，同樣成爲紐約當地著名的餐廳。餐廳的環境就像是一個存放「Kaiseki」的首飾盒（Kaiseki是一種傳統的日本烹飪方法，它的大致意思是「多味」），廚師製作的各種菜餚都只用小份量，一頓飯可能會上六至七道菜，菜譜每晚都會有所改變。餐廳的規模很明顯是日式的：花園式的小房間僅有三十個座位，目的是能營銷一個「安靜、休閒和提供沉思的環境」，與許多舊的NYC商業建築一樣，地板採用了黑白瓷磚相拼接的方式，而天花板卻使用了手工編織的草席，淺綠色的牆面增添了涼爽寧靜的氣氛。

目前，在各地的餐飲市場上，受「主題營銷」觀念的影響和啓發，已出現各類小型的主題餐廳，這些主題餐廳包括嬰兒酒家、情侶餐廳、球迷餐廳、幽默餐廳、飛機餐廳、魔術餐廳、書籍餐廳、水果餐廳、童謠餐廳、漫畫餐廳、梨園餐廳、旅遊餐廳等。因定位獨特，又符合現代顧客的不同偏好，從而成爲當地餐飲市場上的一個個「小亮點」。

四、促成「頭回客」成爲「回頭客」

　　餐廳在日常的經營過程中，幾乎毫無特色可言，其慣常採用的做法是「跟風」策略，什麼好賣賣什麼，由此導致的直接後果是客源「一把抓」。在這種狀況下，一旦「模仿」不到位，或是有新的競爭對手加入，就會很大地影響餐廳的市場占有率，並且，由於缺乏鮮明的主題，其客源相對流動性較強。

　　而一些規模較小的主題餐廳，則透過一系列鮮明的主題，很好地迎合一小部分特定顧客的偏好，從而爲其贏得穩定的客源。如「奇石餐廳」的目標顧客是各類「石迷」、「石癡」，在這樣的餐廳裡，不僅老闆是精通石頭的專家，而且連店內夥計也對各類石頭的概況瞭如指掌，他們會告訴顧客，從藝術欣賞的角度，石頭可分爲景觀石、象形石、圖案石、文字石等；若從地質的角度分，可分爲卵石、山石、洞穴石、結晶礦石、生物化石等，並且告訴顧客奇石之欣賞重在形、質、色、紋、神等五個方面，奇石忌加工，重自然等。並且，在店內還會陳列一些各地的奇石，如荣卵石、黑卵石、鐵卵石、梨皮石、藻卵石等，以及一些尋找、鑑賞石頭必備的工具：如撬挖石塊的小鎚、螺絲刀，鑑賞用的放大鏡，擦石頭的舊毛巾，洗石辨紋的可樂瓶等。間或還會組織石頭發燒友到河流灘塗中、山林叢莽中、急流險灘中、曠野農家中選找石頭。更絕的是，在奇石餐廳內，還有大腳印和頭、手印石頭模型，它標榜赤足、赤手、光頭與石頭作全方位的接觸。「掌上乾坤大，石中日月長」，目前，「石文化熱」正在空前興起，「玩石」作爲一門藝術正成爲現代人的有益愛好，將會有更多的人賞石、愛石、藏石、養石、知石，而石頭餐廳相信將會成爲這些人的集聚之地。

　　由於主題餐廳是建立在市場高度細分的基礎上，因此，事先都經

過周密的市場調研和市場預測，並且，主題餐廳的目標客源相對固定，不是採用「游擊戰」的方式掠奪大眾客源，因此，一般對某主題有偏好的顧客往往都會因主題對味而由「頭回客」發展成為「回頭客」，餐廳可獲得相對穩定的市場份額，也即所謂的「小市場，大份額」。

五、滿足並引導顧客個性化消費

　　主題餐廳是建立在準確把握「顧客需要是什麼」的基礎上，它深入分析了滿足顧客個性化消費需要的條件，根據餐廳現實和未來的內外狀況明確「本餐廳能為顧客提供什麼」，滿足並引導顧客個性化消費的需要。如美國著名的好萊塢星球餐廳很好地迎合了對懷舊電影、黑白片有特殊好感的顧客的個性需求。好萊塢星球餐廳是一家較大的綜合設施，由餐廳、咖啡座、博物館以及零售店構成。對於喜愛電影、喜歡懷舊、喜歡處於「劇情」之中並成為「劇情」中的一部分的不同年齡的人來說，好萊塢星球餐廳提供了理想的「參與」之所。每家新開業的好萊塢星球餐廳都具有舊時的電影初映時的所有戲劇性場景、浮華和魅力，在那裡，一連串的電影和娛樂界的顯要人物都將出場炫耀一番。設計這種多媒體狂作的戴維·洛克威爾（David Rockwell）說：好萊塢星球餐廳設計的中心意念是創造一個這樣的世界：賦予好萊塢偶像生命，讓顧客感到他們好像正在和這些偶像走進電影中。這種設計方法的結果是在下列地方出現了一系列主題鮮明、充滿好萊塢大事紀的餐廳：紐約、華盛頓特區、拉斯維加斯、倫敦、芝加哥、阿斯彭。在這非正式、氣氛輕鬆的餐廳的每個角落都放置了同類收藏品。每個位置的收藏品都是觀察者可參與的「一種獨特的建築活動」。在倫敦，進餐者可以透過「槍管」進出詹姆士·龐德（○○七）的房間，而位於芝加哥的「匪徒酒吧」的牆壁被子彈打得佈滿

窟窿。一個科幻小說主題餐廳正從一個場所轉移到另一個場所，證明幻想和冒險是電影的兩大主題。幾乎在所有的好萊塢星球餐廳中，中心焦點都是主題餐廳和用肖像、懷舊之情、大事紀和燈光效果組合成的好萊塢山莊的立體模型。在每個好萊塢星球餐廳的商店中，顧客均可以購買到各式好萊塢星球服裝，品種包括帽子、T恤、長褲、運動衫、斜粗紋布夾克和皮夾克，還有其他特別的商品。好萊塢餐廳以自己獨特的主題形象滿足並引導了顧客個性化消費的需要。

六、形成餐飲「拳頭產品」，進而發展成旅遊景點

經營得法的主題餐廳往往容易進一步形成餐飲「拳頭產品」，成為當地的餐飲特色產品，甚至成為當地餐飲文化標誌。如起源於美國明尼阿波利斯市的熱帶雨林餐廳已經成為美國特色的重要組成部分，它以連鎖方式走向歐亞大陸，在世界上興起了一股強勁的「雨林餐飲風」。

尤其是一些規模較大的綜合性主題餐廳，可融入娛樂、保健等輔助服務內容，藉助特色，甚至可以形成當地的旅遊景點。如泰國曼谷有一家世界上最大的餐廳，有顧客這樣描述它：這是一個世界上最大的、令人發呆的餐廳，你走了又走，似乎還在同一個點上，若有人一閃而過，那是捧著熱湯穿滾軸溜冰鞋的侍者。這間已列入金氏世界紀錄的最大的餐廳占地超過十畝，可同時供三千人就餐，停車場可同時停一千六百輛汽車。生意好的時候。一天的客人超過一萬人。顧客入門有女侍者迎接，她們用無線電查看何處有桌子，以便給客人指引。客人落座後，侍者寫了點下的菜，送到電腦操作員那裡。操作員用電腦分開飲料以及不同的菜，輸送到水吧以及不同的廚房。十四間廚房，做湯、燒烤、煎炸，各有所司。廚房把食物做好後，因為路遠，步行到達食物就涼了，所以侍者要穿滾軸溜冰鞋送過去，以求速度。

除此之外，餐廳內還想盡了辦法設置一些輸送裝置，比如在高高的塔樓裡，狹窄的盤旋式的樓梯雖美觀，但並不方便服務人員的工作，因此，塔樓的中心軸部分設計了一個專門輸送菜餚的電控通道。餐廳的負責人說：我們的目標是儘可能在點菜十五分鐘之後把菜送到桌子，但多數是五分鐘之內就可送到。一些客人說，他們的服務快捷而體貼，你會忘記自己是在世界上最大的餐廳裡面就餐，這裡的菜也非常可口。

餐廳內各種建築也奇形怪狀，盡顯特色。有湖泊、有庭院、有迴廊、有塔屋……你可以在湖中的小平台上用餐，可以在迴廊中的包廂裡用餐，可以在飛檐翹角的屋宇內用餐，也可以在塔樓裡一邊遠眺曼谷的城市美景，一邊從從容容地品嚐美味佳餚。用餐完畢之餘，客人們往往都會在各處走一走，將它的各個形式不同的餐廳當做是一個個景點，紛紛拍照留影，從而成為曼谷的一景。許多國家組織的泰國旅遊路線中都把這家餐廳作為重要景點之一，引起遊客的極大興趣。

這類有發展成為「旅遊景點」可能的主題餐廳，一般規模都較大，形象突出，集當地餐飲文化精華，集餐飲、住宿、娛樂等於一體，並以獨具匠心的外部建築、內部裝飾、服務文化、菜式點心成為主題的吸引物。

各地在發展餐廳時，可根據當地地域特色組建類似的主題餐廳景點，也可使主題餐廳成為景中之景。如甘肅敦煌影視城，以大漠文化為契機，再現了西部古老的文化特色。在影視城中，有各類特色的餐廳、酒樓，其中一家叫作「古城酒館」（如**圖1-3**），其建築風格為典型的古木建築。從外表看，醬紅的木牆、木欄杆、矮木籬已顯「滄桑」。在酒館的招牌下，寫著兩副對聯，一曰「吃個風吹草動，玩個面不改色」，一曰「喜也罷憂也罷來吧，盈也罷虧也罷喝吧」。跨進大門是一個木櫃台，櫃台前陳列著許多大大小小的老酒罐、酒缸，還有「太白遺風」的橫幅，各類酒名和售價則寫在紅條上，嘩嘩地飄在櫃

圖1-3　古城酒館門面

圖1-4　古城酒館櫃台

圖1-5　古城酒館店堂

台前（如圖1-4）。廳內的擺設也盡顯古樸之風（如圖1-5）：黑色的桌椅，陶製的酒盅，粗壯的堂柱，潮濕的泥地，還有歷代文人的誦酒詞和各類農具，置身其中，恍若隔世，成為景中之景。

七、形成文化創新基地

　　眾所周知，中國餐飲文化與中國的京劇文化、書法文化並稱中國三大著名文化。在長期的發展過程中，餐飲文化可謂是歷史悠久。但由於種種原因，這些悠久的、優秀的餐飲文化未能得到很好的繼承和發揚，有的甚至瀕於失傳的危險。而以文化為生命的主題餐廳的興起，在餐飲業刮起了一股強勁的尋找餐飲文化、繼承餐飲文化、發揚餐飲文化、創新餐飲文化的熱潮，由此形成了一個餐飲文化創新基地，推動餐飲業的品質高速發展。如西安飯莊斥資擴建了常寧宮休閒

山莊。此山莊位於風景秀麗的神禾塬上，在這裡遊客可傾聽遠古傳說，踏看初唐遺址，追尋民國逸事，觀賞自然風光，而且還可以品嚐正宗陝菜以及長安風味小吃、野味。大廳一次可容納六百餘人就餐，二十個包廂均以長安地名命名，如「韋曲」、「楊莊」等，顯示出濃郁的鄉土特色和地域風格，使人在談笑之間已盡「地主」之誼，一餐之中盡品長安風情。

一個好的主題餐廳，不僅是本身所具有的文化主題的高度凝結，形成一類主題文化的中心。同時，也是傳統文化、現代文化的凝聚。它能使傳統文化、現代文化和自身的主題文化相得益彰，同時又進一步形成不斷的文化創新。如羅馬尼亞布拉索夫有家城堡餐廳。這是一座古建築城堡，始建於1600年間，當時是為了防禦土耳其的侵略而修建的，後來幾經戰火，直到1980年才改建為餐廳，成為遊客品嚐風味的好去處。客人的汽車一停穩，只見兩名身穿甲冑，頭戴鋼盔，右手持槍，左手持盾的武士站立兩旁，擋住去路。大門緊閉，客人敲門三下，裡面的守門士兵問過口令，大門才緩緩打開，此時站在城樓上的一隊青年男女，大聲歌唱，以示迎接。為了保持城堡的本色，院內精心放置了許多門兩輪鋼砲，在大小餐廳的牆壁上掛著弓、箭、刀、矛、盾、甲等軍事裝備，使人宛若置身於軍事博物館之中。客人就座後，樂隊緩緩奏起迎賓曲。離開餐廳，還給每位客人一份證書，上寫：下次再來，無須通報口令，暢行無阻。城堡餐廳很好地利用了羅馬尼亞原有的歷史文化遺跡，不僅再現了本國悠久的傳統文化，而且使它應用於現代經營，發揮了文化賣點效用。

第三節　主題餐廳的分類

由於消費個性日趨強化，因此，建立在高度市場細分基礎上的主

題餐廳也將會呈現「百花齊放」的發展趨勢。因此，為了深化對主題餐廳的了解，本節引進主題餐廳的分類概念，旨在透過分類，加深人們對主題餐廳的了解。

在對主題餐廳進行分類時，可參照不同的分類變量。這些分類變量包括地理位置、年齡因素、職業因素、文化類型、歷史年代、民族變量等。各類變量可交叉使用，層層細分，以突出特定概念的主題內涵。

一、按地理位置分

所謂「十里不同風，百里不同俗」，不同的國家、地區，有不同的餐飲文化特色，因此，按照主題餐廳所體現出來的地域特色，可分為：

（一）亞洲風情主題餐廳

指餐廳在主題的營造和設置上，以亞洲某一國家或地區獨有的風土人情、民俗民風為主題。常見的有：

■日本料理主題

在大陸的大中城市，幾乎都會有一兩家日本餐廳，其設計理念就是從日本地域特點出發，尋求其餐飲文化賣點。作為亞洲的一個島國，日本在世界上的位置非同小可，日本的餐飲文化也成為世界餐飲奇葩中的一朵。以日本特色為主題的餐廳，一般以日本傳統的低矮木屋為主，原木的移門前掛著一串鮮紅的燈籠。就餐的顧客一般要遵照日式的消費習慣，席地而坐，身著和服的服務人員會按照日本習慣提供周到的服務。日本餐飲文化中，壽司是其精華所在，它將海鮮、肉、蛋、蔬菜及食用菌等巧妙地與飯糰結合，並講究色彩搭配、形狀變化。據統計，目前上海已有二百多家門口掛著大紅燈籠招牌以中日

兩國文字標明的日本料理店，其中有一些純粹供應各種壽司。

北京海逸酒店Miyako「京」日本料理就是這樣的一家主題餐廳，它崇尚天然格調，全部陳設選用了天然材料：原木的桌椅、木色的牆壁、竹製的碟墊、竹編的盛器等。而小巧玲瓏的盆景置於席間，雅致而倍添情趣。「京」日本料理經營各種東洋美食，包括日本傳統的各式精選料理，特別是壽司、生魚片、天婦羅炸蝦、火鍋以及多種選擇的套餐都獨具特色。細膩的製作方式不僅確保了純正的味道，同時也十分講究色彩的搭配，每道菜式如同件件藝術精品。

在這類主題餐廳中，可藉助日本民間最富特色的各類物品、手工藝品等，以「點明」主題。

■韓國燒烤主題

韓國燒烤是韓國餐飲文化中的經典，因此，餐廳可以此作為主題吸引特定的顧客。以「韓國燒烤」為主題的餐廳可透過古樸典雅的仿磚木結構的小橋、長廊、八角稜窗等，突出韓國傳統的建築風格，可將店內的韓式包廂取名為「釜山」、「新羅」、「百濟」、「仁川」、「高麗」等，店內所有的服務人員著韓裝，並可藉助獨特的「韓式」台面突出主題。如圖1-6所示的韓國燒烤主題餐廳，藉助色彩鮮豔的坐墊和獨特的「韓式台面」，給人留下深刻的印象。

而廣州白天鵝賓館的玉堂春暖餐廳，則以主題活動的方式向廣州市民介紹來自韓國的燒烤。該餐廳專聘韓國新羅酒店的廚師們主持「韓國食品節」，為廣州的美食家們帶來一個品嚐正宗韓國料理的大好機會。打開菜單，琳瑯滿目的韓國美食讓人垂涎欲滴：由優質牛骨及牛筋加上多種配料、經二十四小時熬製而成的「雪濃牛筋湯」，湯色奶白、味道鮮美；「糯米人參雞湯」則是將糯米連同紅棗等填入童子雞肉與鮮人參一起熬成的滋補上湯；無煙燒烤牛排、風味獨特的泡菜、甜品等，令眾食客大有收穫。

圖1-6　韓國燒烤主題餐廳一隅

■中國主題

　　據非正式統計，目前在海外的中國餐廳共有十八萬家，遍布世界各地。作為餐飲文化大戶，以中國餐飲為主題吸引的餐廳將會在海內外得到進一步拓展。

　　中國主題餐廳又可細分為不同的地方風格，一般包括以下五大類：

　　1.鹹鮮醇厚的魯豫風味。
　　2.清鮮平和的淮揚風味。

3.鮮辣濃淳的川湘風味。

4.清淡鮮爽的粵閩風味。

5.香辣酸鮮的陝甘風味。

而各省、市、區又有不同的餐飲文化，又可分為：

1.齊魯風味。

2.嶺南風味。

3.蘇揚風味。

4.巴蜀風味。

5.徽皖風味。

6.瀟湘風味。

7.錢塘風味。

8.閩台風味。

9.燕京風味。

10.湘滬風味。

11.荊楚風味。

12.松遼風味。

13.三晉風味。

14.中州風味。

15.秦隴風味。

16.贛江風味。

17.滇黔風味。

不同的地域氣候孕育了不同的地域餐飲，餐廳可以以此為契機，深入開發各類地方主題餐飲。如洛陽的「水席」與洛陽牡丹、洛陽石窟並稱為「洛陽三絕」。所謂水席，與洛陽的地理氣候有很大的關係。洛陽四面環山，地處盆地，雨量較少，氣候乾燥，少產水果。古

時天氣寒冷異常，因此民間膳食多用湯類，喜歡酸辣以抵禦寒冷。這裡的人們習慣用當地出產的澱粉、蓮菜、山藥、蘿蔔等製作湯水宴席。由於該席的上菜方式是吃一道換一道，如行雲流水一般，加之湯水較多，人們稱之為水席；因其發源於洛陽，故稱為洛陽水席。洛陽水席共二十四道菜，冷熱、葷素、甜鹹、酸辣兼而有之。上菜順序極有講究，先上八個冷盤作為下酒菜；待客人酒過三巡，再上熱菜：首上四個大件，每上一道大件，跟上兩道中件，名曰「帶子上朝」。最後上四道壓桌菜，其中有一道雞蛋湯，以示全席已經上滿。水席的第一個大件是「牡丹燕菜」，第二個大件是「料子鳳翅」，第三個大件是「西辣魚片」，第四個大件是「油炒八寶飯」。洛陽水席被稱為是「天下第一席」，個中原因首先是因為葷素兼顧，素菜葷做，選料廣泛，天上飛的、地上走的、水中游的、土裡長的均可入席；可粗可細，可高可低，豐儉由人；其次是有湯有水，味道多樣，酸、甜、鹹、辣、鮮，南北皆宜；另外，上菜順序嚴格，搭配合埋，層次鮮明，已成規矩。因此，洛陽當地的「水席餐廳」以原汁原味的「水席」和與之相呼應的環境成為洛陽餐飲的「拳頭」項目。

而千湖之省的湖北則有名滿天下的「荊楚魚席」。由於長江和漢水貫穿全境，洞庭湖、洪湖巧梁子湖嵌東南，境內港湖交錯，水網密布。這種獨特的地理環境，形成了鄂菜以「水產為本，魚鮮為主」的特色，以團頭魴、回魚、鱖魚、青魚、鯽魚、烏鱧、春魚、甲魚等十大名貴淡水魚作為烹飪原料，擁有數百種風味魚菜，幾十種風味魚席，魚氽技術冠絕天下，成為華夏食苑中的一朵瑰麗的奇葩。尤其是武漢中華酒樓的「楚鄉全魚大宴」更是魚席中的精品，這席多料全魚大宴共有三十六道菜，依次是：

看盤：年年有餘。

圍碟：櫻桃才魚、五香鯽魚、魚茸蛋捲、瓊脂青魚、髮菜魚糕、

酸甜魚絲、掛霜魚球、椒鹽魚頭。

熱炒：酥炸魚排、花仁魚餅、翻轍鯿魚、薑辣墨魚。

大菜：花籃魚片海參、干貝繡武昌魚、魚茸氣釀銀耳、糖醋飛燕全魚、蘭草宮扇魚捲、東湖荔枝鯿魚、口蘑百花魚肚、紅燒鳳翅甲裙。

甜湯：什錦冰糖魚脆。

鹹湯：奶湯琵琶回魚。

飯菜：香醇糟魚、紅椒魷魚、多味魚丁、瓜醬魚絲。

點心：鱔魚香酥、鯉魚豆包、金魚蒸餃、銀魚豆皮。

果品：秭歸臍橙、隨州蜜棗、巴河鮮藕、孝感紅菱。

香茗：蒲圻花茶。

　　這一魚席席面堂皇富麗，體現了魚米之鄉的富足和全魚大宴的實力，以不同的色、質、味、形交錯相雜，在食欲和心理上都給食客最大的滿足。

　　東北菜則是我國菜餚中最昂貴、最氣派的菜餚，是宮廷菜的延續，它由四部分內容組成：本地區的山珍海味及飲食習慣、京菜和魯菜的傳入、宮廷滿漢全席的珍饈以及俄式大菜的介入。白山黑水的東北土地肥沃，動植物生長期緩慢，充分的日照時間，使得東北深山老嶺菜食十分豐富，口感爽脆。因此，冠名以「東北菜」的主題餐廳與白山黑水一樣成為人們追逐的熱點。

■東南亞主題

　　東南亞諸國大多位於熱帶地區，深受熱帶環境的影響。因此，首先在環境上體現了濃郁的熱帶風情：常綠的熱帶植物、豐富的奇花異草……，因此，以東南亞特色為主題的餐廳在環境上一般都會呈現出熱帶地理特徵：南國風情的魚尾葵、仙人掌、大榕樹、大椰樹，綠色大傘下面的沙灘、貝殼、海螺等。

在北京麗都假日飯店有一個東南亞餐廳，瀰漫著東南亞特有的「風情」：舊式拙樸的燈罩散出暖暖的光，室內餐桌的設置和擺放保留傳統的做法，別樣的掛布引發著無盡的遐想，特別是雪白的桌布上一條絳紅色的花布會讓顧客彷彿覺得是一條長裙的延續，這裡有濃郁的印尼、馬來西亞和新加坡的風味，它們都具有「鮮、微辣和咖哩」的特點。

而在崑崙飯店的越南餐廳則取名為「芭蕉別墅」（因為越南盛產芭蕉），它是京城唯一的越南餐廳，它的很多原料都是直接從越南空運而來，可謂是典型的原汁原味。餐廳的布置也別有特色：竹圍牆、竹欄杆，在黃黃的燈光中透著古樸典雅的風韻。依牆擺放的餐桌，每一張桌子都有竹矮牆隔開，自成單元。中間是一個圓形的看台，有樂師為就餐者伴奏。二層閣樓上，牆是一幅巨大的越南風光畫。湄公河、芭蕉、戴斗笠的越南少女，彷彿讓顧客置身於越南國度。在這裡既能感受到溫暖，又能感受到幾分神秘。這裡供應的菜是典型的越南菜，尤其是各類海鮮。

■蒙古包主題

蒙古包是中國內蒙古、新疆、西藏等牧區的住房，也有人稱之為「帳篷」，它一般安置在草原上，呈圓形，直徑約五公尺，面積約七十平方公尺，這種建築結構嚴實，可防風雨及寒冷，且搬運方便，適合遊牧民族使用。在蒙古包內，可根據不同的民族特色進行布置，並提供相應的餐飲產品，如羊肉大餐、蒙古奶茶等。餐後，還可安排食客餵食駱駝、馬、羊群等，讓食客享受塞外風光。在武昌卓刀桌，新近「飄」來了十多個蒙古包排檔，撩開門簾，鐵木真的威武畫像迎面可見，牆上掛著風乾的羊頭和馬頭琴，蒙古族姑娘著民族服裝穿梭其中。

由於獨特的外形和獨特的內在文化，蒙古包將成為都市顧客的新寵。不過，設置此類主題餐廳，需要有理想寬闊的地理條件相配合。

（二）美洲風情主題餐廳

美洲風情系列主題餐廳中，墨西哥風情美食是其中一朵奇葩。餐廳可參照墨西哥的風俗民情，突出主題特色。如服務人員可身著墨西哥牛仔裝，披著頗具墨西哥民族風情的彩色披肩，頭戴一頂大大的草帽，在客人盡享美食的時候載歌載舞。在餐廳布置上，可利用墨西哥的象徵──寬邊草帽、芭蕉葉、吉他以及一些富有民族特色的服裝、飾品等強化異國風情。

北京三里屯有一家「巴拉地」特色餐吧，它是一家集餐飲、娛樂為一體的休閒場所。餐吧的裝修具有南美十八世紀移民風格，全部採用天然材料裝修，木製樑柱、青石板地面。色調設計遵循巴西熱帶雨林的天然基調，以棕色、綠色為主調點綴以紅、藍、黃等亮麗色彩，烘托出熱烈濃郁的叢林氣氛。造型設計將南美移民文化和印第安文化相融合，拱形木樑、家具等造型均為典型的移民風格，而壁毯及陶器都採用印第安原始圖騰紋樣，揉合了極富個性的土著文化。巴拉地餐吧經營純正的巴西烤肉，包括正統南美風格的西餐。他們選用鮮美精嫩的上等肉質，取於羊、牛、雞、豬的各個部分，經過特殊工藝的加工製作，用巴西傳統的燒烤方法精心現場烹製，其色、香、味均為上乘，色澤金紅、豐盈飽滿、外脆內嫩、鮮美醇香，在京城獨樹一幟。並且，每晚七時三十分開始，有「老哥」樂隊演出，週六晚是來自菲律賓的樂隊。在這裡，還經常可以看見一些名人。

而美國風情同樣也是許多年輕人所喜愛的主題。如在新加坡的星餐廳和咖啡吧，所有的菜餚都是「新美國式烹飪」，感覺非常不同。飯店的裝修結合了Chums原來的面貌加上加州的現代景緻，飯店內有傳統的硬木格子地板，義大利大理石和光滑的金色地板。食客們在此可享受到各式各樣美味的創新菜餚，從烤肉器上的烤肉到燒木炭的火鍋等。菜單上最受人歡迎的菜餚包括舊金山的黑豆蛋糕、燒烤鴨子和

辣沙司。

而新加坡的Bobby Rubinos也是典型的仿美主題，它是一家排骨店，內部裝潢有一種底特律汽車城的風味，與之相配套的是六〇年代流行的Art Deco式的裝潢和黑白格子的地板。

（三）非洲風情主題餐廳

非洲大陸也有許多膾炙人口的飲食風俗和習慣，尤其是非洲大陸古老的圖騰藝術和濃厚的民俗民風應是非洲主題餐廳的「賣點」。

（四）歐洲風情主題餐廳

可選擇富有歐洲特色的幾個國家或幾個地區作為創設主題的來源。如阿爾卑斯餐廳、威尼斯餐廳等。

在北京燕莎中心凱賓斯基飯店有一座「義大利威尼斯餐廳」，這座餐廳在2000年經過裝修改造之後，更富有義大利風格。一進餐廳大門，左側是匹薩餅檔，右側是麵食屋，正中有維納斯塑像，塑像的兩旁是用木製的大酒桶作成的品酒台，供客人們小酌。整個餐廳開闢了若干個空間，更適合目前客人的需求。緊靠廚房操作間是一間「Party House」，又稱之為「開放式單間」，室內裝飾了各種面具和藤蔓，客人在此用餐，可欣賞到廚師們操作情景。靠近街門的一側，有一間葡萄酒屋，凡是在那裡的客人，都可以享用到義大利最著名的葡萄酒。

在餐廳中隨處可見小木船的裝飾品，餐廳書寫的義大利文「La Condola」，即「船」的意思。因為威尼斯是天下聞名的水城，自古以來，人們就把「Condola」作為他們的交通運輸工具。所以，「Condola」也成為了義大利威尼斯的一種標誌。義大利的歌劇也歷史悠久，世界著名，餐廳中懸掛在木格牆壁上的各種歌劇臉譜正說明了威尼斯的這一特色。在「義大利威尼斯餐廳」中銷售的紅、白葡萄酒都是產於義大利，並為中高檔名酒，食品則始終保持義大利傳統風

味，主要有薄餡餅即義大利匹薩餅、各式麵食包括麵條、蔬菜麵魚兒等，還有將新鮮牛肉切得似紙般薄醃製而成的「Carpaccio」生冷牛肉片，另外還有著名的義大利蔬菜湯。在用餐的時候，顧客還能看到一種特製的白色透明玻璃製品，一瓶兩嘴，中心是醋，外圍裝著橄欖油，真是別具一格，它是義大利油醋瓶。總之，在這裡，顧客可領略傳統的義大利飲食風情，享用正宗純正的義大利美酒佳餚。

在歐洲主題餐飲中，不能不提及法國的巴黎。走進巴黎古色古香的小餐廳，就會看到那些容貌俊逸、腰繫直落腳面的皺褶白圍裙的服務員正裡裡外外地應酬著。昔日先輩的全家福像醒目地掛在牆壁上，經常掛草帽的金屬鉤擦得熠熠閃光。客人們則挨肩抵肘地坐在一起，交談著，啜飲著果汁，玩味著博若萊（法國舊地名）的佳釀。略微前傾的掛鏡中映出洗得錚亮的盤子，裡面盛著各色家製的菜餚：金黃色的烤雞、鮮嫩的清燉牛肉、堆得像小山一樣的酥脆可口的炸薯條和整齊地排在大碗裡的銀色鯡魚。

此類餐廳散落於巴黎的狹窄街巷中，儘管占地很小，陳設簡樸，但是卻提供了道地的法國家庭式饌餚，代表著最純正的法國烹飪技藝，而每一道菜又無不反映著主人的個性和偏愛。如走進阿米・路易餐廳，那裡的陳設一切如舊，使用的1952年的電燈依然亮著。這裡的拿手菜是烤雞和酥脆香甜的番茄點心，點心上淋著大蒜和洋芫荽汁，那氣味常常會逼得人流出眼淚。接待客人的餐廳略顯狹長、昏暗，但是餐桌上鋪著橙色的桌布卻非常醒目、鮮亮。這裡特別重視包桌，打開業以來，餐廳便深受戲劇界明星的青睞。在四〇年代，著名的喜劇明星莫里斯・謝瓦利埃和幽默大師查理・卓別林在共和國廣場附近的國家劇院和音樂堂演出後常來這裡用餐。橡膠大王米什蘭1950年授予該餐廳令人羨慕的明星稱號，但是又因為這家餐廳拒絕對餐廳進行現代化的內部裝修而被收回。它不但依舊用柴爐烹製菜餚，還將繼續堅持另一種傳統的營業項目——代銷女用頭飾。歲月流逝，陶瓷方磚埋

成的地面已有了十分顯眼的磨蝕，隱約暴露出撐在下面的木製板架，橢圓形的大鏡脫落了不少水銀，鏡面已顯得斑駁。然而以木頭爲燃料的柴灶依舊像往日一樣燒得紅彤彤的，灶邊整齊地放著從鄰近家具廠拉來的木塊。時至今日，阿米‧路易餐廳仍然不肯與現代風格的意識同流，因此格外受到人們的青睞。肉厚塊大的牛肉、肥腴的小牛排、烤小牛腰子、五香燻羊排和其他各色燻烤食品，其製作方法在其他餐廳老板看來也許已經過時，但阿米‧路易卻製出了最上等的菜餚。這裡以肉食爲主，厚厚的鴨肝盛在雪白的大盤子裡，並連同牛油缽和烤麵包一起端到顧客的眼前。這裡的每道菜都會淋上少量的大蒜汁和牛油。它們被端上桌的時候，還在厚厚的平底鍋中吱吱作響。

而在老婦人餐廳，文火燉牛肉和清燉羊羔頗負盛名，還有那鮮菠蘿羹餡餅使人回憶起童年時代母親的手藝。老婦人餐廳也是一個獨立的世界，它由老板娘一人獨自打理，從幼年代就在巴黎非常出名。該餐廳的特色之一在於它沒有菜單，老婦人儼然是所有人的母親，行使一家之主的特權。她往往想做什麼就做什麼。慷慨大方是該餐廳的另一特色，在這裡，端上桌的全部是老式家庭那種巨大的白色陶瓷碗和陶罐。碗內是蔥頭、油和香草攪拌在一起的鯡魚，罐中是香味撲鼻的雞肝。這裡的飯菜量足、品種多。來此用餐的都是老主顧，有從事國際貿易的商人，有法國的出版商，還有當地的記者和體育教練們。餐廳其實就是兩間不大的房間，裡面擠得滿滿的。並且這裡可以賒帳，每到月末，顧客紛紛來清帳。

卡黛特餐廳則以多肉、味重的砂鍋菜見長。各式菜餚伴隨著熱情的話語一起端上。它是一家古樸而有人情味的餐廳，讓人在這裡吃得簡單、可口和滿意。在卡黛特餐廳，近五十年來，這裡似乎都沒什麼變化。綠色的塑料長凳上印著粗心的客人用香煙炙燒下的斑點，桃紅色的亞麻桌布上有主人親手繡的各種圖案，冰箱在餐廳的角落裡發出嗡嗡的低鳴。油印的菜單似乎比早年考究多了，價格自然也從1936年

定的每餐十二法郎上調了一些。而每天下午，老板都會在餐廳現場準備食品罐（一種方便食品），一絲不苟的動作引起顧客的信任和好感，幾十年如一日。

這些餐廳的共同之處在於保持傳統的烹飪技藝，勾起顧客對往事的依戀。

（五）澳洲風情主題餐廳

澳洲是個由各地移民所形成的國家，因此，在餐飲上也博採各國之長，它以歐洲飲食爲主，亞洲飲食爲輔。由於澳洲畜牧業發達，因此牛、羊類新鮮味美，而澳洲的鱷魚、大龍蝦、鯡魚、鴯鶓等也是餐桌上的美食極品。

澳洲風情的主題餐廳在環境上，可用澳洲特有的動植物作點綴，突出特色。

二、按年齡因素分

不同年齡層的顧客有不同的消費能力、消費偏好、消費習慣。因此，可根據年齡變量創設不同的主題餐廳，以迎合「對口」年齡顧客的需求。

（一）青少年

青少年是餐飲市場上的主力消費群體之一，在餐飲消費上尤其講究情調。因此，絕大多數主題餐廳都是爲青少年朋友而定位，並且在形象定位上突出浪漫、前衛色彩。一些科幻主題餐廳、漫畫主題餐廳正是迎合了年輕人愛冒險、愛幻想兩大天性。

（二）中年

作爲事業有成的中年人，在餐飲消費上則表現了一定的理性。因此，以中年人作爲主要客源的餐廳，在選擇主題時，一般應很好地考慮如何方便客人接洽業務、商談公事。此外，針對中年人愛懷舊的特點，餐廳也可著力營造各種懷舊色彩。如福州的農家飯莊，其內部的陳設、家什全部採用其老板上山下鄉時對農村的印象模式，老板自稱是「村長」，他是從省話劇院下海的「藝術家」，他又把藝術實踐中學到的本領和在劇團沒法施展的才華，運用到飯莊，用舞台設計的專業知識營造飯莊的農家歷史氣息，「想當年」、「老房東」、「戰友情」、「知青部落」等讓人一進門，就產生一種「恍若隔世」的感覺，恰到好處地迎合了中年人的「懷舊」情結。而北京等地出現了針對中年人的「離婚餐廳」，專做夫妻之間「最後的晚餐」，倒也成爲現代都市人「好聚好散」時的最佳「告別」地點。

（三）老年

隨著生活水準的提高，人類壽命日益延長，以老年人爲主要吸引對象的壽宴主題餐廳成爲都市的新寵。

這些壽宴主題餐廳針對壽宴圖吉祥、喜慶的特點，推出的各款長壽宴別有特色。長壽宴的整個宴席弘揚中國人尊老愛幼的傳統，體現歡樂、健康、向上、和睦的家庭氣氛；菜品命名寓意深遠，美食更有美意。在保持傳統菜品特色的同時，還應注重營養、色調、葷素合理搭配。如「長生不老」以豬大腸和油菜爲原料，取大腸「長」的諧音，寓意長壽；油菜色調碧綠，比喻長青樹；「玉兔拜壽」用鵪鶉蛋做成玉兔形狀，好像剛從嫦娥那兒來向老人拜壽，活潑可愛、憨態可掬，且動感強烈；「群龍會」用大蝦爲主料，製成蟠龍狀，群龍畢至趕赴壽宴，增添了吉祥氣息，保佑人人平安。因長壽宴是家宴，所以

既有年輕人尊老內容，又有長輩對晚輩的祝福。像「一帆風順」是老年人祝願年輕人工作順利、事業有成；而「富貴魚」則是取意「富貴有餘」，願晚輩連年有餘，生活幸福。這些菜品的安排，不僅使整桌菜餚搭配合理，營養均衡，符合現代科學膳食的要求，而且呈現出家庭濃濃的親情、祥和的氣氛。

目前，餐飲市場上做「老年文章」的餐廳開始增多。如前所述，一類老年餐廳是以做各類壽宴而出名的。像上海的一些酒店就推出了形形色色的壽宴，如工薪族壽宴、社會名流壽宴、白領階層壽宴等。而另一類更純粹的餐廳則帶有老年公寓的性質。這類餐廳一般位於老年酒店內部，和住宿、保健、娛樂、社交等融合在一起。在這類老年酒店內，所有的地都鋪上了厚厚的地毯，防止老人摔跤後發生不良後果；所有的走廊都有扶手；餐廳根據客人的身體狀況為每一位顧客「良身訂做」地設計各類食譜，且標明了每一種菜餚的卡路里含量以及各種營養成份，使得餐廳成為顧客「生活保健顧問」。

（四）兒童

長期以來，兒童一直是餐飲市場上被忽略的消費群體。隨著營銷觀念的發展，兒童和老人作為餐飲市場上的兩極消費群體，開始受到極大的關注。目前，餐飲市場上已湧現出一些老年主題餐廳，而兒童主題餐廳正處於發展期。作為一個特定的消費群體，兒童的消費數量非常龐大，且這些小客源具有消費頻率高之特點。因此，餐廳可考慮設置各類兒童主題餐廳，並圍繞兒童開展有特色的經營活動。如在餐廳布置上，可選擇兒童喜愛的卡通人物為背景，在提供各類餐飲的同時，還可贈送一些紀念品，透過這些小小的「賄賂」使之成為餐廳的回頭客。

三、按職業因素分

從事不同職業的顧客，往往也會有不同的興趣偏好和價值觀念，表現在餐飲消費上，也有很強的消費特色。

(一) 白領餐廳

目前，在北京、上海等一些大城市，已悄然出現一種白領餐廳。這些餐廳的目標顧客是都市中收入頗豐的白領族。隨著經濟的發展和外企數量的增多，白領逐漸成為一個顯眼的階層。而在這些收入頗豐、工作繁忙的白領人士眼中，普通的吃飯其實包含著放鬆、休閒、社交和體面，裡面的「含金量」不可小看。他們既注重價格的定位，又兼顧就餐環境的雅俗。傳統的餐廳往往因為這樣那樣的原因難以博得白領們的青睞，為迎合這一新興階層的需求，定位合適的白領餐廳就應運而生。

(二) 高校學生餐廳

即以在校學生尤其是大中專院校的學生作為主要的目標顧客。全國在校的各類大中專院校學生構成了一個龐大的餐飲消費群體。由於學生特殊的角色地位（尚處於求學階段，但餐飲消費頻率較高），學生餐飲在高等院校內外經營得「紅紅火火」。

在南京東南大學裡，有一家「小洞天餐廳」，由東南大學的一位退休老教授經營，其開店宗旨是「以餐會友」，因經營有特色而被顧客稱為「小洞天裡天不小」。高校學生餐廳的成功告訴我們，在消費水準全面提高的今天，客源已呈現多元化、多極化的態勢，並非只有商務旅遊者才是唯一的目標。

（三）普通大眾餐廳

即以社會上一般民眾作為主要的目標顧客。長期以來，在餐飲市場上存在一股「抓大放小」的經營作風，即以大官、大款和大鼻子（老外）作為主要客源，忽略了龐大的小市民市場。其實，作為啟動內需的主要力量，小市民數量龐大且消費相對穩定，因此，以這些大眾百姓為主要客源的餐廳應會有良好的發展前景。

四、按文化類型分

文化是涵蓋面非常廣的一門學科，它是人類在社會歷史過程中所創造的物質財富和精神財富的總和，特指精神財富，如教育、科學、文藝等。依據文化的不同類型，可細分為不同主題：

（一）音樂主題

包括古典音樂、流行音樂、民族音樂、爵士樂、搖滾樂等不同的音樂主題。此類餐廳一般擁有較好的音響器材以及各類「同根同源」的唱片。如某地有一家「歲月如歌」餐廳，以懷舊為主題，以懷舊樂曲伴餐。這家餐廳採用自助餐方式，餐廳內經典的曲目有《閃亮的日子》、《在那遙遠的地方》、《昔日重來》、《卡薩布蘭卡》等，邀老友、品歲月、唱老歌、吃美食，讓顧客得到全方位的非凡享受。而杭州西湖邊的「名流」餐廳則定位於鋼琴曲目主題餐廳，每晚都現場演奏鋼琴曲。

而有的中餐主題餐廳推出包括笙、簫、巴烏、排簫等在內的中國傳統民族器樂演奏，顧客可在涓涓流水般的樂曲聲中，聆聽到《春江花月夜》、《蘇武牧羊》、《紫竹調》和《茉莉花》等中國古曲和傳統民歌。

又如湖北洪湖烏林大道上，有一家「楚樂宮」的美食娛樂城，以楚樂為主題。「楚樂宮」的篆刻店區，八扇編鐘造型的大門，大門側立八位著盔甲佩長劍的楚國武將，十分引人注目。步入大廳，古戰車造型的吧台上，華蓋輕搖，彷彿戰車在馳騁。西側茶房，東側屏風舞台上，有三十六具型態大小各異的青銅編鐘。顧客可就著編鐘樂舞，品美味佳餚。餐廳的十一間包廂，分別以鄭國殿、魯國殿等春秋諸雄命名。「楚樂宮」的膳食也特有文化，如造型酷似編鐘的魚，是模仿曾侯乙墓中出土的編鐘魚烹飪的，還有風味獨到的編鐘酒，以及著戰國服飾的少爺、小姐邁著方步，手執竹筒菜譜為顧客點菜，用仿木古陶杯為顧客斟編鐘酒，還有戴宮廷侍人帽、手提大銅壺的茶師沏茶。在這兒，美食和民族文化可一起好好享用。

而在北京首都體育館附近有一家「民謠酒吧」。這家酒吧有一個舞台，設置了各種民謠樂器和民歌歌譜，供前來消費的顧客彈拉吟唱。

中國大飯店的「阿麗雅」餐廳則是熱愛高雅藝術和浪漫氛圍的朋友們的好去處。「阿麗雅」（Aria）在英文中意思是詠嘆調。走進這座融高雅音樂、西方傳統美食文化和上乘葡萄酒為一體的高尚餐飲場所，確實給人一種如同西洋歌劇華彩篇章的感覺。一幅巨幅歐洲名畫使每一位走進來的客人即可領略到「阿麗雅」的獨特風韻。餐廳內只以中世紀古典油畫和古典英文手稿作為裝潢，淡灰藍色的畫面和古老的羊皮紙色調構成一種西方傳統文化的基調；下層的葡萄酒吧半隱半現，適合散談的酒客，而沿著以世界各地名牌葡萄酒作裝飾的酒窖型螺旋樓梯來到上層餐區，則是更適宜尋求隱秘的客人聚會的地方。四處散落的溫馨座位，開合式垂地絲絨帷幕，可以使商務夥伴不受任何干擾。這裡最開放的是烹製美食的透明廚房，廚師在你眼前製作美味佳餚，使人感到家庭廚房般的脈脈溫情。每天晚上這裡都回響一個充滿異國情調的美妙聲音——被稱為「魅力無窮的表演藝術家」，來自

英國的阿麗西雅爵士的演唱和著名鋼琴家夏娃的伴奏堪稱珠聯璧合，「阿麗雅」──以典雅而不華，如同休閒紳士般的服務使人感受口、眼、耳全方位的浪漫。

（二）文學主題

以文學作品中的某一段落爲原型，設計開發各類主題餐廳。這些文學作品包括現代文學、近代文學、古典文學等。如《紅樓夢》中的諸多片段都有餐飲的詳細描寫；又如源於《西遊記》的蟠桃宴、源於《三國演義》的三國宴、源於《水滸傳》的水滸宴、源於金庸或古龍武俠小說的各類「俠客宴」等。

在諸多文學主題餐廳中，其中一類注重講究顧客「個性文學」的發揮。如來自台灣的麥田村餐飲連鎖集團，其經營理念就是「吃飲之外，做你自己」，講究充分發揮顧客的文學個性，顧客用餐其間可在店內任意發揮，並在牆上貼上自己的「名言」，店裡還組織評選，並給予獎勵。有的寫給妻子「相約在麥田，每天愛你多一點」，有的寫給丈夫「在麥田，我們可以不做飯了」，有的寫給朋友、戀人等。顧客若願意，還可以將最「自我」的照片貼在牆上預留的鏡框裡，充分展示「眞我的風采」。

（三）舞蹈主題

以各類舞蹈文化爲主題吸引，包括現代舞、民族舞、搖滾舞等。在北京朝陽區中服大廈內，有一個可容納四百餘人，集文化娛樂、藝術欣賞、餐飲休閒於一體的大劇場，它就是著名的大鐵塔夢幻劇場（Big Tower Magic Theatre）（《中國旅遊》，1999年第6期，徐玲著文）。它培育的高品位、多層面、深內涵的健康文化，融會了古典精華，形成了自己的獨特風格，拓展了全新的天地，並且成爲獨具一格的餐飲中心。大鐵塔劇場以紅色爲整體色調，在兩盞巨大的水晶燈的映襯

下，給人溫馨而又熱烈的感覺。劇場四周掛滿了十九世紀末法國的版畫，向人們敘述著塵封已久的往昔故事，彷彿使人置身於巴黎鼎盛時期。自動升降的舞台，伸縮自如的冰面和瀑布、噴泉等大型實景和數不盡的電腦立體投影、強力電腦燈、雷射燈，以及先進的音響設備，又把人帶進繁華爛漫的夜生活之中。每當夜幕降臨的時候，來自全國各地專業藝術團體和藝術院校的演員們，在這裡演出由法國、美國編導和國內知名藝術家共同策劃、精心編排的豐富多彩、獨具特色的文藝節目。有歐美自三○年代以來的優秀歌舞精選，也有東方神秘古老的傳說，使東西方文化得到充分的交融。百老匯的《雨中曲》令人在輕鬆愉快中感受濃郁的詩情畫意；凡爾賽宮廷舞則為人詮釋了高雅華貴；熱情奔放的西班牙舞蹈和柔美迷人的夏威夷草裙舞充滿了異國風味、異域風情；而金字塔、古王宮和圖騰等形象，無不再現了古埃及的獨特風韻；溜冰表演給人以健康向上的力量，而荒誕的滑稽戲則讓人忘卻一切煩惱。在閃爍變化的燈光、立體聲交響，舞台的布景與演員渾然一體，默契和諧，讓人感受到一種濃厚的文化氛圍。

在大鐵塔夢幻劇場，不僅可以欣賞各種高雅的文藝節目，而且還可以品嚐各式各樣的美味佳餚。那裡有國際一流的廚師，精選上等的原料，為賓客製作出不同類型、不同口味的珍饈。當文藝節目演出開始之前，客人可以按照自己的口味和愛好，或選擇正宗的法國餐食，或選擇具有獨特風味的燒烤，或選擇具有傳統特色的中餐，盡情品嚐，一飽口福。而身著黑色禮服和雪白襯衫、佩戴領結的服務人員活動在劇場的時候，顧客可發現他們從形體到語言，從動作到程序，無不彬彬有禮，舉止優雅。

（四）美術主題

包括中國水彩畫、西洋油畫、一般素描等。美術主題餐廳同時也是一個美術作品展覽館。

香港有一家可以塗畫的餐廳，餐廳桌子的台布上都鋪有一張大畫紙，桌面上放著一個插顏色筆的杯子，客人可以隨意在畫紙上塗繪，如果顧客的作品夠水準，便有機會被畫廊展出和出售，許多業餘畫家和繪畫愛好者紛紛前來用餐。

而在上海有一家主題餐廳居然以各類「時尚漫畫」為主題吸引。餐廳內牆用各類漫畫裝飾，台布也是特製的漫畫台布。當食客還沉浸在睿智的啓迪中或捧腹於離奇的矛盾衝突時，菜已上來。店主還會根據時代流行，收集大量的「時尚漫畫」，如中國大陸甲A、甲B足球賽期間，專門在店內布置了一些足球漫畫，而奧運期間，則改為各種體育漫畫，可謂緊跟時尚。

（五）影視主題

透過餐廳再現不同國家、不同地區、不同時代、不同風格的各類著名影視作品，集餐飲與影視作品於一身。如「紅高粱餐廳」可在布置上採用《紅高粱》中的經典鏡頭：高聳在破牆上的「月亮門」，厚實的黃土地……；而「龍門客棧餐廳」的服務人員則可裝扮成龍門客棧的老板娘，龍門客棧整個一樓的大廳沒有窗戶，二樓的窗戶小得像碉堡的一排槍眼……

北京天倫王朝餐廳地下一層的影藝食苑，參考《茶館》、《林家鋪子》、《祝福》、《舞台姐妹》、《原野》等多部電影場景布置餐廳，將電影文化與飲食文化融為一體。這裡薈萃南北菜餚、風味小吃二百餘種，營造了一種別具一格的美食氛圍。

（六）體育主題

可以以大體育為基本設計概念，組成一個類似現代「奧林匹克中心」的綜合運動主題餐廳，也可選擇其中一種或有限的幾種作為主題的出發點。

足球作為一種世界性的運動，可成為很好的吸引物。在英國倫敦的唐人街，有一家足球餐廳，顧客一踏進餐廳，便可感受到這是一個足球的世界：在餐廳內擺滿了世界著名足球明星和球隊的照片以及獎項，餐廳服務員都穿著球衣、球褲和足球鞋，電視螢幕上也播放著足球比賽的訊息。開張以來，一直受到足球愛好者的歡迎。

而河南唐河縣一家餐廳的老板突發「棋」想，決定用棋賽招待顧客。他在店內設立了奇特的棋賽。所有的棋子都是特別的小酒瓶，顧客雙方對弈時，只要吃掉對方的「棋子」，便可將其中的酒喝掉。由於這裡既有酒喝，又可下棋取樂，所以深受棋迷朋友的歡迎。

現代都市中甚至出現了以「拳打腳踢」為主題的「拳擊餐廳」。顧客在此一邊品嚐香茗、開懷暢飲，一邊還可觀賞拳擊表演，如果有興趣，還能上台試試拳腳。該餐廳的布置也很有創意，進門便可看見牆上有一幅巨大的「龍」字，顯示出武館的味道。拳台設在餐廳的中間，拳台邊還有專業的裁判和醫護人員，每天會產生新的「拳王」。而「拳擊餐廳」的老板則是行家，創辦這種主題餐廳的目的在於將餐廳作為窗口，吸引更多的愛好者來此一試身手，並且，還有專職的教練親自指導。這家特殊的「餐廳」雖然面積不大，但已有上百人的固定顧客。

（七）廣告主題

透過營造良好的廣告氛圍來突出餐廳的經營特色。如有一家餐廳名為「廣告餐廳」，就是陳設了一種「濃厚的經典廣告氛圍」，吸引了眾多廣告愛好者。在該餐廳內，每一個服務員都要穿上廣告廠商提供的服裝、鞋帽及裝飾品上班。客人落座後，服務員便送上手巾，手巾放在一個精緻的瓷盤上，顧客只要一拿起毛巾，一幅廣告畫就立即映入眼簾，顧客在等待上餐前的幾分鐘總免不了看上幾眼。令人驚奇的是，顧客享用的每一道菜都有用配料巧妙拼成的廣告文字或圖案，顧

客用的筷子、飯叉、飯勺都印著生產廠商的名稱。顧客用餐離去後，服務員便將一個裝著各式禮物的托盤放在顧客面前，任顧客挑選一種，每一種禮物上都有不同的創意傑出的廣告。因此，許多顧客消費了以後，都忍不住再次光臨，一是在品味佳餚的同時好好品味各種廣告，二是獲得各類有創意的小禮物。

（八）集郵主題

傳統觀念認為，作為一項高雅活動，把集郵和飲食聯繫在一起本身就需要很好的創意。在以集郵為主題的餐廳裡，經常會舉辦一些高水準的集郵專家對郵市動向的分析報告會，郵迷們可以交流心得體會。集郵餐廳還會有大量的複製或原版郵票，讓郵癡一飽眼福。

（九）戲劇主題

有的主題餐廳以戲劇作為主題吸引，這些餐廳多以「戲劇吧」的形式出現。

位於北京某地的戲劇吧就是以戲劇作為主題吸引。在這裡，不售門票，沒有舞台，觀眾看戲不僅可以喝飲料，還可與戲劇中的人物交談。這家戲劇吧平時與一般的酒吧相差無幾，但是到了週末，就會在入口處掛一塊白布簾子，門簾上寫著當晚演出的劇目名稱。這也是舞台裝飾的一部分，其餘裝飾就是以酒吧的硬體裝飾因地制宜，燈光多數沒太大變化。經營者把桌椅移到了兩邊，留出中間三十平方公尺左右的空地，算是演出區域。到了晚上九時半左右，三十分鐘左右的小戲劇就開始了。中央戲劇學院、北京電影學院等藝術院校的學生就在這裡演出過《愛跳舞的小魚》、《蟬翼》等幾齣小戲，表現了平民百姓小人物的點滴喜怒。有時演出當中，小戲會帶上遊戲性質，鼓勵觀眾一起參與，唱唱歌，甚至參與改變劇情的發展等。因此，演員與觀眾的界限並不清晰，有時，今天的演員就是數週前的觀眾。戲劇吧之

所以能較穩定地保持一週或兩週一次的演出，是由於有一批既熟悉戲劇又有文化經營意識的人士在背後運作，其中的代表是中央戲劇學院的「戲劇製作人與舞台監督」專業班的應屆畢業生，他們是中國大陸第一批專業戲劇製作人。

對戲劇主題餐廳而言，傳統的地方戲也是很好的主題吸引，如北京的湖廣會館，不僅以戲曲演出聞名於世，而且還開辦了具有梨園特色的湖廣會館飯莊，在裝修設計上，突出了中國梨園特色，用各種戲曲人物畫以及逼真的臉譜作爲裝飾，配上紅木家具，館內雕樑畫棟，彩繪遊廊盡顯曲徑通幽、兩湖文化特色，並且，該飯莊每晚都有戲曲演出，同時，該飯莊推出了二十二種戲曲趣味菜，每一道菜都有一個戲曲故事，如「鳳還巢」、「釣金龜」、「一捧雪」、「遊龍戲鳳」等，並且還備有以戲曲人物爲造型的臉譜拼盤，構思新穎，色味俱佳，受到廣大中外顧客的青睞。

而梨園劇場是在北京市旅遊局、文化局的倡導下，由北京前門建國餐廳和北京京劇院於1990年10月聯合開辦的一家藝術廳。梨園劇場內設有演出廳，由著名藝術家薈萃、陣容強大、劇目繁多、在世界各國享有盛譽的北京京劇院每晚演出。同時，觀衆可邊品嚐風味小吃和中國名茶，邊欣賞藝術家表演，增加樂趣，在展示廳和展賣廳內，觀衆可瀏覽中國京劇簡史、著名京劇藝術家劇照；選購具有京劇特色的戲服、臉譜、樂器字畫、影音製品；顧客若有雅興，還可身穿戲裝，勾畫臉譜攝影留念。

（十）攝影主題

以各類經典的攝影作品或攝影器材爲設計元素和經營主題的餐廳就是攝影主題餐廳，根據攝影的內容，可分爲以靜物、風景和人物爲主的藝術攝影和以歷史爲主題的歷史攝影。前者透過營造一種理想化的畫面來突出意境，後者則透過再現本餐廳的歷史、所處城市和地區

的歷史，以及曾經光臨的名人留影突出主題。

（十一）雕刻主題

中國大陸各地有各種雕刻，如石雕、木雕、玉雕、樹雕、微雕等都是藝術塊寶。以雕刻為主題吸引，往往會吸引眾人的關注。如湘西地區多山，因此產生了一代代能工巧匠。古時的大戶人家，無論房屋的橫樑、欄杆、門窗，還是床桌、椅凳、衣架、梳妝台等，都是精雕細琢，從而形成了湘西地區獨有的裝飾木雕藝術，如淺浮雕、深透雕、圓雕等。而木雕的題材廣泛，有的取之神話、戲曲，更多則直接來自人民生活，如耕種、狩獵、愛情等。湘西的一家小餐廳，就融入了湘西木雕文化，成為外鄉人眼中「湘西文化」的縮影。而某地有一家餐廳，內部的裝飾全是各類樹雕作品。在裝飾性的木材上雕刻各種作品，食客們興趣所至，也可欣然拿起雕刻刀，雕刻下自己滿意的作品，並署上大名。並且，餐廳還專門組織了一個評獎委員會，對所有的作品進行評比，給優勝者頒獎。評獎期間，還組織開展雕刻藝術研討會、報告會，屆時，有關文藝理論專家和木材加工方面的專家都會前來參加並發表高見。

（十二）時裝主題

即將時裝表演和飲食文化融為一體，形成獨特的休閒主題。如蘇州新蘇國際大酒店就聘請蘇州大學藝術學院的學生模特兒在餐廳內，隨著背景音樂穿梭在餐席之間進行時裝表演。各種穿戴奇特的時裝模特兒直接出現在顧客觸手可及的眼前，對就餐者而言構成了極大的視覺衝擊力。

（十三）節日文化主題

世界上約有成百上千的節日，每一個節日都有不同的餐飲消費熱

點。因此，可根據節日來創設主題，把所有的節日或幾個有代表性的、影響比較大的節日串在一起，開設各類「節日主題餐廳」。如中國傳統節日中的端午節，以粽子作爲節日的主打產品，就可設置幾天爲端午節，推出不同形狀（如三角形、錐形、菱形、枕頭形、寶塔形、筒形、筆形等）、不同餡心（豆粽、棗粽、肉粽、純米粽、夾果粽等）、不同大小（五十克、一百克、一百五十克等）、不同風味（北方粽、南方粽等）的各式粽子，供中外食客選用。春節是我國的傳統節日，這個節日中最突出的習俗就是講究飲食，民間如此，皇家宮苑就更是如此，除夕團圓宴、新年第一餐的歲更餃子、立春的春盤與五辛盤、正月初二至初十舉行的別具一格的三清茶宴，都可以令人領略到中國傳統的古老的飲食文化。這些都可以加以借鑑、利用，設計成節日主題餐廳的特色節目。又如可設定幾天爲元宵節，推出「元宵宴」、「花燈宴」等，再如「中秋節」，可推出「團圓美食節」、「月餅宴」等。

（十四）慶賀類主題

隨著人們生活水平的不斷提高，各類慶賀類的餐飲產品成爲餐飲市場上的熱點。因此，以慶賀爲主題的餐廳已經在大城市悄然興起，並以其獨特的構思和專業性的服務受到了相關客源的歡迎。

慶賀類的餐飲產品泛指一切具有紀念、慶典、祝賀意義的宴會。如婚宴、壽宴、生日宴、喬遷之喜宴、開業慶典宴、慶功封賞宴、金榜題名宴、畢業慶典宴、慶賀節日宴等。此類餐飲產品一般都具有濃郁的喜慶氣氛，主題意義特別突出。並且，此類餐飲產品，不方便在家庭操作，一般需要特殊的布置、富有象徵意義的菜點以及獨特的風俗習慣要求，因此，開發此類主題應具有廣闊的發展空間。像上海、北京等一些大城市，就已經出現了各類慶賀主題餐廳。有幾家專做婚宴的主題餐廳，根據顧客的特殊偏好設計整個婚宴場所（中式或西

式、老式或新潮等），並且提供從書寫、分發喜帖、安排婚宴節目、提供婚宴錄影、準備新娘嫁衣等包套服務，深受都市青年的歡迎。

五、按歷史年代分

歲月是一條流動的河，在不同的時期，往往會有不同的時代烙印。因此，可根據各個不同時期的社會特徵來創設各類不同的主題餐廳。包括：

(一) 懷舊復古類

這類餐廳多以歷史上的某一時期作為主題吸引物，如各類仿膳等。根據不同的歷史時期，又可細分清朝主題、明朝主題、唐朝主題等。如南京秦淮河一帶就可利用天時、地利的好條件，開設各類仿古主題餐廳。因為明朝以來，南京是全國的政治、經濟、文化中心，當時餐廳林立，小吃眾多，船宴盛行，御膳獨具，菜餚富有特色，精彩紛呈。南後主李煜派顧宏中考察韓熙載的夜宴，畫了著名的《韓熙載夜宴圖》，是當時金陵家宴的真實寫照。唐宋時期餐飲業方興未艾，杜牧的《泊秦淮》詩中有「煙籠寒水月籠沙，夜泊秦淮近酒家」之句，可見秦淮河一帶餐飲夜市的盛況。可根據這些史料記載，重現當時的餐飲盛況，形成獨特的仿古主題餐廳。

(二) 現代時尚類

透過再現現實生活中的某一個生活片段來突出經營特色。如「市井人家」，可以以城市中普通家庭為原型進行設計，或以「深圳人的一天」、「北京人的一天」等為主題進行設計。

（三）夢幻未來類

主要藉助於高科技手段再現未來生活中的某一個片段，是人們理想中的生活情境的再現。如「二十一世紀人家」餐廳內，藉助各種先進的科技手段，營造出人們未來生活的情景。

六、按民族民俗分

以中國大陸為例，存在諸多的少數民族，而這些少數民族的民俗民風往往是漢人或外國人的興趣焦點所在。因此，以民族民俗為主題的餐廳可謂是不勝枚舉。如在湖南張家界有一家秀華山莊，是典型的土家主題山莊，被稱為是「土家文化的守護神」。這家山莊是一座土家風格的三層小樓，一個袖珍園林式的天井，溪水從庭院潺潺流過，水車也在徐徐轉動，「吱呀吱呀」的聲音悠長不息。走進山莊，目光所及均是土家工藝品，在裝飾得古香古色的樓閣裡，擺著明清時期土家族的各式家具，床上掛著土家服飾、銀飾和繡品，桌上有古玩字畫、陶瓷器皿，連梳妝盒也半開半閉，彷彿主人剛剛有要事離開。這家山莊可以說是土家文化的典型再現。莊主本身就是典型的土家人，深諳土家文化，他還推出了土家民俗風情系列展覽，顧客們可在此了解土家先民的歷史、傳統，品味土家飲食，欣賞土家風情表演，甚至可穿上土家族服裝領略一番坐花轎、祭祖先、拜天地、揭頭蓋等土家婚俗。

而滿漢餐飲文化也是一種獨特的民族餐飲，國內的一些主題餐廳就定位於「滿漢筵」，以豐富的菜品和獨特的環境裝飾突出滿漢筵的主題色彩。

再如「珠穆朗瑪藏族餐廳」則可透過富有藏族特色的裝飾（如雪山風情）以及原汁原味的藏族食品（如酥油炒麵、肉腸、糌粑等）和

飲品（如磚茶、酥油茶、酸奶、奶油茶等）突出主題形象。

而新疆的饢、回民的馓子等都是獨特的民族食品，都可作為民族主題餐廳的主打或輔助食品。

七、按宗教類型分

宗教信仰是信奉和崇拜自然的神靈而產生的一種社會意識形態。目前，全世界的宗教徒約占總人口的半數左右。其中信奉基督教的人數為最多，約有十億人左右，回教徒約有七億，天主教徒約有五點八億，印度教徒四點七億，新教徒三點四億，佛教徒三億，還有若干道教徒等。每一類宗教都有不同的教義教規和典章制度，表現在餐飲上也有一定的禁忌。如佛教以慈悲為懷，戒酒戒葷，過午不食；回教中的《可蘭經》規定：死動物（包括因打、摔、觸、勒、電等原因而自死的動物）、流出的血、豬肉和非誦阿拉之名而宰的動物以及酒等均是飲食禁忌，齋月期間，在星星升起和太陽落下之前，教徒水米不沾，不能吃任何東西，待日落之後才可少量進食；而道教則主張「按季節進行調味」，「春宜食辛，夏宜食酸，秋宜食苦，冬宜食鹹」，並提出「飲食有節」等。

因此，餐廳可根據所在地的宗教信仰，設定不同的主題。如定位於清真小吃的餐廳必須考慮到清真食品和回教的密切關係。回教把動物分作是可食、禁食兩類，吃草的獸類、吃穀的禽類可食，如羊、牛、駝、鹿、兔、雞、鴨、鴿、鵝等；而吃肉的兇猛獸類、吃肉的兇暴禽類均不能吃，如虎、豹、狼、鷹、鷂等。因此，《可蘭經》中訓示穆斯林：准許你們吃一些佳美事物，「真主只禁止你們吃自死物、血液和豬肉」。於是，清真廚師們就創作出碗蒸羊、涮羊肉、水晶羊頭、煨牛筋、紅燉牛肉、鍋燒填鴨、鴿蛋蒸菜、清湯魚骨、糖醋黃河大鯉魚等一系列清真菜。

八、按發展規模分

主題餐廳在發展過程中有不同的發展理念，形成不同的發展規模。根據這一標準，可分爲：

（一）單體發展模式

這些主題餐廳講究「物以稀爲貴」，主張「唯我一家」，有時，這樣的經營風範往往會取得良好的效果。如北京的歷家荣，向來只有一張餐桌，因其神秘的經營作風和獨到的烹飪技術，成爲京城內外尤其是老外一窺眞相的熱門餐廳。

（二）連鎖發展模式

這類主題餐廳講究發揮「規模效應」，透過各種方式走集團化發展道路。而多年以來，我國餐飲業的發展一般都抱著「同行相輕」的臭脾氣，走互不干擾、各自爲政、各行其道的「散沙式」發展模式，這樣導致的直接後果是餐廳缺乏發展，從根本上削弱了餐飲業的整體生產力，目前，國外知名集團以「聯合艦隊」的態勢直逼中國大陸市場。面對這種國內市場國際化、國際競爭國內化的競爭現狀，我國餐廳應轉變觀念，主動拆除「籬笆牆」，走集團化發展道路，充分發揮各自設備、訊息、人才、技術、資本、網絡等優勢，形成合力，發揮規模經濟之效用。

走集團化發展道路，餐廳一方面可自己「造船」，在科學調研的基礎上，合理擴大餐廳的經營活動領域，走多元化經營之道，降低餐廳風險。一些餐廳將不再單一地走「以餐飲養餐飲」之路，而在食品外送、西點製作、淨菜加工等多種領域拓展發展空間。另一方面，餐廳也可與其他競爭對手建立橫向策略聯盟，組成聯合艦隊，以「銷售

聯合體」、「命運共同體」等方式攜手共進，在市場經濟的大洋中共進共退。餐廳還可與飯店、旅行社、旅遊經銷商、航空公司、商場、學校等建立縱向的策略聯盟。餐廳還可採用現代網絡技術，組建相對鬆散的餐飲聯合體。而透過購買特許經營權等手段依附於某一著名的集團，藉助於集團的形象優勢和營銷網絡優勢，採用「藉船出海」的方式進行連鎖經營，也是餐廳走集團化道路的一條捷徑。

九、按主題數量分

在設定主題時，為降低風險，加強適應性，可選擇不同數量的主題作為吸引物。按照主題數量的多寡，可分為：

(一) 眾多主題

即以多個主題作為吸引物。也即，在某家規模較大的餐廳內，依據不同的主題分割成不同的包廂，每一個包廂就是一個主題，讓顧客彷彿進入餐飲大觀園，在短時期內領略餐飲文化的博大精深。如福州東街有一家「美食園」，就薈萃了世界各地小吃，成為當地的餐飲要店。美食園雖然規模不大，但是華麗的廳堂座無虛席。樓上，敞開的灶頭就在廳堂的一角，客人可以看單點菜，也可看樣自取，猶如街頭的大排檔，但少了大排檔的塵土，多了幾分雅致、清潔。美食園供應世界各地的各類小吃，有福州的撈化、牛雜、蠣餅、蝦酥、鍋邊、光餅、煮線麵，廣東的蝦餃、煲粥、香芋餃、雀巢杯，北京的豌豆黃、蔥油餅，四川的擔擔麵，揚州的月牙餃，國外的沙嗲牛肉串、九層奶油糕等。客人所費不多，但卻可盡興。

有些主題餐廳也和娛樂等結合在一起，形成不同的主題風格，有的是以娛樂為主題，有的則以餐飲為主題。如武漢的「貝殼海」嬉水樂園，其一樓就是一個四千餘平方公尺的美食廣場；而杭州的富士浴

城內，則有一個大型的日式廣場專供各類日式餐飲。整個地面鋪上巨大綠色地毯，一排排帶靠背的「L形無腳椅」整齊地放在地上，顧客身穿休閒裝，可隨意盤腿坐在「椅子」上。而四周則是日式的小房間，門口有一串幽幽的紅燈籠。

再如北京亞運村內聞名遐邇的「村長辦公室」，1990年開亞運會時，各國運動員進村的升旗儀式都在這裡舉行。透過電視，全世界無數人目睹了村長辦公室的風采。而今，村長辦公室變成了「薩爾斯堡西餐酒吧」。偌大的村長辦公室被分成兩個不同的主題，一個是寬敞的西餐廳，一個是藍貓酒吧。那棕色仿古木製的裝飾，令人彷彿置身於歐洲某個小鎮的酒吧。可以毫無誇張地說，這麼道地的中世紀歐陸風情裝修風格，在北京可是獨一無二的。而西餐廳則有正宗的法國大餐和泰式咖哩炒蟹、海鮮沙拉等。藍貓酒吧除了環境獨特外，還有世界一流的樂隊現場演奏——是那種高雅的、悠揚的、抒情的爵士樂，更適合尋求安靜的人們。同一個地方，形成了不同的主題風格，倒也相安無事。

（二）單一主題

即以單個主題作為主題吸引物。這種單一主題的餐廳在市場上占了絕大多數。如著名的硬石搖滾餐廳就是以單一的搖滾音樂主題取勝的。而上海老城隍廟的春風松月樓則是一家單一以素食為主題的餐廳。它的外形以飛簷翹角為重要特徵，具有古樸典雅的風姿。春風松月樓創建於清朝宣統二年，善治素食、素麵、素點心，並恪守淨素不葷的承諾。門亭上高懸「常年淨素，葷不入內」的金字直匾，不僅顧客不准帶葷菜入內，連自己的職工也不例外，因而博得素食者高度信賴。修葺後的春風松月樓面積約三百六十平方公尺，二樓設有一尊金光閃閃的彌勒佛笑口常開，喜迎賓客。廳堂布置得窗明几淨，十多只小圓凳錯落有致，餐桌上鋪陳淡黃色的台布，服務員身穿杏黃色上

裝，一派祥和氣氛。包房分別命名爲御齋房、菜素園等。菜式豐富，有傳統名特素菜、野生菌菜、煲類湯品以及各色冷菜近百種，其中冠以葷名的「菜心蟹黃」、「響鈴鱔糊」、「松子黃魚」、「八寶走油蹄」等菜品達到形似、味似，幾可亂眞。還有一些菜餚採用具有濃郁的鄉間氣息和工藝色彩的盛器，如「辣炒子雞」裝入用小竹排製成的盛器內，情趣倍增。被評爲中華名小吃的素菜包，以及被評爲上海中餐名素食的銀芽脆鱔、醬爆松柳菇等精彩素食一併登台亮相。

十、按區位特徵分

　　根據餐廳所處的區位特性，主題餐廳還可分爲：

（一）陸地主題餐廳

　　這是最大眾化的主題餐廳，其中一類位於城市中心地帶、熱鬧地帶，其主要客源是當地的特定顧客或旅遊者。這類餐廳收費一般，且注重吸引回頭客，客人一般相對穩定。另一類位於地理位置相對較偏僻的城郊，主要是滿足一些隱蔽性消費顧客的需求，因此，主題非常鮮明，且消費檔次比較高。

　　並且，這類餐廳可享用地利之便，開發各類農家特色主題。如西安市有一家位於城鄉結合處的餐廳，餐廳旁邊就是白菜地，地裡種了許多時令蔬菜，有黃瓜、芹菜、香菜、茄子、西紅柿、蒜苔、西葫蘆、菜花等。客人就座，店主就會熱情地問顧客需要什麼菜，然後到地裡挖，顧客可以跟著店主親自在菜地裡挖自己喜歡的菜。因此，此餐廳的口號是「吃什麼菜挖什麼菜」，樸實的經營風格吸引了大量的城市顧客群。還有一類是風景區主題餐廳，其主要客源是遊客，因此，這類主題餐廳收費一般較高，且注重突出本地的旅遊特色。

（二）水上主題餐廳

　　主題餐廳一般建在水上，以畫舫或其他有特色的建築出現。如江浙一帶等水鄉有許多富有江南特色的水上賓館、水上酒家。在這一望無際的中堡鎮境內的大縱湖上，停靠著一艘艘用大船裝潢而成的「漁家別墅」，這就是水上賓館，在此可體驗一下「湖上捕蟹湖上煮，煮蟹便是湖中水」的情趣。凡是上了水上賓館的顧客，先換上由漁家為您準備的乾淨的拖鞋，進艙可看見富有漁家特色的各類擺設，湖上是一艘艘裝滿蟹蝦的大小船隻。

　　而福州沿海也有幾家頗有漁家特色的餐廳。其中一家名為「漁家宴」的餐廳，店內，除了裝飾有漁網、桅桿、魚簍、斗笠、蓑衣等漁家捕魚必備的工具外。居然還有三條小漁舟，船篷內設有桌椅。在船艙內坐定，便有船娘打扮的服務小姐送上菜單，上面都是「漁家氣息」非常濃厚的漁家菜，讓食客真正享受到原汁原味的漁家文化。

　　也可將水上主題餐廳設計成石舫的樣子。石舫在中國園林中經常可以看見，無論是皇家園林還是私人園林，也不分南方北方，蘇州的獅子林、北京的「萬園之園」的圓明園都有，它一般建在水面的一角，是最具有賞景視角的地方。因此，可仿造某地著名的石舫修建石舫餐廳。如始建於1755年的頤和園內的石舫就是全國眾多石舫中歷史最為顯赫的石舫，乾隆皇帝對它情有獨鍾，每次來園都要在此小坐。若條件許可，可仿製類似的石舫，以突出餐廳的特色。

（三）山中主題餐廳

　　這類主題餐廳一般隱藏在青山之中，依山而建。如浙江桐廬的紅燈籠鄉村家園就座落在象鼻山之中。紅燈籠鄉村家園是由一幢幢架空的小木屋組成的。每一座木屋前都掛著鮮艷的紅燈籠，每座小木屋都被高挑的紅燈籠命了名：紅杏、睡蓮、蝴蝶花、香雪海等。木屋之間

由架空的圓木廊橋相連，有些像肯亞樹屋的味道。木屋用當地的毛杉樹搭建，樹皮的屋頂，樹幹的牆面，屋前是滿目綠色：淺草、笆蕉等。最具特色的是紅燈籠的鄉村酒吧，它用杉樹和毛竹混合構建而成。顧客可坐在木礅子上飽食鄉村美味，四壁是原木構建的各種圖案，配以色調熱烈的鄉村花布，營造出一股濃郁的民俗民風。尤其是竹筒飯是必不可少的。當地的農民把米裝在新伐來的青毛竹內燒烤而成，竹筒飯一上桌，便到處瀰漫著清香，和屋外泥土的芬芳混合在一起，沁人心脾。

十一、按文化根源分

主題的本質是文化，按照文化的不同來源，可分為：

（一）舶來文化

即主題文化來源於國外各類優秀的文化，帶有濃厚的異域風情。

（二）本土文化

即主題文化來源於本國文化，注重提供一種原汁原味的傳統文化。如中國文化主題餐廳，可藉助六角宮燈、木格窗花、圓形入口等，也可透過中國民間神化人物、紅木桌椅、中式案台等物品，展現我國古老的文化氛圍。

第二章
廣泛性調研：尋找主題的前提

市場經濟的最大特點是一切圍著市場轉，一個餐廳要想在激烈的競爭中立於不敗之地，首先必須對它所處的市場有一個清醒的認識。因爲市場環境不僅制約著餐廳經營重心的選擇，而且還決定主題的選擇。認識、了解市場的最佳也是唯一的途徑就是對所處的市場環境進行廣泛性調研。

對餐飲市場而言，由於其異質特色非常明顯，市場具有很分明的層次結構和需求特徵，因此講求面面俱到的經營策略在市場上是行不通的。對於餐廳而言，唯有脫胎換骨的主題特色策略、低成本策略才能使餐廳「峰迴路轉」。這就要求餐廳高度了解餐飲市場的需求特性，以便有針對性地開拓市場。

同時，餐飲業本身帶有很大的脆弱性，有許多無法控制的外部因素如競爭對手、國家的經濟狀況、政治體制、社會安全、匯率變動等都會對餐飲業產生重大的影響，因此，餐廳除了了解市場、了解需求外，還需進一步了解經營的大環境，以便充分規避環境帶來的風險，有效利用與之而來的機遇，使餐廳成爲趨勢的追蹤者、機會的追尋者和威脅的躲避者。

第一節　市場分析

市場分析的任務在於對餐廳所面臨的市場進行認眞的調查研究，根據餐廳的現狀和未來的發展趨勢以及餐飲市場上的競爭狀況，按照一定的標準對市場進行劃分，找準對口市場作爲企業的主攻方向，據此推出針對性的產品和服務。因此，市場分析的任務有二：一是做好市場細分工作，二是在市場細分的基礎上，尋找市場機會，選擇恰當的目標市場，並對目標市場進行深入細緻地分析。

一、市場細分

餐飲企業面臨的是一個龐大的異質市場，這個市場是由需求完全不同的顧客所組成的，所謂的「青菜蘿蔔，各有所好」。比如同樣是吃飯，就吃飯目的而言，有的顧客是為了滿足基本的生理需要，即透過購買餐飲市場上的產品，能夠解決「餓」的問題，以便恢復體力；有的顧客是吃「情調」，即在這個餐飲市場上，他們購買產品的目的不是純粹地為吃，而是為了獲得一種生活情調，滿足精神上的需求，透過吃飯這一具體的形式，達到放鬆神經、調節精神的目的；有的顧客則是出於公務應酬；有的則是圖方便，省卻煩瑣的買、洗、燒；有的顧客是為了吃出文化，吃出情結，這是最高層次的「吃法」。從消費檔次上看，不同的顧客由於消費觀念、經濟能力等的影響，呈現不同的消費方式，有的一擲千金，極盡奢侈，甚至有人吃起黃金宴；有的則精打細算，一碟冷菜，一壺老酒，就吃得心滿意足。

可見，餐飲市場的異質性是顯而易見的。在這個龐大的異質市場上，任何餐飲企業，不管規模多大，不管實力多強，都不可能同時滿足所有顧客的千差萬別的需求。因此，其首要任務是對他所面臨的市場進行科學的分析，找準對本餐廳富有吸引力的某一（幾）個客源市場，集中自身優勢，充分滿足所選定客源市場的特定需求，使得本餐廳「在一定的市場上獲得最大限度的市場占有率」，並以儘可能小的代價，追求儘可能高的收益。因此，餐廳需要對市場進行細分。

所謂市場細分，是指餐廳按照某種相對固定、相對獨特的特徵，將整個餐飲市場劃分為不同的、具有相對統一特徵的小市場，又稱為市場分片或市場區隔。顯然，市場細分是從廣闊而複雜的市場之中，根據顧客的愛好、需求、購買行為、地域分布等因素，尋找出適合購買本餐廳產品或服務的具體消費對象，並以此作為本餐廳營銷的目標

市場。

　　市場細分的本質是對不同顧客按需求特徵的差異性與相似性進行分類，使得同一細分市場內部，顧客的需求特徵相對一致，而在不同的細分市場之間，顧客的需求特徵迥然不同。

（一）市場細分的作用

　　市場細分是現代市場營銷策略和思想的一次巨大革命。透過市場細分，可以使餐廳獲得以下突出利益：

■有助於識別和發現營銷機會，並據此調整營銷組合

　　餐廳面臨的是一個龐大的市場，經營者不可能在「汪洋大海」般的市場上漫天撒網。透過市場細分，餐廳可以縮小深入調查的「對象」，了解各個不同顧客的需求狀況和目前各種需要的滿足程度，容易發現哪些顧客群的需要沒有得到滿足或沒有得到充分的滿足，據此找準營銷機會。如北京香山飯店透過市場細分，發現保健旅遊在中國很有市場，而這一專項旅遊項目在北京的飯店業卻並不普及。因此該飯店抓住時機，推出以保健和旅遊為目的的健身旅遊，飯店與旅行社一同推出「中醫研修旅遊」。在遊覽之外，還請中華醫學會專家講授中醫理論基礎、藥膳學知識，並推出「清代宮庭藥膳全席」，席間不僅有常識簡介，還穿插有宮庭藥膳典故軼事等。此舉不僅為香山飯店廣開財源，還使其成為「弘揚華夏瑰寶」的場所，提升了飯店的知名度和美譽度。

■有助於餐廳形成特色，並以此作為主題源泉

　　透過市場細分，可深入了解目標市場顧客的需要，餐廳可以「量身訂做」地為特定的顧客生產出適銷對路的產品，使本餐廳的產品和服務成為顧客的第一選擇，充分展現餐廳個性，擺脫傳統意義上泛泛概念的餐廳，取得獲勝的資本。如在知識經濟時代，文化越來越受到人們的關注，因此，一些文化類的主題餐廳應運而生，它們以濃厚的

書香氣氛體現出一種文人關注的消費環境。尤其是在城市文教區內，將餐廳取名為「書香門第」，店內包廂可命名為「琴」、「棋」、「書」、「畫」或文房四寶等雅名，而大廳門口則可「造」一塊巨大的仿古青銅牆面，上面豎排著古老文字小篆，其實，這應該是本店的菜單。進入不同的包廂，可發現每個包廂都有不同時期的文學作品，精美的書籍整整齊齊地排列在氣派的紅木書架上。也可在不同的包廂，放置不同類型的書籍，如經濟類的、社會科學類的、醫學類的、文學作品類的、語言類的、休閒類的生活書籍等。透過滿室的書香，配上服務人員文雅的裝扮、灑脫的舉止，營造出一種清新雅致的就餐氛圍，很好地體現了以高雅藝術為基礎的飲食與文化的完美結合。

■有助於集中使用人力、物力、財力等資源，以較小的、較理想的、較合理的投入取得較好的效益

　　首先，餐廳可按照目標市場的需求設計對口產品與服務，並根據消費需求的變化，及時拓展或更新餐飲產品的文化內涵。如在數字化時代，網絡成為人們生活的基本內容，這一新需求的出現就引發了網絡主題餐廳的誕生。

　　其次，餐廳可合理選擇各類促銷活動，開展對口促銷。如網絡主題餐廳的「公關」對象可分為「在校大學生」和「商務客人」，根據這兩類主要客源的偏好設計各種促銷活動。

　　總之，市場細分可使餐廳將有限的資源集中使用在刀刃上，實現資源優勢整合，實現餐廳效益最大化。

（二）市場細分的方法

　　餐廳在進行市場細分時，應採用不同的標準開展市場細分活動，以與顧客需求差異緊密相關的某一細分標準為主，在這基礎上，選擇其他與顧客需求差異相關的細分標準，將其按由粗到細、由大到小的順序對餐飲市場進行二次劃分，直到找到最滿意的市場為止。

一般而言，市場細分的標準有：

■根據地理環境劃分

在不同的地域環境下，人們的消費觀念以及消費偏好、消費口味是完全不同的。因此，餐廳首先可以根據自己所處的地域環境，或是根據目標顧客所處的地理位置進行市場細分，確定餐廳的經營重心和經營特色。我國民間流傳「東辣西酸，南甜北鹹」，說明東西南北各地的餐飲消費習慣是完全不一樣的。又如，城市和農村的顧客在餐飲口味上也大相逕庭，城市的顧客可能更傾向於消費一些新鮮的、洋溢著濃厚鄉土氣息的蔬菜，以尋求一種原汁原味的鄉村餐飲；而農村的顧客整天面對的就是自己菜田裡新鮮的蔬菜，他們到城市裡消費，往往抱著一種「嘗鮮求異」的心理，喜歡消費一些菜田裡沒有的東西。因此，如果根據地域環境因素來劃分市場，找準目標市場後，就可以突出自己的經營特色，以迎合目標顧客的需求和愛好。國外眾多的「中國餐廳」就是以地域環境為劃分依據，標榜純粹的中國風味，來吸引大批華僑和仰慕中國飲食文化的外賓。

■根據經濟因素劃分

主要是根據目標顧客的經濟收入來劃分市場。不同的收入階層，表現在消費方式、消費額度、消費偏好上也是不同的。經濟因素是決定一個人消費能力大小的主要因素，因此，餐廳應該明確目標顧客的購買能力，據此進行定位，推出有特色的餐飲產品和服務。如一家以普通工薪階層家庭顧客為主要對象的餐廳，如果將自己的產品定位於「豪華奢侈」，則肯定會讓目標顧客望店興嘆。相反，假如突出自己的「平民特質」，如環境布置講究清潔家居化，菜餚定位於大眾隨意化，定價低起點，瞄準普通顧客，則肯定會讓目標顧客乘興而來，盡興而歸。可見，經濟因素也是非常重要的一個細分依據。尤其是在設計主題時，可根據目標客源的支付能力，確定主題成本，防止入不敷出。

■根據顧客的心理以及社會因素劃分

顧客的生活方式、價值觀念、受教育程度，乃至所從事的職業特點，都會給顧客的消費習慣帶上明顯的個人色彩。比如某酒店在別的酒店大肆宣揚餐廳包廂內的卡拉OK如何OK時，反其道行之，提出「一流的餐廳不應該有卡拉OK」，結果大獲成功。因為，酒店根據顧客的受教育程度以及所從事的職業特色進行市場細分發現：相當一部分有文化的顧客如教師、作家、醫生等顧客，並不喜歡甚至厭惡就餐時用卡拉OK來「伴餐」，對這部分顧客而言，吃飯是一種全身心的放鬆，在大庭廣眾之下，聽別人聲嘶力竭地大聲叫喊，簡直是一種折磨。可見，根據顧客的心理和社會因素進行市場劃分，也具有較強的現實指導意義。

■根據顧客的購買行為劃分

顧客的購買行為是指顧客購買時追求的利益取向、購買方式、購買動機、購買次數、對價格、服務或廣告的敏感程度、對餐飲產品的信賴程度、購買中的決定因素等。餐廳應根據顧客的購買行為來進行市場細分。如某速食店發現，一些中小企業的工作人員中午一般都固定在一個小餐廳消費，是典型的重複購買型顧客。它就根據購買次數將本餐廳的目標市場定位於中小企業的上班族，推出「一次付費、多次消費」，且價廉物美的服務特色，使得這些重複購買者省卻了每次結帳的麻煩。又如對瞄準兒童的餐廳而言，可推出饋贈活動，顧客每消費一次，就可以獲贈某類兒童玩具，或是一幅拼圖，或是一個小哨子，或是一張卡通貼紙。這些禮品本身價值不大，但是對兒童而言，就是一個不小的驚喜。

■根據外出用餐客人類型劃分

這種方法主要根據顧客的用餐目的來劃分市場，顧客之所以不在家吃飯而外出就餐，是有不同的目的的。有的顧客是為了舉行婚禮、全家團聚、宴請久違的老友或是客戶、歡慶某些特別的節日紀念（如

情人節、結婚週年紀念日），有的顧客純粹是為了調節一下平時緊張的生活節奏；有的則是企業舉行週年慶典或開業宴請。用餐客人對餐廳的菜餚質量以及外觀、餐廳布局的要求往往隨不同的用餐目的而呈不同的要求。在這種情況下，就要求餐廳根據客人的用餐目的來選擇主題。像位於杭州西湖邊風景幽雅、獨具文化內涵的場所（如斷橋）的餐廳，就可定位於以強調愛情為主題的餐廳，這類餐廳內部充滿了浪漫的氣氛和濃情的甜蜜。其中一家情侶餐廳只在中午和晚上營業專門接待情侶。因其環境優雅恬靜、小巧別緻，且專為情侶而設，別有一番情調，儘管用膳價格不菲，生意卻格外的好。該餐廳拋開了芸芸眾生，獨設情侶專場，賦予情侶「世外桃源」的浪漫與甜蜜，受人青睞也是情理之中的事。餐廳推出情人蛋糕配以香檳雞尾酒及覆盆子巧克力，還有情人百匯自助餐，備有豐富的精選肉排、生魚片和壽司、生猛海鮮、北京烤鴨及胡椒燒牛肉，並有可口時蔬、鮮美海鮮、港式點心、清燉湯品，餐後品嚐精緻法式點心、新鮮季節水果拼盤及冰淇淋，並贈一杯特調飲品，女士還可獲贈玫瑰花。該餐廳還與電台合辦「天天有情」活動，歡迎不論是成雙成對的情人，或希望籍此尋覓良緣的人。

　　市場細分的依據有很多，需要餐廳在日常的經營過程中不斷去尋找和去利用，並據此反饋到餐廳日常經營管理的各個環節。

（三）市場細分的原則

　　餐廳在細分市場時，應遵循以下原則：

1.細分的依據應與餐廳要達到的目標相一致，即透過這種細分，使得餐廳的產品成為目標市場上顧客的最優、最佳選擇，這樣的劃分才有實際的指導意義。

2.市場細分的結果應明顯地表現出各細分市場的顧客在購買動機和購買方式上的差異。

3.餐廳應根據細分市場之間的差異，採取必要的措施來調整餐廳的營銷組合策略。

4.講究高度市場細分。由於消費需求個性化特徵日趨強化，餐飲市場進一步裂變成爲更多的小市場。這就要求餐廳在市場細分的基礎上，要進一步對市場需求進行一種超細劃分，這樣才能更準確的把握一個餐廳的市場定位。目前國際旅遊行業裡已出現了一個專有詞彙——市場高度細分化，這說明該行業的主題化時代已經來臨，餐飲業作爲旅遊行業的一部分也應該跟隨潮流，要對市場進行高度細分，按照顧客滿意理論讓對主題感興趣的顧客感到高度滿意。在市場細分的基礎上，對各個細分市場進行分析，結合餐飲產品、餐廳實力等特點，選擇適合自己開拓的市場進行攻關。

5.市場細分不要貪大求全，要充分認識到，餐飲市場這塊「蛋糕」是不可能被一家餐廳獨呑的，要明確自己能分到哪一塊，並保證這塊能拿到手。市場定位越大，越難以形成主題，就越難有穩定和固定的客源群體。如果一家以國畫爲主題的餐廳試圖將其主體擴大爲美術，可能不但沒有吸引到更大的美術愛好者消費群體，反而連原有的國畫愛好者的消費群體也會逐漸失去。可以想像，如果硬石餐廳將搖滾樂的主題改爲「音樂主題」，估計也很難避免失敗的下場。

6.對主題餐廳而言，細分的最終標準應是顧客的興趣偏好。因爲主題餐廳本身帶有「沙龍」特性，它是「調味」客人的集聚地，因此餐廳在進行市場細分時，尤應考慮顧客的興趣差異，根據顧客的興趣設定不同的主題，吸引各種「調味」客人。

二、確定目標市場

目標市場是指餐廳確定的主要營銷對象，一般餐廳根據本身條件和外部因素，確定一個或幾個細分市場作爲本餐廳的主攻對象，以便「抓住重點、保證一般」。餐廳只有抓住目標市場，並推出適銷對路的產品，才有可能眞正抓住顧客的心。

（一）尋找市場機會

■尋找市場機會的方法

其實，對餐廳而言，可供選取的市場機會是很多的。歸納起來，餐廳可以抓住以下空缺尋找市場機會：

• 經營上的空缺。不同的經營方式會給不同的餐廳注入更新的活力，餐廳應根據變化了的市場和需求開發全新的經營方式。如廣東惠州的燒鵝佬美食城集團在全國各地「一片紅火」，其成功的一點就是率先一改傳統餐飲封閉經營的老做法，採用敞開式的經營方法。顧客就餐時，可以自己手推購物車在外間盡情挑選陳列在貨架或冰櫃內的食品原料，並將自己的口味告訴服務員，挑好後由服務員將原料推入加工區域，並將顧客的口味要求告訴廚師。燒鵝佬美食城的就餐區域和加工區域僅一牆之隔，而這道「牆」是用透明的玻璃製成的。顧客可以在就餐區域清楚地看到廚師的加工過程，不用擔心整個烹飪過程是否清潔衛生，眞正做到「吃得放心」。另一方面，顧客等待上菜的過程也成了欣賞廚師技藝的過程，在心理上減少了顧客的等待時間。這種透明式的經營作法，使得燒鵝佬成爲許多城市的餐飲消費熱點，並且經久不衰。

而瓦罐煨湯館則以其獨特的烹飪過程引起人們的好感。未到湯館，遠遠可見一個大約有一層樓高（實際高三點六公尺，寬三公尺）

的大瓦缸矗立於湯館大門內側，上有「民間瓦罐煨湯」六個大字。入得門來，可見在大缸的一邊，還有八口一公尺來高的小缸，縷縷清香隨著炭火飄出，令人垂涎，湯就是在這種缸中煨的。打開其中一口，一陣濃香撲面而來，只見在缸的內側，一圈圈一層層地擺放著一只只覆蓋著錫紙的小瓦罐，在大缸的底部正中，則是一盤紅紅的炭火。湯就是這樣透過炭火慢慢煨熟的。民間瓦罐煨湯，關鍵在於一個「煨」字，它來自江西民間傳統的煨湯方法，以瓦罐為器，配以各種食物，加以天然礦泉水，置入直徑一公尺左右的大瓦罐內，以硬質炭火恆溫七小時以上而成。此法與一般的明火老湯不同，久煨之下原料及營養成分完全溶解於湯中，不但味鮮而且營養價值高。據介紹，這一煨湯法已取得中國大陸專利。

• 年齡上的空缺。不同年齡階層的顧客有不同的消費習慣，餐廳可以根據不同年齡顧客的消費偏好進行定位。如奧地利的特里頁辛格霍夫大酒店是世界上首家「嬰兒酒店」，店裡有嬰兒床、高腳椅、各種玩具和遊樂室，還有三位經過嚴格訓練的護士，二十四小時值班看護小客人，使食客可放心用餐。而新近湧現的情侶餐廳則以「戀愛中的青年男女」作為主攻對象，獨設情侶專場，賦予情侶「世外桃源」的浪漫和甜蜜。隨著老齡社會的到來，銀髮市場（老年市場）以其特殊的魅力引起了商家的普遍關注。許多餐廳根據老年人希望減少鹽的食用量的需求，提供「無鹽菜餚」，並以豐富的蔬菜和水果滿足老年人對營養的需求。

• 性別上的空缺。兩性之間的差異是永遠存在的，這就意味著餐廳在定位時，可依據性別上的空隙來定位。

美國的女士餐廳「性別歧視」十分明顯，餐廳不接納男士，除非有女士相陪。店內有專為女性準備的錄影、女性時裝表演、女士音樂會和女性雜誌圖書，洗手間也「重女輕男」，女性面積是男士的三倍。而有的「媽媽餐廳」讓「媽媽們」茶餘飯飽之時，還可以學習烹

飪技術，提高烹飪水平，做一個合格的「賢妻良母」。而某家位於大公司附近的餐廳，根據調研發現，在機關工作的女性，其午休的主要方式不是小憩，而是找朋友聊天。於是專門闢出「午休聊天專場」，以相對靜謐的環境、舒緩的音樂、可口的飲料茶點，吸引了女性顧客，雖然她們每次消費金額不高，但消費頻率很高。而現代社會，由於越來越多的女性開始擺脫配角的地位，走上社交的前台，在應酬的餐桌上頻頻亮相，因此，在2000年的餐飲業中，吹起了一股強勁的「女人風」(《中國旅遊報》2000年8月9日最新報導)。在上海灘，餐飲市場最先亮出第一張「女人牌」的是那些經營系列「湯」的餐飲店家，他們亮出「女湯」招牌。所謂的「女湯」，口味清淡，鮮爽可口，其中有明目養顏、清熱解毒的「沉魚落雁」(主要原料為蛇、烏雞、燕窩、人參等)；清熱潤膚、滋補養顏的「鮮人參燕窩燉雞」；滋陰補腎、益氣解熱的「冬蟲草燉水鴨」；消暑解熱、治弱補虛的「綠豆百合燉牛蛙」等。因這些湯既補身又養顏，受到都市女性的歡迎。受此啓發，不少火鍋店也打起「女性牌」，推出迎合女性飲食習慣的「女性火鍋」，湯底不再是單一的麻辣川味，開發出用滋補藥材熬製的玉湯等，在原料上，也增加了酸菜、魚丸等適合女性細膩口味的新品種，就連小小的一碟調料，也帶點清淡的甘香酸甜味，變得十分女性化。在飯店的餐廳裡，環境布置也迎合女性的習慣，並推出了諸多的「軟飲料」，如各類鮮榨果汁，啤酒也淡化了酒精的濃度，加入了各種果汁味道，適合現代女性在宴會應酬上既求風度，又求風味的需要。

• 時間上的空缺。即根據不同時間段的消費特色來進行定位。如近些年來，中國人一改傳統的年夜飯在家吃的習慣，闔家上酒樓餐廳消費。因此，在年三十這個特殊的時間段，餐廳就可以大有文章可做。又如，隨著人們生活水平的提高，每年的七月就成爲一個特殊的時間段，許多飯店在此時間段內推出了高考房，專門闢出一個樓層作

為高考樓層，給考生提供一個安靜的復習迎考環境，同時，推出一系列適合考生特點（需要補腦健腦、補充體力）的菜點食品，贏得了眾多考生家長的歡迎。此外，雙休日、節假日、寒暑假等都是可資利用的時間段。

- 生活習慣上的空缺。青菜蘿蔔，各有所好，每個人都有自己獨特的生活習慣。餐廳可根據顧客不同的生活習慣進行定位。如杭州的鳳凰寺因為定位於清真餐廳，成為眾多新疆人的聚集地。而「紅番主題音樂餐廳」則以柔和的音樂成為都市年輕人的新寵。目前，許多餐廳推出「無煙區」就是為了滿足不抽煙的顧客的需求。而台灣有一家「三八」餐廳，女主人有潔癖，因而其餐廳的主題特色就以「特殊的潔淨」而聞名。該餐廳簡潔到只有水泥牆面的裝潢，沒有其他任何繁冗的裝飾，而其洗手間卻異常寬敞、明亮，更表現出店主愛乾淨的天性。

- 地域上的空缺。一方水土養一方文化，不同的地域環境有不同的民俗風情，餐廳可根據地域上的特徵進行定位。如延安有一家窯洞飯店，正是依據其所處的地域——延安所具有的地域特徵（黃土文化）進行定位，以黃土高原上特有的窯洞作為飯店的客房，打出了自己獨特的形象。又如，針對學校邊緣這個特殊的地域，一些餐廳就開闢網吧、書吧，以低廉的價格和高雅的環境迎合學生尤其是大學生的口味，可謂是獨具特色，占盡地利之便。

- 利益上的空缺。人有不同的利益需求，顧客只有在利益得到滿足的前提下，才會認可一家餐廳。因此，企業可以利用利益上的空缺進行定位，如定位於最為方便的餐廳、最快捷的餐廳、具有豪華氣氛的餐廳、家庭消費最理想的餐廳等。比如，定位於家庭消費最理想的餐廳，可以透過開闢兒童娛樂室、遊戲室，提供兒童菜單等等做法來鞏固、突出自己的形象。

■尋找市場空缺（機會）的原則

無論利用何種空缺，餐廳在定位時都應遵循以下原則：

1.立足長遠，反對短視行爲。
2.立足眞誠，反對虛情假意。
3.立足公眾，反對只顧餐廳。
4.立足特色，反對面面俱到。

（二）選擇目標市場

餐廳開展營銷活動時，應準確把握目標市場並有選擇地針對目標公眾開展活動，以取得事半功倍甚至是一舉多得。因此，進行市場分析的目的是爲餐廳正確選定目標市場。

■選擇目標市場的條件

在確定目標市場時常常會出現「百裡挑一」的現象，可見選擇目標市場是有條件的，這些條件是：

• 可進入性。也即可接近性，透過廣告活動和其他促銷活動，餐廳可達到這個目標市場。例如爲了滿足在外吃中餐的上班族、趕在電影上演前用晚餐的人以及其他一些時間觀念比較強的顧客的需求，餐廳決定經營速食。餐廳的工作人員就應突出餐廳的熱烈氣氛、大眾化的菜餚、大眾化的價格、快捷化的服務等，如果這一切能較好地吸引目標顧客，則說明這個細分市場是可以進入的。

• 可衡量性。目標市場的確定不僅要有質的規定性，還要有量的規定性，即一個目標市場應能用某種數量指標和數量單位來衡量，如市場需求量、顧客的購買能力等，這樣才能保證對所選擇的目標市場有充分的了解。

如某小吃店擬選定的目標市場是高校周圍的學生，因此，就必須首先對目標顧客的消費能力進行估算。因此，定價不宜過高，經營的

品種應大眾化，尤其是麵條、米線、各式炒飯等比較受歡迎。

• **充足性**。即目標市場必須有一定的規模值得去開發和經營，並能為餐廳帶來可觀的利潤。以上述的高校邊的這家小吃店為例，其全年營業額對小本經營的夫妻店而言，是一筆不小的收入。因此，有充足的市場容量值得小餐廳去開發。若對一家裝修豪華、規模較大的餐廳而言，高校學生群就是一個過小的市場，不夠充足。又如，在漢族廣泛居住的江南一帶，要開設一個大規模的回教餐廳，同樣是不可取的，因為這個細分市場的人太少，專門吸引這類市場所增加的收入也許還不夠償付餐廳日常的營銷費用。

• **可行動性**。即餐廳應具備吸引這類市場的能力，包括從業服務人員的服務能力、用餐設施和用餐環境的接待能力、廚師的烹飪能力等。如隨著新世紀的到來，婚宴市場將會異軍突起，一些小規模的酒樓雖然看到了這個龐大的潛在市場，但是由於受交通條件、用餐空間等限制，只能忍痛割愛。

■ 目標市場分析的內容

在對目標市場進行分析時，餐廳應注意分析以下內容：

1.現有的顧客人數。

2.潛在顧客人數。

3.顧客的年齡結構。

4.顧客的受教育程度。

5.顧客的收入水平。

6.顧客的民族或籍貫背景。

7.有關潛在顧客的訊息。

8.顧客的居住分布等訊息。

9.顧客的生活方式。

10.消費心理。

11.顧客的購買習慣。

尤其要深入分析不同年齡、不同職業顧客的消費偏好。

第二節　客源分析

在市場分析基礎上，餐廳透過市場細分確定目標市場。在此基礎上，餐廳必須對市場上的目標公眾即眾多的顧客進行分析。顧客是餐廳最終的「公關」對象，餐廳的產品能否被廣大的目標顧客接受是餐廳成功的關鍵。

市場經濟就是顧客至上的經濟，在市場經濟中，獲得成功的餐廳不是以生產為中心，而是以顧客為中心。市場經濟帶來了產品的競爭、銷售的競爭，要想在競爭中取勝，就要牢固樹立「適應市場需要，一切為顧客著想，一切從顧客出發」的觀念，讓顧客當上帝。所以，對一家餐廳而言，必須對自己的目標顧客瞭如指掌。

一、顧客需要分析

需要是指在一定的生活條件下，為了延續和發展生命，人們對客觀事物的渴求心理，包括生理需要和心理需要，即精神需要和物質需要。它常常是人們體驗到缺乏某種東西或要改變現在處境時所產生的一種心理渴望。顧客的需要是他們對外界事物產生興趣，並進行消費活動的基礎。

（一）需要的特點

■對象性

即需要總是指向某種具體的事物，它總是和滿足需要的各種目標聯繫在一起，如人餓了，總是會想到解除這一危機的辦法，那就是吃飯，因此，需要指向的對象就是各種能充飢的食品。

■選擇性

需要的選擇性就是指顧客在消費的時候可以對滿足需要的內容進行挑選，包括同類商品或服務之間的選擇，也包括相互替代產品之間的選擇等。如為了滿足充飢的需要，可以吃飯，可以啃麵包、甚至可以喝水，單就米飯而言，種類也很多，有印尼炒飯、揚州炒飯、茶泡飯、蛋炒飯等。

■層次性

人的需要是有明顯的層次性的。美國心理學家馬斯洛的需要層次論通俗地說明了需要的這一特點。

馬斯洛認為，人的最低層的需要是生理的需要，這是最基本的需要，得到滿足以後才有可能產生較高一層的需要。同時，他認為人的需要是向上逐層遞減的。正所謂「衣食足然後知榮辱」。在餐飲消費上也是如此，最基本的是求吃飽，然後希望吃得好、吃得有情趣、吃得滿意。

■變化性

隨著人們生活水平的提高，人們的需要也是不斷發展變化的，呈現由簡到繁、由低到高的變化趨勢。經濟收入的變化、消費觀念的更新、社會時尚的變化、文化藝術的薰陶、廣告宣傳的誘導、現場消費的刺激、服務態度的感召等，都會促使顧客產生新的消費需要。

■多樣性

由於人們的收入水平、文化程度、職業特色、性別、年齡、民

族、生活習慣等的差異，需要的層次、強度和數量會因人而異，即
「青菜蘿蔔，各有所好」。

■相對滿足性

即透過人們的行為，需要是可以暫時得到滿足的：對同一種商品
或服務的相對滿足；同一時期對不同商品或服務的相對滿足；明顯需
要得到相對滿足，潛在需要還未得到滿足等。但是，這種滿足只是相
對的，不滿足是絕對的。

（二）需要的分類

按照不同標準，需要可分成不同的類別：

■按照內容

按照內容，可分為：

· **生理性需要**。即本能需要，是顧客對飲食、冷暖、安全等人體
所必須的條件的渴求。在餐飲消費中，這種生理性的需要表現為希望
有合乎口味的食品、希望餐廳在烹製菜餚過程中符合衛生操作標準，
希望餐具嚴格消毒，希望食品原料新鮮有營養等。

· **心理性需要**。即社會需要，是人類為了提高自身的物質和文化
生活水平而產生的，是一種顯示自己地位和身分而對所處的環境、交
際條件等的需要，是一種高級的、複雜的需要。在餐飲消費中，這種
心理性的需要表現為不僅希望菜餚能充飢，而且要求在消費過程中有
周到的服務，希望了解傳統名菜、名點的知識以及相關的餐飲文化，
希望獲得足夠的尊重等。

在現代餐飲消費中，心理性的需要將會越來越突出，並且由於受
個體主觀因素的影響，這種心理需要是因人而異的。一般情況下，工
薪階層親朋好友相聚，一般要求用餐期間要有服務，但不強求規範
化，希望能被尊重，希望能有隨意發揮、自由用餐的氣氛。而在一些
商務宴請中，往往對服務要求較高，希望能及時提供各類桌邊服務，

希望能帶上一些現場性的表演。

■按照對象

　　按照對象，可分爲：

　　1.物質需要：即人們對實物的需要。
　　2.精神需要：即人們對精神生活和社會交往中所需要的有形的商
　　　品或無形的服務的需要。

■按照生活順序

　　按照生活順序，可分爲：

　　1.生存需要：即爲了維持自身生存而產生的對基本生活用品的需
　　　要。
　　2.享受需要：即人們爲了提高生活質量、增添生活樂趣而產生的
　　　需要，如吃飯需要有輕歌曼舞助興就是一種享受需要。

（三）餐飲需要分析

　　投其所好是餐廳經營的慣用策略，也是最有效的策略，因此，餐
廳應準確了解目標市場上顧客的不同需要，摸清「上帝」的心理活動
規律。

　　一般，不同的顧客，其需要會呈現較大的差異性，如**表2-1**所示。

二、顧客興趣分析

　　興趣是在某種需要的基礎上產生的，它是人們對事物的一種特殊
的認識傾向，這種認識傾向必須帶有肯定的情緒和積極的態度。顧客
的興趣是指顧客接觸到餐廳或其他餐廳的服務環境或聽到他人對該餐
廳的評價或議論後，對餐廳或其他餐廳所產生的一種好感。這種好感

表2-1　消費者類別與需要特徵

消費者類別	需要特徵
商務型消費者	高標準需要
會議型消費者	全面需要
家庭度假者	溫馨、實惠需要
單身消費者	便利、特色需要
公款消費者	高消費需要
學生型消費者	廉價、氛圍需要
情侶型消費者	情調、浪漫、僻靜需要
旅遊型消費者	特色、速度需要

驅使顧客去親身體驗消費經歷，它在很大程度上制約著顧客的消費動機和消費行為。

（一）興趣的特點

■從興趣指向的具體對象看，興趣具有傾向性的特點

　　顧客的興趣總是指向一定的具體的對象，但是每個人的興趣是不同的，不可能千篇一律。就餐飲消費而言，興趣的差異性可謂不勝枚舉，正是這種差異性的存在，使主題餐廳呈現百花齊放的發展趨勢。

■從興趣持續的時間看，興趣具有穩定性的特點

　　即興趣一旦形成，就具有相對的穩定性。當然，對不同的人而言，興趣持續的時間有長有短，有的顧客的興趣會影響其一生的消費行為；有的顧客的興趣持續時間不長，屬於見異思遷的顧客。

■從興趣產生的效果看，興趣具有效果性的特點

　　即不同的顧客，興趣對他所起的作用大小是完全不同的。有的作用大，如一有興趣，就立即會驅使顧客採取某種消費行為；有的效果小，興趣上來的時候，僅僅產生某個消費的欲望，一旦過了這個階段，就又恢復平靜。

■從興趣產生的原因看，興趣具有隨機性的特點

　　興趣的產生具有較大的偶然性，對於餐飲經營者而言，其任務就是不斷推出能打動顧客、適合顧客特點的「拿手好戲」，要刺激顧客的興趣，並將這些「拿手好戲」儘量傳遞給顧客，激發顧客的興趣。否則，一家平淡的餐飲店，既無經營上的特色，又無管理上的特色，則會使顧客感到索然無味。

（二）興趣的分類

■按照興趣的內容

　　按照興趣的內容，可分為：

1.物質興趣：指顧客對物質產品的情緒反應，表現為顧客對餐廳的衛生、安全、經濟、便利等的偏好和追求。
2.精神興趣：指顧客為滿足精神需求而形成的態度傾向，表現為對就餐氣氛、就餐過程中受重視的程度等的關注和嚮往。

■按照興趣與具體對象的關係

　　按照興趣與具體對象的關係，可分為：

1.直接興趣：顧客對餐廳或餐飲產品本身的興趣。
2.間接興趣：顧客對餐飲產品可能帶來的涵義或可以導致的預期結果感興趣。比如，某位顧客本身對某高級餐飲店的商品（食品或服務）並不感興趣。但是他知道在這裡消費，人們會認為他是一位成功人士，能夠經常在這樣高級的消費場所進出，所以，他便經常購買該餐飲店的商品。

（三）興趣的作用

　　興趣能夠反映顧客不同的消費特點，並影響顧客的消費行為，具

體表現為：

1.興趣對顧客的消費活動起一定的引導作用：根據這一特點，可以得出：一家餐飲店要想吸引更多的「回頭客」，在很大程度上受顧客興趣的支配和引導，迎合顧客的興趣就能夠吸引更多的客人。

2.興趣是造成顧客心理差異的原因之一：在餐飲經營中，應根據目標顧客的興趣點確定主題，以迎合不同顧客的注意和興趣。

(四) 顧客的興趣類型

1.牌子型：推崇名牌，喜歡在一些高星級酒店的餐廳或聲名卓越的酒樓消費。

2.質量型：注重對菜品質量，主要是菜品口感以及服務質量的追求。

3.裝潢型：對別具一格的就餐環境有特殊的癖好。

4.時髦型：注重追趕流行時尚。

5.實惠型：注重價廉物美。

6.情調型：對一些特殊氛圍的餐廳有特殊的偏好。

7.服務型：注重服務的人情味。

三、顧客動機分析

消費動機是一種心理活動，它規定並維持著人們有關行為的發展方向，是驅使人們採取某種行為的內在動力。這種動力產生於顧客內心的一種緊張狀態。而這種緊張狀態又是由於某種未滿足的需要而引起的。也即，當顧客缺乏某種東西並意識到之後，就會產生緊張不安的感覺，為了消除這種緊張狀態，顧客就會採取行動，尋找可以滿足

這種需要的目標，即自覺或不自覺地透過種種行為以滿足其需要。這就是動機的形成過程。當然，顧客之所以採取這樣的消費行為而不採取那樣的消費行為，也受環境的影響，相互之間的關係可以用圖2-1來表示。

可見，消費動機就是驅使顧客產生各種購買行為的內在原因。比如，中午正常的就餐時間已過，某位顧客由於未按時吃飯飢腸轆轆，從而產生一種想吃飯的需要，在這種情況下，忽然看到路邊麥當勞金黃色的拱形大門，像一個剛剛出爐的漢堡，同時店裡飄出優美的音樂和淡淡的香味，在環境的刺激下，他走進了麥當勞的大門而不是旁邊的小吃店。可見，決定顧客產生購買行為的關鍵因素是動機，而決定顧客採取什麼樣的消費行為的關鍵因素是環境，因此，主題餐廳往往非常注重透過環境布置感染並刺激、誘惑顧客產生購買行為。

（一）消費動機的特徵

■原發性

由於顧客個體的內在需要使顧客產生動機，因此，動機推動顧客去採取種種購買行為。所以，動機是顧客發自內心的驅動力。

■內隱性

動機是顧客內在的一種心理活動，別人無法輕易看出，只能用心慢慢去揣摩、感受、判斷。

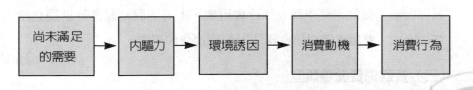

圖2-1　消費行為相互關係

■實踐性

即在消費動機的指導下，顧客會將這種內在的心理活動轉化為現實的購買活動。

■可導性

即動機不是固定不變的，它可以透過廣告等手段加以誘導、刺激，使其強化或儘快轉為購買行動。

（二）動機產生的條件

顧客產生消費動機的內驅力是顧客的需要，此外，動機的產生還有賴於以下客觀條件：

■經濟支付能力

餐飲消費需要有一定經濟支付能力，當某顧客的經濟收入僅僅能夠維持基本的生活時，他就不可能有更多的財力去支付那些奢侈的餐飲消費，而只能消費一些價格低廉的餐飲產品。因此，設計餐飲主題時要考慮目標顧客的「荷包」，尤其是目標顧客的可任意支配收入。

■消費時間

餐飲消費同樣需要顧客有「支付」時間的能力，除卻一些公務上的應酬外，一般的私人餐飲消費時間大多安排在一天中的晚上、一週中的休息日以及一年中的節假日。因此，餐廳要照顧目標顧客的「消費時間」。

■社會條件

社會條件是指一個國家或地區的經濟狀況、文化因素以及社會風氣等因素，餐飲消費作為一種社會現象，不可能脫離社會背景獨立存在。因此，餐廳應考慮社會條件對餐飲消費的制約。

（三）餐飲消費動機類型

餐飲消費動機與餐廳的性質、特色有一定關係。**表2-2**列出了一些

表2-2　餐飲消費動機

交通便利
停車方便
外觀有特色
名氣大
價格便宜
適合約會、聊天
潔淨、不擁擠
適合洽談公事
清潔衛生
裝潢有創意
菜點有特色
經人介紹
服務優質
其他

最常見的餐飲消費動機。

四、顧客心理分析

一般，顧客在購買餐飲產品時，主要有以下不同的心理追求：

(一) 從眾心理

社會上的每一個人都希望自己隸屬於群體當中的一份子，因此，群體的價值觀念就會對該群體成員產生極大的影響力，這就是從眾心理。一個餐廳應當了解目標顧客所在的群體的價值觀念或是消費觀念，據此來設計主題，否則，如果主題重心與該群體所持的價值觀念或是消費觀念相矛盾，則目標顧客很可能會由於群體壓力的原因而拒

絕購買。

（二）求名心理

顧客總希望自己能夠買到優質的名牌產品，所以對名牌商品都有一種崇拜的心理，就像「情人眼裡出西施一樣」。因此，一些定位比較高級的餐廳就應該保持自己的名牌氣質，牢牢抓住目標顧客的心。

（三）求信心理

一種產品或服務如果能夠獲得權威機關、權威人士或經群眾長期消費證明其品質良好，就可以在顧客的心目中產生值得信賴的心理。如讓某一位美食家來推薦某餐廳的產品，其效果一定優於讓某位普通顧客來推薦。

（四）好奇心理

它是人們在觀察事物、思考問題中普遍存在的一種心理現象。特別是壞的東西和不讓知曉的東西，人們往往非探個清楚不可。利用顧客的「好奇心」，目的在於給顧客留下良好的、難以忘懷的第一印象，充分發揮了優先效應的作用。取得良好的優先效應後，可以大大縮短餐廳和顧客需求之間的差異，找到商品生產與消費情趣的共同點，求得感情共鳴。例如，泰國曼谷有一家酒吧的老闆，在門口放了一個巨型的酒桶，外面寫著醒目的大字「不許偷看！」引發了過往行人的好奇心，只要人們把頭探進酒桶裡，便可聞到一股清醇芳香的酒味，桶底酒中隱隱顯出「本店美酒與眾不同，請享用！」的字樣，不少大喊「上當」的人卻酒癮頓上。

（五）求廉心理

即顧客要求產品或服務經濟實惠，物美價廉。一些酒店、餐廳往

往用削價的幌子來招徠顧客，就是利用了顧客的求廉心理因素。比如，對於削價商品，人們往往比平時購物少些挑剔，一是因為賣方創造了一種氣氛：削價已經是夠便宜您了，還挑什麼。顧客多挑幾次，勢必會產生心理上的壓力，擔心周圍人認為自己經濟狀況不佳才會對「削價貨」斤斤計較。二是顧客會認為，不論質量怎樣，先買再說，買到好的是自己運氣，不好則以「便宜沒好貨」做自我安慰的最佳理由。

(六) 求美心理

常言道：愛美之心，人皆有之。求美心理正是抓住了顧客的這種心理來做文章。如一些餐廳在畫刊上渲染一種高雅、幽靜的就餐環境，或是一款款漂亮的拼盤，目的是首先在視覺上感動「上帝」。值得注意的是，美的涵義是在不斷變化、不斷發展的，美和醜之間是可以互相轉化的，不同地區、不同民族、不同年齡、不同職業的顧客對美的標準和認識是不一致的。

(七) 求新心理

即顧客在消費的時候，往往希望自己購買的產品是最新的，因而產生一種「先嚐為快」的自豪。因此，求新心理也是一種常見的消費心理。餐廳在經營過程中應不斷賦予主題新的內涵。

(八) 僥倖心理

僥倖心理是人類普遍存在的一種心理現象，基於此，有的酒樓宣稱「吃飯可以吃出彩色電視機」、「餐費付多少由你擲骰子定」等口號，吸引了一部分懷有「求好運」心理的顧客的關注和興趣。杭州、南京、石家莊等地的一些餐廳，在餐後買單時，服務小姐請食客摸彩，按彩票中註明的折扣打折，雖然彩票最高的是六折，並以八折、

九折居多，但食客心裡卻非常高興，比享受門口招牌上標明的折扣還要舒適。而1996年6月，在《深圳簡報》有一則餐飲廣告，「免費吃龍蝦」的幾個大字讓人怦然心動，旁邊的小字聲稱「猜猜龍蝦的重量，猜中者免費享用」。這家酒店櫃台配備了電子秤，猜測的精確度是「克」，酒店的海鮮採用超市式經營，客人隨意挑選，過秤前報出重量，如與電子秤一致，此菜奉送。此舉也是切中了食客的僥倖心理，雖然猜中的機率僅為5％，但仍吸引了大量的客人來「碰運氣」。

（九）求便心理

即顧客購買此類產品或服務是為了求得方便。這是一些注重時間和效率的顧客的最佳選擇，眾多的速食店就符合了這部分顧客的要求。

（十）模仿心理

表現為消費時對某一種流行時尚、社會消費焦點、名人消費方式的追隨和效仿。

（十一）社交心理

即顧客純粹出於社交的目的而參加各類應酬，其實「醉翁之意不在飯食之間」，對他們而言，最重要的是能有一個輕鬆愉快的交往氛圍。

（十二）好癖心理

即顧客之所以購買這樣或那樣的產品或服務，完全是為了滿足個人特殊的愛好，這類顧客的購買行為往往定型化，有規律可循。

顧客的心理還有其他許多表現，餐廳在實踐中要不斷摸索、發現，並適時轉換為服務機會。

五、顧客購買行為分析

顧客的購買行為除了受購買動機支配外，還受個人性格、周圍環境、顧客的社會地位以及產品或服務的質量、廣告等多方面的影響，因此，餐廳首應掌握顧客購買行為的共性，再考慮不同顧客購買行為的個性特點。

(一) 4W+1H分析

在分析顧客的購買行為的共性時，我們應從「4W+1H」著手，進行具體分析：

■Who，誰買？

每一位顧客在各自的家庭成員中所扮演的角色，可以做如下分工：發起者、影響者、決策者、購買者。因此，在分析顧客的購買行為時，我們應明確：誰是消費發起者，誰能影響消費行為，誰來做購買決策，誰擔任實際的購買者。

■Where，何地買？

顧客的日常餐飲消費大多本著就近的原則購買，如社區中居民可穿著家居服隨意小酌一頓，省卻換衣的麻煩。而比較盛大、正式的購買在選擇時考慮最多的不是地點因素，如某人舉行婚宴，就會貨比三家，多方選擇後，綜合考慮品質、服務、水準、收費等因素作出最後決策。

■When，何時買？

人們在購買餐飲產品時，時間往往比較集中，主要集中在中午和晚上。因此，餐飲經營者應摸清顧客購買時間上的習慣和規律。

■Why，為什麼購買？

不同的顧客有不同的消費理由，**表2-3**列出了顧客餐飲消費的基本

表2-3　餐飲消費理由

公務交際
商務洽談
節假聚餐
朋友聚會
人生慶賀（如婚宴、壽宴、滿月宴、金榜題名宴等）
純為用餐
其他

理由。

■How，怎樣買？

即分析顧客在購買產品或服務時，採用的是怎樣的一種購買方式，是一種衝動式的購買（即買行為），還是一種慎重式的購買（消耗時間比較長，經過細心決策）。

一般，不同的顧客有以下幾類不同的購買類型：

1.習慣型購買。

2.理智型購買。

3.選價型購買。

4.衝動型購買。

5.想像型購買。

6.不定型購買。

（二）不同顧客的購買行為分析

由於受職業、價值觀念、購買目的等的影響，不同的顧客有不同的購買特徵，表現為：

■商務客人的購買特點

商務客人是指以從事各類商業活動或公務活動為目的而需要在外

面就餐的客人。這部分客人要求餐廳最好能位於城市中交通便利之處，且有配套的住宿、商務通訊設施、健身設備等，因此，他們一般選擇大餐廳作為消費對象，這部分客人消費能力普遍較高，對就餐環境、服務品質等要求較高，如果博得他們的滿意，大多數顧客會成為餐廳的回頭客。

■會議客人的購買特點

會議客人具有「全面」消費的特點，即「食、宿、行、遊、購」的全面消費，在餐飲消費上，需要餐廳能提供不同的菜單，以調眾口，尤其希望餐廳能設一些特色餐廳。

■觀光團隊的購買特點

由於觀光團隊大多數是自費族，因此，他們對價格、菜式、服務品質等比較敏感，同時希望「速度消費」。因為觀光團隊一般行程較緊湊，客人們都希望騰出更多的時間用在自由觀光遊覽方面，不希望在用餐上耗費太多的時間，同時，也希望儘快用好餐，以便回房好好休息，為第二天的遊程養精蓄銳，因此，對速度要求較高。

■家庭度假客的購買特點

家庭度假客一般喜歡單獨消費，因此餐廳最好有適應家庭二至三人消費的小餐台，而不是十人、八人的大餐桌。菜餚種類要求有家常菜、地方特色菜，而不是一味講究檔次或大菜系。菜餚的份量也應適應家庭的需要，不宜過多，要創造一種經濟、溫馨的就餐氛圍。

■單身貴族的購買特點

單身貴族喜歡優雅、有特色的餐廳，因此，各類個性鮮明的主題餐廳就可能成為他們的最佳選擇。同時，他們也不喜歡受束縛，表現為在就餐過程中不需要服務員的太多干擾。在候餐過程中，希望能有音樂、書籍或報紙打發時間。

（三）顧客家庭生命週期對消費行為的影響

不同的家庭生命週期，對顧客的購買行為有不同的影響。因此，餐廳應明確不同家庭生命週期所具有的不同消費特點。

一般，一個家庭都會經過如下變化過程：

■單身階段

在此階段，除了一些年紀較大的單身者之外，大部分年輕的單身族收入較低，正處於創業階段，但是這部分顧客消費欲望較強，屬於衝動型消費，且朋友式的團體消費比例較高。如三五好友湊在一起，司空見慣的慶祝方式就是「撮一頓」，但是「撮」的檔次不高，講究隨意開懷。

■新婚階段

在此階段，雖然家庭收入也不是很高，但是兩個人的世界尤其是新婚初期比較講究情調，往往會有一些特殊的事件或特別的日子值得慶賀，包括結婚紀念日、初識紀念日、情人節等。這個階段在餐飲消費上的特點是注重情調式的消費，往往是小倆口消費。

■滿巢階段

該階段家庭開始添丁加口，即小孩開始出世，家庭經濟狀況雖然可能由於事業的進步會有較大的增加，但是小孩的出世會進一步緊縮家庭經濟狀況。處於這個家庭時期的顧客，少了原先的浪漫，開始學會理性消費，表現在餐飲消費上，開始注重價格因素。

■空巢階段

該階段子女長大並且獨立成家，家庭剩下的是年邁的老人。處於此階段的顧客，一般消費能力較弱，唯一可能的消費行為是參加子女為雙親舉行的壽宴，當然，隨著生活水準的提高，越來越多的老年人將會成為餐飲市場上的「銀髮族」。

六、顧客滿意程度調查

餐廳應重視顧客滿意程度的調查，一般，可設計顧客意見調查表來了解餐廳在顧客心目中的滿意程度。

顧客意見調查表由兩大項基本內容構成：一是顧客滿意指標，餐廳首先應列出影響顧客滿意程度的各項指標；二是顧客滿意級別，一般將顧客滿意級別劃分為五級。**表2-4**就是一張調查顧客滿意程度的「顧客意見表」。

第三節　餐飲產品分析

餐飲產品是指餐廳向社會提供的、能滿足人們需要的實物產品或無形服務的總稱，包括產品的色彩、形狀、構成、品質、服務等。餐飲產品是主題餐廳的支柱，它直接決定主題的成敗。因此，透過對餐飲產品的分析，有利於餐廳真正把握產品的主題內涵。

一、餐飲產品構成分析

習慣上，人們把一個餐廳提供的各類菜式稱之為餐飲產品。實際上，這是對餐飲產品一種狹隘的認識。眾所周知，顧客之所以購買餐飲產品，是因為這些產品能給其帶來不同的效用，如交通便利效用、精神滿足效用等，除了菜式之外，餐廳的地理位置、服務方式、設施設備也能給顧客帶來不同的效用。因此，餐飲產品可理解為餐廳向社會提供的、能給顧客帶來不同效用的產品和服務的總和。從營銷大師梅德里（Medlik）的觀點，可引申出餐飲產品的基本構成：

表2-4　顧客意見表

滿意指標	滿意級別				

您對本店的印象：
姓名：　　　　　　　　年齡：　　　　　　職業：
地址：　　　　　　　　　　　　　　　　　電話：

滿意指標	滿意級別				
場所	非常滿意	滿意	普通	不滿意	非常不滿意
交通方面	☐	☐	☐	☐	☐
舒適愉快	☐	☐	☐	☐	☐
清潔方面	☐	☐	☐	☐	☐
設備方面	☐	☐	☐	☐	☐
服務					
服務速度	☐	☐	☐	☐	☐
服務禮貌	☐	☐	☐	☐	☐
服務效率	☐	☐	☐	☐	☐
服務技巧	☐	☐	☐	☐	☐
菜式					
菜式品質	☐	☐	☐	☐	☐
菜式搭配	☐	☐	☐	☐	☐
菜式味道	☐	☐	☐	☐	☐
菜單設計	☐	☐	☐	☐	☐
菜的份量	☐	☐	☐	☐	☐
菜的價格	☐	☐	☐	☐	☐
飲料					
飲料品質	☐	☐	☐	☐	☐
飲料味道	☐	☐	☐	☐	☐
飲料價格	☐	☐	☐	☐	☐
飲料份量	☐	☐	☐	☐	☐
飲料品種	☐	☐	☐	☐	☐

您的建議：

1. 地理位置：它決定餐廳的可進入性、交通代價及環境價值。
2. 設施設備：包括餐廳內供客人使用的設施設備和供餐廳使用的設施設備。
3. 服務：包括服務內容、服務方式、服務速度、服務技巧、服務效率等，它是餐廳無形產品的主體。
4. 形象：指顧客對餐廳的看法和感覺。
5. 價格：顧客購買餐廳產品所付出的貨幣成本。

以上五要素共同決定餐飲產品效用的大小。

同時，從顧客對餐廳的期望以及需求出發，餐飲產品則可分為：

1. 基本產品：滿足顧客基本生理需求，解決顧客基本問題的產品。如顧客用餐，基本生理需求是免受飢渴之苦。
2. 期望產品：顧客在購買某種產品時自然引發的一些期望，如安全期望、受尊重期望等。
3. 延伸產品：餐廳為顧客提供的附加的服務與利益。它一般超越了顧客的期望和預料。
4. 潛在產品：指餐廳為滿足顧客的特殊需要而提供的一些臨時性的產品。

從整體產品觀念出發，以上四個層次的產品應「密切配合」，共同「奉獻」給顧客。因為它們的不同組合直接關係到產品效用的大小以及產品在市場上競爭力的強弱。

基本產品＋期望產品＝質量＝客人滿意
延伸產品＋潛在產品＝靈活性＝附加價值
基本產品＋期望產品＋延伸產品＋潛在產品＝質量＋靈活性＝競爭中的優勢

可見，在激烈的市場競爭中，獲勝的關鍵在於能否因人而異提供差異化的產品，而這就是主題經營的本質。

在分析整體產品的競爭力時，可採用**表2-5**加以分析。

二、餐飲產品特性分析

餐飲產品不僅區別於工農業產品，也極大地區別於其他服務產品，一般，餐飲產品的特性主要表現為：

（一）綜合性

餐飲產品是有形產品和無形服務的有機結合，有形產品是基礎，無形服務則直接決定餐飲產品的質量。因此，在餐飲產品中，無形服務比有形產品更重要。

（二）品牌的低忠誠性

在一般餐飲消費上，顧客的隨意性極大，而顧客求新求異、求奇求特的消費心理使得顧客很容易轉向別的餐廳，不斷追逐品嚐新產品、新口味，因此，一般餐廳的忠誠顧客較少。而主題餐廳因為帶有沙龍性質，其客源相對穩定。

表2-5　整體產品分析

產品	基本產品		期望產品		延伸產品		潛在產品	
	特徵	顧客滿意度	特徵	顧客滿意度	特徵	顧客滿意度	特徵	顧客滿意度
A產品								
B產品								
C產品								

（三）非專利性

餐廳不可能爲自己的裝飾、菜餚、糕點、服務方式等申請專利，由此導致的直接後果是某一新產品若能吸引顧客，則模仿者甚多。都市餐廳中的諸多「神祕食客」，實際上就是爲刺探「情報」。

（四）脆弱性

顧客對餐飲消費的需求不同於一般消費品。作爲一種替代性極強的消費，餐飲消費存在著脆弱性，它對價格、季節、經濟環境、自然災害等具有高度敏感。

（五）非理性消費

餐飲消費是一種感性消費行爲，消費行爲在很大程度上受同事、親友等外界影響，也受餐廳賣場氛圍、廣告宣傳等的刺激。

（六）非預測性

由於餐飲消費受各種刺激因素的影響，可能會即時發生，因此，對餐廳而言，無法準確預測用餐人數和用餐偏好。

（七）非均質性

餐飲產品品質的高低取決於廚師以及餐廳工作人員的表現，因此，受主觀因素影響比較大，導致餐飲產品的非均質性。

三、餐飲產品類型分析

不同的餐飲產品在市場上有不同的銷售地位和獲利能力。同一種產品，其銷售地位和獲利能力也是在不斷變化的，這主要是因爲產品

在市場上有一個生命週期。一般，從產品生命週期看，餐飲產品可分為以下四類：

（一）潛在產品

未來有發展前途、但尚未在餐飲市場上出現的產品和服務，如各類保健類食品或綠色食品、各類高科技食品，發展前景被普遍看好。

（二）新產品

新產品是指產品的配料、烹飪方式、功能或服務方式等方面與老產品有著顯著差異的產品的總稱，它是與新技術、新設計、新潮流、新需求相聯繫的產品，不過，新產品不等於全新產品。在形式上，它包括以下四類：

1. 完全新的產品：前所未有的菜品，如一些新培植的生食蔬菜就是完全新的產品。
2. 改進的新產品：如新潮蘇菜、上海的現代海派菜等，就是經過改進後出現的新產品。
3. 仿製的新產品：如前幾年大陸各地紛紛推出的當地原先沒有的廣州早茶和粵菜，就是透過仿製的途徑獲得的新產品。
4. 發展新產品：指以現有的產品項目為基礎，逐步形成的新型化、系列化、多樣化的產品系列或群體；如肯德基新推出的「無骨雞柳」、「素菜湯」就和其他肯德基食品一起形成了系列產品。

上面提到的四類產品，是新是舊，最具權威的評價者是餐飲消費者，凡是他們沒有嘗試過的都是新產品。從這個思路出發，新產品的開發範圍就會變得很寬。如近幾年，許多高星級的酒店開始走進平民生活，開設了一些大眾餐飲消費項目，對於普通的顧客而言，這些沒

有嘗試過的或是沒有購買過的產品就是新產品。

對於餐廳而言，應努力開發各類新產品，以保持常新面貌，適應不斷變化的「上帝」的口味。

（三）成熟產品

指的是餐廳的招牌菜或是特色服務項目，也即「名優產品」，它們在餐飲市場上已有相當的知名度和美譽度，如各地的中華名點、名品。

（四）淘汰產品

隨著消費口味的變化，一些原先被大眾所喜歡的產品逐步轉入衰退期，成為淘汰產品。此時餐廳就應努力開發各種新產品，以期形成不斷創新的發展態勢。早在1956年，杭州市評出三十六種杭州名菜，至今已歷時半個世紀，隨著杭州經濟發展，餐飲業也得到了快速發展，為打響「吃在杭州」的品牌，弘揚飲食文化，提高杭州菜在中國大陸的知名度，儘快做好新杭州名菜的更新換代工作，杭州市旅遊局、杭州市餐飲同業公會等部門於2000年春節以後，共同舉辦了「新杭州名菜」的評選活動。經過數月的組織、發動、演練和初評，在眾多杭菜專家挑剔的眼光中，終於在二百多種參選菜中選出六十五種凝結現代廚師聰明智慧、散發濃郁杭州飲食文化氣息的準杭州新名菜，經由大眾投票，最終在2000年西湖博覽會首屆中國美食節中出爐新的杭州名菜，並由杭州市政府頒發銅牌。

四、餐飲產品要點分析

由於餐飲產品的構成具有綜合性的特點，因此，分析餐飲產品，可考慮以下要素：

（一）有形產品基本屬性分析

主要分析菜餚或點心的外形、口感、味道、色彩、餐盤形狀、菜餚造型、品種、營養價值等。具體而言，在分析有形產品時，可從以下幾個方面著手：

1. 色，即色彩的搭配，如綠的菠菜、黃的海米、紅的番茄、黑的木耳、白的豆腐等。
2. 香，即產品的氣味，如魚香味、糖醋味等。
3. 味，即口感，如酸、甜、苦、辣、鹹、澀、鮮等。
4. 形，即透過疊、穿、鑲、扣、包、紮等形成的菜餚造型，如鳳凰造型、喜鵲造型、荷花造型等。
5. 器，即器具用品的特色，如餐具有銀質、陶瓷、不銹鋼、玻璃、竹木等不同的種類。
6. 潔，即菜品和盛器的清潔狀況，服務人員個人的身體清潔狀況。
7. 量，即餐食、酒水的數量。
8. 質，即原料的搭配、洗滌、切配、加工等，還包括營養構成、組合和搭配。
9. 溫，即餐食、酒水的冷熱程度，如涼菜、熱菜等。
10. 價，產品的價格構成。

（二）服務條件分析

主要是分析本餐廳在服務上的特色和不足之處，包括：

1. 服務人員的文化水準。
2. 服務人員的穿著打扮。
3. 服務人員的精神風貌。

4.服務用語。

5.服務意識。

6.服務熟練程度。

7.服務方式。

8.服務速度。

9.服務收費情況。

10.服務品牌。

11.服務設施設備條件。

12.其他輔助設施，如衣帽架、兒童椅等。

13.其他。

（三）環境特性分析

指餐廳的外部特徵以及內部環境特徵，包括：

1.擺台特色。

2.台面裝點，如有無鮮花點綴。

3.裝修格調。

4.燈光。

5.區域分割：有無兒童玩耍區、吸煙區、禁煙區等。

6.溫度。

7.餐廳氣味。

8.衛生狀況。

9.背景音樂。

10.建築特色等。

（四）交通條件

在對交通條件進行分析時，應注意：

1.停車場地的大小，隨著有車族的增多，駕車顧客最關心的是該餐廳有無便利的泊車場地。

2.其他交通條件，如附近有無公共汽車站、計程車招呼站等。

3.有無叫車服務等。

（五）綜合效用分析

1.生理效用大小。

2.經濟效用大小。

3.地點效用大小。

4.時間效用大小。

5.社會效用大小。

6.心理效用大小。

（六）綜合形象

1.餐廳氣氛：是高雅、寧靜、高效、休閒、昂貴還是大眾化。

2.客人的投訴率和表揚率。

3.本餐廳的公眾形象如何。

4.回頭客所占的比例。

第四節　競爭者分析

古人曾說：「用師之本，在知敵情，否則，軍不可舉。」一個餐廳，必須隨時衡量自己在市場上的競爭地位，對競爭對手進行客觀、全面的認識、比較，而後作出決策。

一般，在對競爭者進行調查時，應了解以下內容：

一、競爭者類型分析

所謂競爭者，是指那些生產經營的產生和服務與本餐廳生產品或服務有相同、相近或替代關係的企業。一般可分為直接競爭者和間接競者。

（一）直接競爭

直接競爭是指經營同類或類似產品的行業之間的競爭。如各種餐飲店之間的競爭。

（二）間接競爭

間接競爭是指經營種類不同但效用基本相同的企業之間的競爭。如對餐廳而言，眾多的小吃店、食品供應點就和餐廳形成了間接競爭。

無論是直接競爭還是間接競爭，都存在不同層次的競爭態勢：

（三）產品級別之間的競爭

指餐廳之間檔次高低的競爭，如餐飲特級店與一般小餐館之間的競爭，它明顯地體現在價格上的差異。

（四）餐廳形象之間的競爭

指同一級別餐廳不同形象之間的競爭，如某一特級餐飲店與另一特級餐飲店的競爭，它主要體現為一種品質上的、特色上的競爭。

值得說明的是，並非所有的同類或相似餐廳都是本餐廳的競爭者。競爭者主要是指那些在一定的地域圈內，提供的產品或服務在內容上或檔次上相同或相似，面對相同客源市場的餐廳。

二、競爭者狀況分析

對競爭者進行調查分析，主要了解以下基本狀況：

1.直接競爭者的數量。

2.主要競爭者是誰。

3.主要競爭者的成本優劣勢。

4.競爭者的環境優劣勢。

5.競爭者的飲膳優劣勢。

6.競爭者的人員優劣勢。

7.包括菜品價格、菜品數量、菜品質量等優劣勢。

8.競爭者的餐飲經營政策和特色服務。

9.競爭者的主要顧客群。

10.其他一般競爭者的數量。

11.競爭者的地域分布。

12.是否存在間接競爭。

13.目前市場上存在的經營空缺等。

了解競爭者的情況，對於餐廳進行科學經營管理有重大的現實參考意義。如透過調查，發現對手在價格上低於自己的產品，那麼在開展廣告活動時，重點就應避開價格，而尋求自己的優勢所在，如在味道、特色、服務等方面。當然，值得注意的是，了解了競爭對手的情況，並不等於餐廳在日常的經營活動中直接或間接攻擊同行，而應積極尋求與競爭對手的合作領域，變對抗為合作，化消極因素為積極因素，開展聯合促銷。

三、分析競爭者步驟

在分析競爭者時，餐廳必須避免「競爭者近視症」，即不僅要看到眼前的強敵，更要警惕潛在的對手。餐廳可參照圖2-2所示的步驟進行分析。

總之，對競爭對手進行調查，根本的目的是在經營中突出「人無我有、人有我多、人多我好、人好我早」的優勢。

第五節　社會環境調查

任何餐廳都是社會大環境中的一個小細胞，餐廳的發展要充分考慮社會這個大環境的狀況。對社會環境進行調查，涉及的內容較豐富，操作起來有一定難度，但是餐廳一定要熟悉所處的大環境氣候，使餐廳的發展策略與社會環境相協調。

社會環境調查的內容主要有消費習俗、人口環境、價值觀念、政策法規、經濟狀況、地域氣候等方面的內容。

一、消費習俗

消費習俗是指人們在長期的經濟與社會生活中形成的一種消費方面的風俗習慣，包括人們的信仰、飲食、節日、服飾等精神與物質產品的消費，可見，消費習俗對人們的餐飲消費是有很大的影響的。

(一) 消費習俗的種類

消費習俗是一種約定俗成，種類很多，歸結起來主要有：

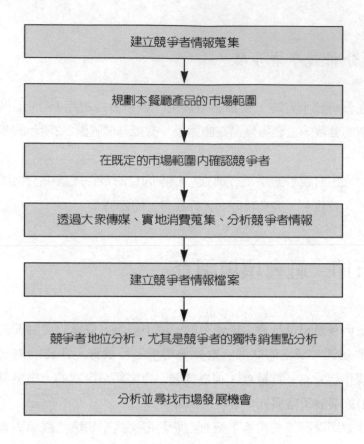

建立競爭者情報蒐集

↓

規劃本餐廳產品的市場範圍

↓

在既定的市場範圍內確認競爭者

↓

透過大眾傳媒、實地消費蒐集、分析競爭者情報

↓

建立競爭者情報檔案

↓

競爭者地位分析，尤其是競爭者的獨特銷售點分析

↓

分析並尋找市場發展機會

圖2-2　餐飲競爭步驟

■政治性的消費習俗

　　如土家人的「年節哭豬」就是由於他們早先受到政治上的壓迫而形成的一種消費習俗。

■信仰性的消費習俗

　　如農村在臘月二十三「送灶神」的習俗。

■紀念性的消費習俗

如中國許多地方都有端午節吃粽子的習俗，目的是爲了紀念著名的愛國詩人屈原。

■禁忌性的消費習俗

如回族人忌諱吃豬肉，因爲在他們看來，豬是非常愚蠢、骯髒的動物。又如有的顧客不吃動物的內臟。

■喜慶性的消費習俗

如在除夕、八月中秋、元宵節等特定的節假日，人們有某種特殊的消費偏好。除夕要吃年夜飯，元宵節要吃湯圓，中秋節要吃月餅等。

■地域性的消費習俗

不同的地域，有不同的消費習俗，這些都會給顧客的消費行爲帶來較大的影響。如廣東沿海一帶，由於特殊的地理環境的影響（比較潮濕、悶熱），人們普遍喜歡湯類的食品作爲開胃菜，而在江浙一帶，湯往往是最後一道菜。

（二）消費習俗的利用和創造

餐廳的經營者要努力抓住不同的消費習俗，有針對性地創造出不同的產品和服務，來迎合顧客的不斷變化的需求。

當然，作爲餐廳的經營人員，不能僅僅被動地迎合消費習俗，更多的時候，餐廳要巧妙地創造一種有利於餐廳發展的消費習俗，主動開創一個嶄新的經營領域。

不過，在創造這類消費習俗時，要注意消費習俗和所在社會的接受能力相對應，並且要符合大多數人的價值觀念和社會整體的價值取向。如5月份第二個星期日的母親節和8月8日的父親節，由於和中國人傳統的「敬老」觀念相符合，所以得到了人們的歡迎，在這一天，遠在天涯或近在眼前的子女們紛紛以各種方式向自己的父母親表達愛

意和深深的謝意。這種時候，就有廠家向顧客推出各種商品來營造這種濃濃的親情，往往也會取得較大的成功。

二、人口環境

人口環境是指餐廳了解所在區域的人口狀況，包括人口分布、性別比例、年齡結構（如是否是老年社會等）、文化水平、家庭結構、民族種類、購買中起決定作用的人等。一般，餐廳尤其要抓住以下幾個變化了的人口環境特徵：

■銀髮市場將成為未來餐飲市場的一股生力軍

隨著老齡時代的到來，餐廳應注意開發適合銀髮族的餐飲產品，並針對他們設計不同的廣告。我國的老年人長期以來受「勤儉節約」意識的薰陶，因此，在消費時有較明顯的節儉心理，但是，老年人一般有較多的「閒」時間，因此，一些消費額不大、可持續消費且帶有社交性質的場所將成為老年朋友的特寵，如在一些城市興起的大眾化的茶室、茶館，就成為老年朋友消費、休閒的好去處。北京的老舍茶館京味十足，顧客除了品用各類茶飲外，還可欣賞各類京劇、曲藝、雜技、魔術等表演，成為京城老年朋友的一大好去處。

■人口出生率將呈下降趨勢，將有更多的「頂客族」（結婚後不要
　小孩）或「單身家庭」

這樣的發展趨勢意味著餐飲消費市場的進一步擴大，因為這些人不受家庭的束縛，沒有過重的「養家活口」的負擔，因此，一般的單身青年或「頂客族」，消費水平較高，並且在消費時更注重接受那些全新的、有一定品位的產品。

■城市之間、城鄉之間的人口流動量將增大

特別是農村人口將會大量湧入城市，這一轉移過程給低檔餐廳帶來了很好的發展契機，在城市邊緣藍領聚集地，尤其適合發展那些廉

價的快餐店。同時，隨著經濟的發展，大批業務人員和旅遊者將頻繁地往來於城市之間或各個旅遊區之間，這也刺激了餐廳的發展。

■婦女在社會生活中開始扮演越來越重要的角色

　　尤其是現代知識女性在社會生活中真正成為「半邊天」，職業女性餐飲消費市場開始形成並獲得了發展。女性作為企業、公司等的代表開始越來越多地出現在商業性的宴請和應酬上，因此，餐廳要考慮女性的消費偏好。

■家庭消費成為餐飲消費的主體

　　越來越多的「外食」人群中，家庭消費群成為主體。因此，可開設以家庭消費群為主體客源的家庭餐館，以滿足這一消費群體的需要，體現家庭文化及親情關係。

三、價值觀念

　　價值觀念即社會中絕大多數人評判是非的標準。如若某個區域的人們普遍認為，在環境日益惡化、人口急劇膨脹、生態環境日益不平衡的今天，每一個人都應該有較強的可持續性發展觀念，要求現代人在消費今天的商品的時候，要考慮到別人的利益，要考慮到社會的整體利益，要考慮後代人的利益，要注意社會經濟、文化、環境的協調發展。在這種價值觀念的支配下，如果某餐廳標榜自己推出的是飛禽走獸宴，必然會遭到人們的譴責；相反，如果哪一家餐廳迎合人們的價值標準，推出綠色食品系列，則會受到顧客的歡迎，並從此在社會上樹立起一種關心環境、關心民眾的社會形象，受到人們的普遍讚揚。再如，目前國際上禁煙運動日益普及，人們希望在公共場所開闢出更多的「禁煙區」，餐廳也可迎合這一要求專設「綠色禁煙區」。

　　目前，傳統的價值觀念受到西方文化的影響，形成一種中西合璧的價值觀念，如崇尚個性解放、注重時間觀念、健康意識覺醒等，這

些都是餐廳在確定主題時所必須關注的問題。

四、法律政策

　　法律是餐廳必須嚴格遵循的規範，絕對不能「以身試法」。國家立法工作步伐的加快使得各種新的法律法規「層出不窮」，餐廳要努力領會各種同餐廳經營管理相關的法律法規，從而保證餐廳在法律允許的範圍內進行一切經營活動。同時還應注意用法律法規來對付競爭對手的「違法行為」，保護自己的合法權益。

　　政策也是政府有效推進社會、經濟、科技協調發展的一種帶有強制性的規範，它是一個龐大的體係，有國家政策、行業政策、地方政策，有禁止性的、限制性的、鼓勵性的、支持性的以及優惠性的政策。

　　因此，同法律相比，政策有較大的靈活性。餐廳要多學習、研究有關政策規定，從中發現可以利用的條文和訊息，並善加利用；條件許可，可聘請政策顧問，藉助專業幫助餐廳研究政策。

五、經濟狀況

　　一個國家和地區的經濟發展水平以及當地居民收入與儲蓄等狀況直接影響餐廳的發展，特別是顧客收入狀況的高低，直接影響著顧客的購買能力的大小。餐廳應注意蒐集和分析有關宏觀經濟指標，如國民生產總值、物價指數等，還要了解當地工商企業的數量以及狀況。

六、地域氣候

　　地域氣候對人們的消費習慣影響也是非常大。常說「一方水土養

育一方人」，說明地域氣候對人的影響。不同的地域氣候環境下，人的消費活動會呈現不同的特徵，餐廳一方面要立足本地特色，另一方面也可透過創造新形象增加餐廳的吸引力。

第三章

差異化營銷：主題餐廳成功的關鍵

如何抓住顧客的心始終是餐廳必須認眞考慮的主要問題。在各種利益的驅動下，餐飲經營者應把「顧客第一」的信條變成爲顧客的實惠，餐廳應給顧客帶來實際的利益，爲顧客創造價值，爲顧客謀利益，使顧客覺得生活因此變得更好。

但是，能爲顧客帶來利益，並不意味著你的產品或服務就能受到青睞，就能在市場上獨步天下，因爲市場上還有許許多多餐廳在生產和推銷同樣的產品或服務，它們也同樣能給顧客帶來同樣的利益。尤其是當今餐飲市場上，競爭者層出不窮。因此，餐廳要想脫穎而出，還必須盡力塑造差異，只有與衆不同的事物才容易吸引人的注意力。因此，主題餐廳成功的關鍵在於如何尋找差異。

一個良好的、個性鮮明的主題可以形成較長時間的壟斷地位，其壟斷力的來源就是產品或服務的差異化。因此，可以看出，主題餐廳的經營重心就在於推出和強化主題形象，創造差異。

第一節　差異化概念及優勢分析

競爭優勢是市場中企業績效的核心，也是企業活力的源泉。現代餐廳營銷活動的核心任務就是在市場競爭中，在有效利用、創造性利用餐廳資源的基礎上，與競爭對手比較，在產品設計、生產、銷售等經營活動領域以及在產品的價格、質量、服務和滿足顧客需求等方面，爲餐廳創造優勢，促進餐廳的持續發展。

差異化營銷理念的產生並非是偶然的，而是基於一定的客觀環境，即餐廳面臨成熟的市場環境和成熟的消費對象。在當前餐飲需求不足的買方市場下，單一需求的同質大市場已不復存在，取而代之的是異質特色非常突出的個性化市場，任何餐廳都不可能滿足餐廳市場的整體需求。因此，餐廳必須轉變營銷觀念，重新考慮其營銷目標和

營銷策略，樹立差異化營銷理念，爭取創設新的競爭優勢。

一、差異化概念

　　美國著名的管理學家、哈佛商學院教授邁克爾‧波特教授在定義差異化時做了以下論述：如果一個企業能爲顧客提供一些具有獨特性的東西，並且這些獨特性能爲買方所發現和接受，那麼，這個企業就獲得了差異化競爭優勢。可見所謂差異化就是餐廳憑藉自身的技術優勢、管理優勢和服務優勢，設計並生產出在性能上、質量上、價格上、形象上、銷售上等方面優於市場同類現有水平的產品，在顧客心目中樹立起不同於一般的形象。它更直接地強調餐廳與顧客的關係，透過向顧客提供與眾不同的產品或服務，爲顧客創造價值。

二、差異化優勢分析

　　差異化是餐廳透過樹立與眾不同的鮮明個性，爲顧客提供具有獨特性的價值。因此對於餐廳而言，實施差異化營銷理念，首先有助於餐廳形成長久的優勢，達到較高的形象忠誠和較高的重複使用率，從而形成強有力的進入障礙。由於餐廳產品具有非專利性的特點，「高的形象忠誠」無疑成爲一道牢固的屏障，很好地抵禦了競爭力量。

　　此外，從獲利角度看，每位顧客都是非均質的，這也就是帕累托（Pareto）原則（即80/20原則），也即20％的顧客製造出80％的銷售業績。差異化營銷理念利用這不對稱性，細分所有的顧客，爲餐廳尋求獲利的最佳機會點。因此，在差異化營銷理念的指導下，餐廳可根據不同的獲利機會來區分顧客，建立兩個或更多細分市場，對於每個細分市場都使用不同的市場營銷策略，以「保證20％，兼顧80％」的原則「抓重點，保一般」，較好地實現了企業資源的科學分配，提高了

餐廳的工作績效。

同時，差異化優勢還體現在使餐廳不成為市場價格的被動接受者，它促使餐廳透過控制產量來控制價格，掌握定價的主動權。因為差異性越大，就意味著這種產品滿足某類顧客特殊偏好的效用就越強，這類顧客對這種產品就越忠誠，其他產品對該產品的替代性就越小。並且，由於顧客對產品的忠誠，當產品價格發生變化時，顧客的敏感程度較低，就容易在市場上建立起一個不易動搖的競爭地位。

三、差異化支持因素分析

餐廳要順利實現並強化以上各種差異化，必須尋求一定的支持優勢。考慮到餐廳是一個特殊服務性企業，因此，差異化的支持因素主要來自六個方面：

（一）敏感性

指餐廳對顧客的各種需求作出反應的靈活度和行動的迅速性，即時效性的高低。餐廳的營銷活動也可看作是一個解決顧客問題的過程。從顧客的問題產生開始，其對餐廳的不滿也就隨之產生。從心理學角度分析，不滿程度和時間成正比。時間拖得越長，對餐廳的不滿也就越大，尤其是在快節奏、高效率的現代社會裡，餐廳尤應透過節約顧客的時間來突出差異。如汕頭金海灣大酒店用量化的數字規定了企業服務和管理「十二快」（如**表3-1**），透過明確的時間概念提高了服務的敏感性。

（二）可靠性

指餐廳產品和服務質量的穩定性以及給人信賴程度的高低。作為一種非均質性的脆弱產品，餐廳應注重提升產品或服務的可靠性，將

表3-1　汕頭金海灣大酒店「十二快」

項目	時間要求
開房	3分鐘內
結帳	3分鐘內
接聽電話	2聲鈴響內
餐廳上第一道菜	5分鐘內
搶修客房	5分鐘內處理好小問題，重大問題盡快
客房送餐	5分鐘內
處理投訴	10分鐘內
提示反映	3分鐘內
問答詢問	立即
部門協調	2小時內
行李入房	5分鐘內
客房傳呼	2分鐘內

各種人為影響因素降到最低。其次，餐廳還應明確自身的競爭品質標準，即餐廳產品在市場上能夠占據競爭優勢的品質標準，可透過完整、翔實的質量保證書體現服務的可靠性，並做到了有諾必兌。

　　提升可靠性的最佳途徑之一就是將各種無形服務有形化、數量化，讓顧客切實感受到「上帝」的感覺。時下，一些服務性行業中「顧客至上」、「顧客第一」等口號比比皆是，但卻缺乏相匹配的具體措施和實際行動，導致服務品質忽高忽低，缺乏定性。如何將這些抽象的口號化為具體行動，是企業經營的一大任務。如某餐廳將「賓至如歸」「量化」為三句話：

1.進門一分鐘服務員不接待，用餐半價。

2.碗筷沒洗乾淨、杯碟有缺口，用餐半價。

3.菜譜上便宜的菜如果沒有或是售完了，顧客食用其他菜一律以便宜菜計價。

樸實的三句話，讓顧客覺得很踏實。

（三）情感性

在以「腸子經濟」為特徵的賣方市場上，顧客追求的是產品和服務所帶來的生理效用。以餐飲產品為例，要求它能滿足「腸子」的需求。而在以「精神經濟」為主要特徵的現代社會中，顧客追求的是產品或服務所帶來的精神效用，即能讓顧客得到心理上的、精神上的滿足。因此，現代餐飲產品逐步成為一種高情感的產品，在差異化因素中應體現人情，以滿足顧客精神需求。

定制化服務模式就很好地考慮了情感因素。它是企業為迎合顧客日益變化的消費需求，以針對性、差異化、個性化、人性化的產品和服務來感動諸多「上帝」的服務模式。這種服務模式建立在充分理解客人需求的基礎上，強調一對一的針對性服務，強調用心服務，在服務結果上追求盡善盡美。

值得一提的是，情感性無處不在，無時不有，一句有意的提醒（請別忘了您的東西）、一個牆上的告示（禁止自帶酒水）、一個無意的動作等都會給顧客帶來不同的感覺。

（四）安全性

安全性是差異化最基本的支持因素，指顧客在購買、享受餐飲產品和服務時所獲得的生理上、心理上、財物上的安全保障。在現代社會，由於自我保護意識的覺醒和強化，顧客對安全性的要求也日益提升，並且，「安全」的內涵也不斷擴大，這些都為餐廳經營提出了新的挑戰。

（五）有形性

出於餐廳產品具有無形性和有形性相結合的特點，為了直觀地體

現餐廳的差異，可藉助於各種有形證據來形象地展現這些無形的差異。如透過簡潔易懂的語言、直觀生動的畫面、親切可人的笑容等向顧客傳遞差異。因此，主題餐廳應注重各種有形證據的開發和設計。餐廳可以以顧客活動路線爲準，尋求各種有形證據，如店面、門面、門廳、電梯等。

（六）優越性

作爲一種競爭優勢的凝結，差異化應有較強的優越性的支持。這種優越性首先是相對於競爭對手而言，它是競爭對手所不具備的；同時，還相對於顧客和餐廳雙方的承受力而言。即顧客有能力購買這種差異化的產品或服務，而餐廳也有能力「生產」它，並且，這種差異化是未來消費主流的前期體現，而不是舊式產品的簡單「翻版」，它能爲餐廳創造相當的盈利空間。

四、差異化變量分析

餐廳在尋求差異化優勢時，應注重挖掘不同的差異化變量。對於多數商品而言，差異總是存在的，只是大小強弱而已。而差異化營銷所追求的「差異」是產品的「不完全替代性」，即在產品功能、質量、價格、服務、形象等方面，本企業爲顧客所提供的是競爭對手所不可替代的，「鶴立雞群」應是差異化策略追求的最高目標。差異化理念的宗旨是透過爲顧客提供獨特價值來增加產品特色，從而吸引和保留顧客。一般，餐廳要選擇那些爲顧客所廣泛重視的、有利於競爭的、並使自己獨具特色的特質作爲差異化變量。

現代營銷理論認爲，一個餐廳的產品在顧客中的定位有三個層次：一個是核心價值，它是產品之所以存在的理由，主要由產品的基本功能構成，如餐廳的基本功能是提供人們飲食所需；二是有形價

值，包括與產品有關的形象、包裝、樣式、質量及性能，是實際產品的重要組成部分；三是附加價值，如免費送餐後水果、免費打包等。這些都構成了差異化策略的理論基礎。在此基礎上，爲研究問題的方便，一般把差異化策略分爲產品差異化、服務差異化、服務過程差異化、人員差異化、市場差異化、形象差異化等方面。

第二節　差異化變量之一：產品差異分析

產品差異化是餐廳尋求壟斷優勢的重要途徑，其關注的焦點是產品實際上的、看得見的、可感受到的差異。因此，在滿足顧客基本需要的前提下，爲顧客提供獨特的產品是差異化策略追求的重要目標。

餐廳應用不同的產品去迎合、滿足不同需求的客源群。而不同產品有其不同的內涵，對不同內涵的不同凝練和昇華，就形成了不同的主題，創立主題的根本目的是爲了避免或減少重疊性的市場競爭，實現有序的和細緻的市場分割。這也對餐廳的產品設計和製作提出了更深的文化思考。如果僅僅只有削價競爭這一手，企業早晚都會走上絕路。令人遺憾的是，許多餐飲經營者還沒有意識到這一點，依舊沉溺於傳統的粗放式經營。

一、產品差異化內涵分析

產品差異化即指餐廳以某種方式改變那些基本相同的產品和服務，使之在質量、性能上明顯優於同類餐廳，從而建立獨自的、穩定的目標市場。

值得一提的是，產品差異化與市場細分、市場定位的差異。市場細分是對整體市場的劃分，是尋找目標顧客群，其著眼點是要針對不

同顧客的需求特點開發出不同的產品，它是一種市場導向型的策略；市場定位是從顧客的心理出發，先分析目標顧客看中的是什麼，然後從既有的產品「差異」要素中，選擇合適的「賣點」，使之在顧客心目中占有一席之地；而產品差異化的著眼點則是已經存在的產品，透過廣告宣傳等手段，使產品具有某種特徵，以便與競爭者的同類產品相區別，因而是一種產品導向型策略。如同樣的餐飲產品，可冠名為健康餐飲、綠色餐飲、美容餐飲，也可附加浪漫的、實惠的等內涵，這就是對產品實施差異化策略。

可見，市場細分是市場定位的基礎，而產品差異化則是市場定位成功的前提，同時，透過市場定位，可以使產品特性和顧客需求兩者有機地統一起來。

二、產品差異化的意義

產品是顧客需求價值的集中表現形式，它是一切能滿足顧客欲望和需要的媒介物。圍繞產品進行的工作是餐廳活動的重要構成部分。因此，實行產品差異化的意義表現為：

1.透過產品差異化，方便顧客識別、挑選和購買，成為顧客消費依據。
2.可以為顧客帶來最核心的獨特價值。
3.產品差異化的途徑非常豐富，因此，可拓寬餐廳差異化的活動領域。
4.產品差異化的成本相對較低，並且能直接帶來較大的外形差異。

三、產品差異化的途徑

從顧客的角度看，產品應該是對他自身面臨問題的一種解決方式，是顧客追求的各種利益的集合體。因此，餐廳在尋求產品差異化時，應開闊思路，不應將著眼點片面地局限於有形的實物產品。因為顧客購買產品的主要目的不在於擁有多少該產品，而在於使用它來滿足自己的需求和欲望，而實物產品僅僅是向顧客傳遞服務的工具。

對處在同一行業的競爭對手而言，餐廳產品的核心價值都是相同的：為了解決吃喝等基本問題，所不同的是在性能的側重點和質量的高低上可創造明顯的差異，這就是產品差異化的切入點。如「仙蹤林」立足於休閒餐飲，「凱萊的運動餐廳」則以運動為主要特色，由於在性能和質量上體現了明顯的差異，因此競爭對手之間做到了「共贏」，各自吸引了不同的顧客群。

餐廳實施產品差異化策略的途徑有：

(一) 質量差異化

質量是顧客追求的基本目標之一，也是產品價值的重要載體。在實施質量差異化策略時，餐廳首先應明確質量包括兩方面的涵義：一方面是指產品的質量水平，如特級餐飲店、一級餐飲店；另一方面是指產品質量的穩定性與一致性。穩定性是指餐廳在任何時候提供的同一種產品的質量始終是相同的，不因人、因時、因地、因消費高低、因顧客地位貴賤而異；一致性是指同一種產品的任何兩個單位的質量是一致的。

尤其值得指出的是，顧客看重的是質量的適宜性，即產品質量和顧客需求、顧客支付能力三者之間的和諧性。一般，顧客在選擇產品質量時，其選擇的基本依據是：

$$購買意願的大小 = \frac{產品質量效用的大小}{產品價格水平的高低} \times 100\%$$

因此，在進行質量差異化時，應根據目標顧客的支付能力選擇合適的質量水平。也即，要考慮質量的適度性，根據目標顧客的付費要求即價值要求，以合理的成本，為目標顧客提供滿意的具有適度質量的產品，實現產品經營的長期利潤最大化。一旦餐廳所選擇的質量不是目標顧客付費所要求的，那就是多餘的質量，應該略去，更不應包含在價格裡硬性轉嫁給顧客。

同時，適宜的質量又是和適度的質量緊密相聯繫的。適宜強調要「投顧客之所好」，適度強調要「投顧客要求等級即價值之所好」。因為不管產品的價格多麼便宜，一旦質量不好，顧客也會儘量避免購買這樣的產品。

所以，在進行產品質量差異化時，餐廳首先必須確定產品的質量水平，這將直接影響支持產品在目標市場中的定位。餐廳要選擇能符合目標顧客市場需要，且足以抗衡競爭性產品吸引力的質量水平。這些質量水平包括：

1. 質量較低。
2. 質量一般。
3. 質量較高。
4. 超級質量。

無論何種質量水平，都應嚴格確保其相應的質量水平。

（二）功能差異化

產品功能差異化是指產品能帶給顧客的實際效用與競爭對手相區別的程度。眾所周知，不同的產品，可以附加不同的功能。而不加任

何附加功能的產品是任何一種產品發展的起點。餐廳可透過增加更多的功能來創造差異，即在合理的價格與成本限制下，儘可能地滿足不同目標顧客的各種欲望，解決他們的各種需求問題，以此來增加產品的競爭優勢。

實施產品功能差異化策略時，餐廳可根據不同的主題內涵，有針對性地布置環境及台面，巧妙地設計筵席菜點，使之與餐廳主題相吻合。如婚宴上安排「鴛鴦桂魚」、「相敬蝦餅」、「相思魚捲」等，而壽宴上則可安排「麻姑獻壽」、「佛手魚捲」、「龜壽鶴齡」等，在開業慶典上可安排「發財魚翅」、「元寶鴨子」、「金錢豆腐」等。透過這些菜餚，渲染主題氣氛，營造功能差異。

就餐廳而言，其基本功能是提供各類飲食所需，餐廳可透過突破這一基本功能來體現餐廳的特殊性，使得餐廳成為娛樂休息、交流訊息、觀光遊覽、享受文化等的地方。因此，餐飲經營者應拓寬思路，考慮如何擴大餐廳的「包容性」，提供獨到的產品和服務，使之盡顯風采。如英國有幾家餐廳老闆賦予餐廳洗衣休息的內涵，顧客只要把髒衣服放進洗衣機就可坐到舒適的沙發上就餐，餐廳內有優美的音樂，隱去洗衣機的嘈雜聲音，環境優雅，很受歡迎。此舉就是附加了餐廳洗衣的功能；而歐美等地有許多電腦餐廳，每張桌子上都有一台電腦，可與世界任何一個地方的電腦連線，以方便顧客獲取最新訊息，人們可在此品嚐美味佳餚和點心，同時可與世界各地的人下棋或玩電腦遊戲。雖然消費不低，但依然引得顧客尤其是商務顧客的青睞，此舉則是附加了餐廳提供訊息的功能。

可見，餐廳若能在增加產品功能方面體現出創意，就能較經濟地體現出產品的差異化。像國外的一些餐廳，就因為附加了餐廳不同的功能，成為主題餐廳中獨特的一族。

在實施產品功能差異化策略時，餐廳應處理好以下三種關係：

■餐廳基本功能和附加功能之間的關係

　　餐廳的基本功能是滿足顧客對食品、飲料等的生理所需，以及對安全、衛生等的心理需求，在此基礎上，不同的顧客會衍生出不同的需求。餐廳在開發、設計各類附加功能時，應在滿足顧客基本需求的基礎上，考慮、研究拓展餐廳的附加功能，否則，就不能稱之為餐廳。

■附加功能與需求總量的關係

　　餐廳在開拓餐廳附加功能時，還應認真考慮這種附加功能在市場上的需求量，即到底有多少顧客對這種附加功能有需求、感興趣？有時，某類附加功能可能是現實市場所不存在的，是否意味著餐廳就應該盡快加以開發呢？其實不然，因為可能對這種功能的需求量過少，不值得去開發。因此，餐廳應根據市場需求的多少決定是否應拓展某些功能，或是根據市場容量的多少來決定餐廳規模的大小，要認真考慮附加功能與需求總量的適應性。

■附加功能與餐廳成本的關係

　　附加功能的開發設計往往會涉及餐廳成本的上升，因此，餐廳應認真估算投入和產出之間的關係。

（三）外形差異化

　　外形差異化是指產品賦予顧客的視覺效果和總體感覺與競爭者相區別，它是塑造產品差異最直觀的手段之一。

　　在餐飲消費上，顧客注重的首先是色形等方面的感覺。孔子就曾提出「色惡不食」、「割不正不食」，即顏色不好看，切割不端正的食品不吃。此說雖有過分之處，卻從一個側面反映了自古以來人們對飲食產品外形上的審美要求。因此，餐廳應注重透過外形特徵來體現優勢與差異。

　　在實施外形差異化策略時，可把握以下外形要點：

■菜點外形

即透過菜餚、點心獨特的造型吸引顧客的注意力。以中式餐飲為例，不同的場合、不同的飲食目的，往往對菜點的外形有不同的要求。有的講究自然隨意，有的注重精雕細刻。無論繁簡，其目的都是突出菜點的情趣性和藝術性，以刺激食欲，增加品味。

不過，在設計菜點外形時，應以實用為前提，即注重菜點外形的「食用性」，否則，過分的裝飾反而會使食客心生憐意，達不到增進食欲之目的，同時，也會增加產品的生產成本。

■器皿外形

各類飲食器皿在飲食活動中有著不可或缺的實用價值和藝術價值。隨著社會的進步，器皿已從最初的實用性發展到實用性兼顧美觀性，它已成為飲食文化中重要的一部分。

由於菜點造型具有非專利性的特點，一些餐廳開始注重追求菜點之外的「亮點」──器皿就是很好的可塑點。日本、歐美等國的一些餐廳已經不再簡單地購買、使用市場上的各類器皿，而是著手研究一門新的飲食學問──器皿學。他們聘請資深的設計專家，從餐廳的經營理念和經營特色著手，度身訂做各類富有個性、適合本店特色的餐具，包括碟、盤、碗、勺、盅、筷等一系列的用具，確保飲食器皿的獨一性。所謂「美器添香」，餐廳可透過各種飲食器皿體現差異。餐廳可根據主題設計，選擇不同質地、不同形狀、不同顏色的器皿。就質地而言，可分為陶器、瓷器、青銅器、竹器、金屬器皿、玻璃器皿、水晶器皿、木質器皿等；就形狀而言，可分為方、圓、花、扇、多邊、梯等各種型態；就顏色而言，則更為豐富，從而構成飲食器皿豐富多彩的藝術風格。如某家定位於綠色主題的餐廳，為突出其環保特色，所使用的器皿居然是各類再生紙，倒也別有情趣。

受這種發展趨勢的啟發，有的餐廳就專門以器皿為主題吸引，倒也別具一格。由於飲食文化博大精深，因此，各類飲食器具也是不勝

枚舉，千姿百態，奇巧迭出，如2000年就出現了一些杯身上刻有2000字樣的玻璃杯。而我國古代有曲水流觴之俗，因此有各類酒杯。某酒館仿製浙江龍泉出土的青瓷酒船，藉用船艙為杯腹，平緩的船尾為飲酒口，一杯在手，既可品酒盡興，又可把玩欣賞，還可用於曲水流觴之戲，只需配置一塊木板以載之。上海博物館有一傳世酒令杯，其杯身呈八角形，杯腹飾有梅花，在杯內的底部，則有一直立的瓷塑老翁，長鬚飄曳，神情超然。雕塑線條簡練而粗豪，雖寥寥數筆，卻別有情趣。這位老者便是酒令中所經常提及的「公道老」。將酒注入杯內，酒至老人胸前時便不再上漫，而從杯底一個小空中流出。這樣罰酒時就避免了杯中酒多少之嫌。中國古代的酒器可謂是千奇百怪，如周穆王時西胡獻「夜光常滿杯」，白玉製成，光明夜照，晚上把玉杯放在室外，天亮時杯中便甘露溢滿；而唐皇宮有件青玉酒杯，有紋如亂絲，壁薄似紙，杯上鏤金字「自暖杯」，每當杯中盛酒時，「溫溫然有氣如沸湯」。有的杯子造型仿犀牛角，有的則仿花生等。隨著陶藝的風靡，有的餐廳或酒吧乾脆推出自用杯子自己製的花招，讓每一位顧客可享用世界上獨一無二的自製的用具，為個性的展示提供了廣闊的舞台。

■環境外形

　　人類對於環境的藝術感知和實踐自古有之。餐廳可透過造就一種與眾不同的物理環境來吸引顧客的關注和偏好，直接體現差異。物理環境包括各種設計因素和社會因素。設計因素主要用來改變服務產品的外形，使產品的功能更為明顯和突出，如顏色、結構、材料、形狀、風格、聲音、氣味、標幟性符號等可使餐廳形象更加突出和鮮明。社會因素指餐廳中的人，包括其他顧客和工作人員。這些人的言談舉止、穿著打扮、禮節禮貌、精神氣質等都會影響顧客對服務品質的判斷和期望。

　　在塑造環境差異時，餐廳要注意：

‧環境與主題的融合性和對稱性。環境的主調應與主題相呼應。廣州花園飯店的諸多包廂，在環境設計上就很好地與主題內涵有機地結合起來。「桃園館」的經營理念是突出典雅古樸的經營風格，在該館內，四周鑲嵌著「桃園三結義」的壁畫，讓人仿若置身於典雅古樸的氛圍內。而「荔灣亭」的主要對象是普通的廣州市民，其環境布置以早年廣州漁民生活為藍本，荔樹、花影、榕樹、瓜棚、花艇等，處處透出深厚的平民氣息。

‧從細處尋求環境的點睛之筆。環境布置的好壞取決於細節部位的處理和設計。有些餐廳在布置環境時，片面注重「大手筆」，忽略「細枝末節」，影響環境的整體美感。常見的一例是許多餐廳重視了室內四壁設計卻忽視頂部的處理，重視大塊的設計元素卻忽略角落的形象設計，從而造成一種設計缺陷，影響整體形象。餐廳內的電話台、垃圾箱、餐牌上的文字、桌布的色彩、燈光的強弱、口布的造型等都是容易「忽視」的細節。

‧尋求餐廳的特殊裝飾。透過榮台、物品等特殊裝飾突出環境特性。一般，餐廳常用的特殊裝飾有：

1.榮台：也即在餐廳入口或廳內搭建條形、口字形、半圓形等形狀的台面，也可設計成橋樑、船形、風景名勝、穀倉等形狀，在上面擺上榮餚、點心或其他裝飾品，以作展示。榮台可隨時令的變化而靈活調整。

2.老式器械、物品：這可增加餐廳的趣味和典故，如老式的黃包車、早已淘汰的農耕機械、紡織用具等。這些器械通常放在大廳的入口，上面有包裝精美的禮品盒或榮點，讓人思古懷舊。上海延安路上的「老客滿」酒店是三〇年代上海市井風情的典型代表，它是一幢三層高的上海石庫門建築，在該酒店內，陳列著仿古立式大花瓶、舊馬燈、老式的「GE」電風扇、火槍、

手搖留聲機、老式打字機、黃包車、獨輪車、馬車、湯婆子、石磨等，牆壁四周則掛著古畫、壁掛件、老上海照片、老月份牌等，藉助這些物品和器械，營造出濃厚的懷舊氣息。而杭州張生記大酒店內，居然擺放著一頂典型的古典花轎（如**圖3-1**）。該花轎分上下兩層，在雕龍刻鳳的鏤空花窗花門上，畫有喜鵲梅花、麻姑獻壽、木蘭從軍、紅玉擊鼓等精美漆畫，並寫有「花好月圓」、「福祿壽喜」、「四季如春」、「百年好合」等橫批聯語，每層的飛檐上掛著一串串珍珠流蘇。而在用色上，也選用大紅、大紫、金色，盡顯雍容華貴，富麗堂皇。

3.各類圖片：這些圖片一般作為室內牆飾，也可掛在走廊的牆面。如某家江南特色的酒家，低價購買了美術系學生的各類江南寫生畫作為牆飾，獨具特色。而上海一些星級賓館收集了許多上海照片，內容包括從過去的十里洋場到今天的世界金融中心，透過回顧歷史突出餐廳的文化氛圍。

圖3-1　張生記大酒店內的花轎

‧以獨到的外形形成視覺焦點。主題餐廳的外形一般應與所選定的主題相呼應，並且，透過獨特的外形，形成視覺焦點，吸引顧客。而長期以來，諸多的餐廳在外觀造型上片面追求「四平八穩」，缺乏創意，使得眾多的餐廳流於一般。主題餐廳應設法尋求外形上的突破，透過船形、桶形、不規則的多邊形、各種動物造型等突出差異，也可透過改裝某些廢舊的物品，形成獨特的餐廳。如圖3-2所示的店面，或是用高大的直立黑熊、或是用口吐舌頭的哈巴狗，或是用拙樸的草鞋，突出外形特色。

++

例：各類外形獨特的餐廳

‧酒桶餐廳：日本某家餐廳就設計成一個大酒桶，這個酒桶分成幾層，人們從桶底進，可在「桶」內開懷暢飲。並且，還可打開桶壁的窗户觀看外面的風景。從遠處看，這個巨大的「酒桶」餐廳非常醒目，吸引了許多人前來消費，因為喜歡喝酒的人都想嚐嚐「泡」在酒桶裡喝酒會是什麼滋味。這種獨特的外形成為商家的賣點。而在德國巴德杜爾克海姆市入城路口，迎面倒豎著一只巨大的木酒桶，桶內卻是一座兩層樓的酒樓兼旅館。

‧草堂食府：北京新近落成一家「草堂食府」，「草堂食府」推陳出新，為顧客創造了一個都市村莊的鄉音鄉韻，營造出一個田園竹歌，詩情畫意的濃厚的文化氛圍。在食府的室內裝飾建築上全然採用四川青竹為材料，修築成的亭閣迴廊、廳堂雅間均透出翠竹園中清雅幽香的韻味。美妙而獨特的環境成為今日草堂食府的一個嶄新的焦點。幽雅的環境配以杜甫詩作命名的「麗人行」、「醉時歌」、「千秋雪」、「鳴翠柳」等包廂包間，步入草堂食府便覺得幾分醉意，再品幾個道地的川菜更讓人流連忘返。

‧飛機餐廳：北京豐台盧溝橋鄉靚廠村的農民眼光獨到，點子新鮮。這個村的農民利用離北京西站近的優越，購進了一架退役的飛

黑熊店面

哈巴狗店面

草鞋店面

圖3-2　以獨到的外形形成視覺焦點

機，改裝成「飛機豪華餐廳」，顧客既可登上飛機領略一番「航空」的滋味，又可在飛機餐廳內品嚐美味佳餚，成為當地餐飲一「絕」。

• 船餐廳：某餐廳外表看是一艘巨大的木船，餐廳內掛著槳、救生圈等用品，餐廳的窗戶做得像船艙的窗戶一樣，餐廳的服務員都穿著水手制服，餐廳的地面有個坡度，坐在餐廳裡有在船上的感覺，好像還有一絲晃動。

• 香蕉餐廳：在丹麥有一家著名的香蕉屋，這間屋子並不是由香蕉做成的，而是由木頭做成香蕉的形狀。屋內所有的家具、擺設、裝飾全部用木頭做。要進入這一間獨特的香蕉屋，有一個有趣的條件：顧客必須是木匠，顧客消費後不必付餐費，只需幫助主人修理各種家具、製作新的設施即可。

• 恐龍主題餐廳：走在路上，如果見到一個碩大的恐龍臨街而立，傲視街頭，你千萬別誤認為這裡是史前動物博物館或是森林動物園，這只是二十一世紀大飯店新開幕的餐廳——恐龍餐廳。走進猶如阿里巴巴叫開的藏寶山洞的大門，裡面是一個神奇的世界，與其說是一個餐廳，不如說是一個侏羅紀恐龍的王國。恐龍餐廳最初的設計是客人從恐龍腳上進入餐廳，由於是改造工程，只能從旁邊進入了。外面立的恐龍十五公尺高，是用彩色玻璃鋼製造的，眼睛還能放光，唯妙唯肖。餐廳分兩層，均是史前的原始森林布置，天上飛著翼龍，穿過樓層的是一架大型恐龍骨骼。餐台的支架是小型恐龍「化石」，座椅則是恐龍的腳「化石」。據說，服務人員也將是特殊的打扮，給人們全新的感受。在這裡沒有瓶裝啤酒，均是清一色的桶裝啤酒，從大到小的橡木桶，酒杯則是雕有古印第安情侶的杯子，給人返璞歸真的感覺。至於菜式，則匯集了各地的特色菜、風味小吃，讓人們品嚐到南北風味、中外名吃。餐廳還將掛一些恐龍圖片，準備一些恐龍方面的讀物，為小朋友準備一些恐龍紀念品，寓教於樂，為人們學習恐龍知識做一些有益的工作。

• 樹頂餐廳：肯亞的一座野生動物園裡有一家樹頂餐廳，餐廳搭在許多株大樹的樹幹上，距地十餘公尺。樓梯圍繞一棵大樹盤旋而上，遊客可以在上面觀賞地上穿行的千姿百態動物。而樹頂餐廳的指示牌則是一個「敦厚」的「木頭人」，如圖3-3。

• 茅屋餐廳：尼泊爾的奇特旺地區，有種別具風趣的茅屋餐廳，該餐廳安排的遊覽項目頗為獨特，有乘象漫遊、河上泛舟、乘二牛抬槓車，還有訪少數民族之家。

• 古堡餐廳：美國一些著名的風景名勝地區建造了歐洲古堡式的餐廳，其內部裝飾以及附屬設施都按古代皇宮的模式，連服務員也穿古代宮女或騎士服裝。

• 櫃子餐廳：日本有一家像櫃子似的餐廳，裡面擺滿了長二點五

圖3-3　樹頂餐廳的指示牌

公尺、寬一公尺、高一點一二公
尺的櫃子，櫃子裡裝有收音機、
自動鐘、電燈、電話、書桌、小
型彩電等，收費便宜，大部分客
人都是過往商人和上晚班但離家
較遠的職員。

• 黑貓餐廳：某餐廳將門面
設計成一只瞪著雙眼的黑貓（如
圖3-4），手拿刀叉，意為「本餐
廳營業中」。

圖3-4　黑貓餐廳外形

+++

（四）數量差異化

主題餐廳的主題可能只有一個，但是圍繞主題設計開發的產品數
量絕對不只一個。因此，餐廳可透過產品數量、產品品種塑造差異。

■產品廣度差異化

產品廣度是指餐廳所擁有的產品線的數量，即餐廳經營的分類產
品的數量，如酒店中各種主題包廂的數量等。

■產品長度差異化

產品長度是指餐廳每一個分類產品中所包含的不同服務項目的內
容。如餐飲服務中有快餐服務、西餐服務、宴會服務等。

■產品深度差異化

產品深度指每一個不同的服務項目中又能提供多少種不同的品

種，如家常菜的品種、小吃的種類等。

■產品密度差異化

　　產品的密度是指每個產品線上的產品在使用功能、生產條件、銷售管道或其他方面的關聯程度。產品組合的密度不是一個固定的概念，從不同的角度對產品組合的密度進行評價，其結論是不一致的。增加餐廳產品的密度，可以降低成本，爲整體營銷或整體開發提供方便；減少產品密度，則有利於餐廳適應動盪的市場變化，不至於發生牽一動百的尷尬。

　　餐廳可透過擴充或縮減產品組合的廣度、長度和深度，提高或降低產品組合的密度，調整產品數量組合，使得餐廳的產品更富個性。以定位於「老北京」特色的主題餐廳爲例，就可根據產品的廣度、長度、深度和密度來做不同的文章。在北京有一家「老北京炸醬麵館」，其產品的廣度不寬，僅僅是單一麵條，但是在深度上文章卻做得很透，注重挖掘老北京炸醬麵具有的各種特質：在小麵館門口高懸布旗，上面用古老的隸書寫著「老北京炸醬麵」字樣，門口是兩位身穿中式長袍，頭戴「瓜皮帽」的夥計，正粗著嗓子吆喝「嗨，老北京炸醬麵」，字正腔圓的京腔彷彿讓人又回到了五十年前的老北京。店堂布置倒不像別的餐廳那樣簇新光亮，四面的木牆壁、堂內的中式桌椅、桌上的菜單、各類粗瓷大碗，乃至服務人員穿著的服裝，似乎都有了一定的年紀，透出歲月的痕跡，也正如此，突出了「老」字特色。這家麵館以單一的產品線鮮明地樹立了自己的形象，成爲外地人在北京品嚐北京風味的首選地點之一。

　　同樣以「老北京」特色爲主題吸引的餐廳，也可透過擴大產品線的廣度、深度、密度等來做文章。如創辦一家「老北京風味大世界」，薈萃北京各類的「京味菜和京味小吃」，如宮廷菜、官府菜（譚家菜）、清眞菜（廟菜）、魯菜（因舊京菜館多爲山東人所開）、北京

小吃等,讓顧客在短短的時間內飽嚐北京飲食歷史。並且,若場地、資金等許可,可推出老北京戲曲專場,演出雜技、曲藝、京劇等精彩的文藝節目,做深、做透「老北京」文章。

產品數量的多寡深淺,可根據餐廳實力決定,並非越多越好,尤其是對於主題餐廳而言,反而注重在單一的產品線上做深度開發,即所謂的「將文章做透」。

四、產品差異化的條件

任何產品進行差異化時,會付出一定的成本代價,因此,每種差異化都可能在增加顧客利益的同時,也增加了餐廳的成本。所以,餐廳要精心選擇各種差異化變量,並對這些差異化變量進行分析。就產品差異而言,一種差異化值得開發的前提條件是滿足以下標準:

(一)必要性

該差異能向眾多的顧客提供具有高度價值的利益,對顧客而言,這種差異具有一定的現實意義,且這種差異是關鍵的。如某家餐廳將餐廳的門設計成「雙門雙功能」,帶小孩的顧客用餐時,先送小孩進一道門,裡面是五顏六色的玩具和兒童書籍、兒童畫片,幼教工作者在此精心呵護「小皇帝」,而大人則從另一道門入店。大人和小孩之間隔著一道特殊的玻璃牆,透過牆壁,大人可清晰地看到小孩的一舉一動,而小孩則看不到「父母監視的眼光」,父母則可安心洽談、用餐。因為這種獨特的差異對顧客而言是非常實惠的,既不影響就餐(尤其是和朋友同事商討事宜時),又可兼顧小孩。

(二)獨特性

這種差異是其他餐廳無法在短時期內輕易模仿的。如美國東部加

勒比海的海底有一家海底餐廳，建在一艘廢棄的大船上，透過大的玻璃窗，可欣賞到千奇百怪的海底奇觀。營造這種差異，一般必須具備較雄厚的實力，因此，競爭對手無法在短時期內模仿，具備較高的進入壁壘。而美國籃球運動員、「空中飛人」喬丹在芝加哥以「喬丹」為名開了一家明星餐廳。在四周的壁櫥上，擺放了不少有關喬丹的收藏珍品，如夢幻隊的外套、雜誌封面，以及有關簡介等，喬丹親自設計菜譜，名菜是酥炸烏賊，喬丹的妻子也推出自己的拿手好菜芝士通粉。光顧這家餐廳的顧客都是希望在這裡能見到傳奇人物喬丹。這家主題餐廳因喬丹本人的魅力使得其他餐廳無法仿效。

餐廳可從地域特色中尋找獨特性。北京的一些餐廳就可掛起北京獨有的「北京烤鴨」的牌子做文章，像全聚德的烤鴨店，其獨特的工藝、優質的產品和民族化的布置，蜚聲中外，成為中華飲食一絕。顧客一走進北京前門的全聚德烤鴨店，青衣小帽跑堂夥計會拖著長音招呼：「您幾位，裡邊請——」當顧客踱到八仙桌前坐定時，有夥計為顧客斟上裝在藍色茶碗中的茶，之後，夥計還會脆生生地報著菜名。中堂廊柱上有一副烏木嵌金的對聯：「只三間老屋時宜明月時宜風，唯一道小味半似塵世半似仙。」於是，這布局便把你帶回了老北京。並且，全聚德注重在日常的經營管理過程中強化其民族特色，強化其形象定位。如在2000年五一期間，前門的全聚德特地推出了「百年老店，世紀情緣」的仿古式婚宴，為新人們舉辦一個喜慶、熱鬧的傳統婚禮，從環境布置到儀式慶典都展現出老北京的民俗民風。5月2日，前門的全聚德烤鴨店老鋪張燈結綵，喜幛高懸，完全按照舊式婚禮的模式布置，一派喜慶氣氛。喜堂迎來的新人身著傳統的中式婚服，二人在老鋪內按照傳統儀式行了結婚大禮，在讚禮人的主持下，用喜秤挑去紅頭蓋，拜了天地、父母，敬了來賓，共飲交杯酒。婚宴還增加了一項全聚德的特別節目：自選鴨坯寫吉言，在飽滿的鴨坯上，兩人攜手寫下「心心相印」的美好心願，為新生活祝福。這就是北京特色

的「獨特性」。

（三）領先性

這種差異是富有時代特色的，是一種流行時尚的前奏，有很強的生命力。如一些餐廳定位於保健餐廳，就很好地迎合了時尚的潮流。而某地有一家餐廳則以綠色爲主題，取名爲「格林餐廳」（英文Green，「綠色」的譯名），以高爾夫文化爲背景的裝潢裝飾令人耳目一新。該餐廳的「綠色理念」和「高爾夫文化」都將是未來的流行焦點。

（四）溝通性

透過某種方式，餐廳可將自己的差異明白地傳遞給目標顧客，使顧客意識到餐廳的差異所在。如廣東南海漁村在改革開放之初，聘用「印度人」迎賓，造成了很強的轟動效果；而美國有一家餐廳則在門口設置了一個巨大的池塘，並且訓練了一支「鴨子迎賓員」隊伍。一旦顧客光臨，音樂響起，鴨子便翩翩起舞，獨具創意。這種差異毋需言語，即可成爲顧客容易捕捉的差異點。

（五）優越性

即餐廳的差異能體現出一定的優勢。如透明的經營方式，真正使顧客吃得放心、開心、順心。而新加坡的Greenlife Herbaland Seafood Restaurant餐廳，在港式菜中加入了中草藥和酒爲特色，對於那些注重健康的人來說，極具吸引力；而定位於「微型啤酒坊」的小酒館，則在現場放置了一套製作啤酒的微型釀酒設備，供應新鮮釀製的啤酒，也頗具特色。而「藍夢吧」有一項特殊的服務：如果顧客想爲摯愛的朋友送一首自己的歌作爲禮物，可自己寫詞，酒吧會邀請音樂學院的專業人士免費爲顧客譜曲，送給顧客並唱給顧客聽，體現了自己的獨

特優勢。

（六）可支付性

　　這種差異要符合顧客的購買能力。如現在一些大城市紛紛出現了「循環水道餐廳」，以流動的水流（或流水線）作為餐廳的主要「台面」，各類食物漂浮在水道上，顧客各取所需，各得其樂，並且這樣的消費方式考慮了顧客的承受能力，以大眾化的價格隨行就市。

（七）盈利性

　　對餐廳而言，這種差異能為其帶來一定的經濟效益和社會效益，形成較好的口碑效應。

第三節　差異化變量之二：服務差異分析

　　在市場趨於飽和，消費趨於個性化的條件下，在有形產品難以突出差異，或難以引起顧客興趣時，餐廳競爭的關鍵則轉向軟性的服務。競爭成功的關鍵取決於服務的數量和服務的質量。因此，服務也是重要的差異化變量。

一、服務差異化內涵分析：延伸產品的差別化

　　作為服務行業，餐廳創造差異的豐富源泉還在於無形服務。餐廳在為顧客提供標準化、規範化服務的基礎上，可針對不同的顧客提供針對性、特殊性、個性化、情感性的服務。這就是服務差異化的基本內涵，即在提供基本餐飲服務的基礎上，藉助人的智慧，擴大服務範圍。

廣東維高餐飲業經營與管理研究會曾對餐飲市場進行跟蹤調查，發現八○年代和九○年代顧客在餐飲消費上所「注重」的因素已悄然發生變化。八○年代，顧客注重的是飲食飯菜的質量，而如年代顧客關注的則是服務質量（見**表3-2**）。可見，服務差異化的重要性。

二、服務差異化的途徑：構建服務文化

　　服務差異化可透過服務文化有機地體現出來，即把服務提升到文化的層面來設計和構建。服務文化以服務價值觀爲核心，以顧客滿意爲目標，以形成共同的服務價值認知和行爲規範爲職能，它推崇和追求服務的高品位、高境界、高情感。

　　構建服務文化是一項綜合工程，需企業協調連動，大處著眼，小處入手，從每個部門、每個單位做起，尤其要重點做好以下工作：

（一）培訓優秀人才

　　在知識經濟時代，人才不僅是生產要素，更是餐廳寶貴的資源，

表3-2　八○、九○年代大陸餐廳軟硬體因素在創造利潤中的比重變化

時間段		八○年代	九○年代
硬體	飲食飯菜（質量與特色）	40%	10%
	地點（繁華程度）	25%	10%
	裝修	11%	12%
軟體	服務（態度與方式）	10%	35%
	衛生	2%	5%
	營銷	1%	6%
	創新	8%	9%
	廣告	----	8%
	管理	3%	5%
總計		100％	100％

尤其是服務行業，其產品和服務質量的決定因素關鍵在於人。因此，飯店在構建服務文化時，應首先重視文化的構建者和弘揚者——人才的管理和培訓。

二十一世紀，在人員管理上，體現企業人本管理精髓的「土壤學說」將替代原有的「屋頂學說」。所謂的「屋頂學說」，指企業提供許多資源，修建成一個大屋，讓員工在屋裡面成長，企業替員工遮風擋雨；員工透過任勞任怨的工作來回報企業，企業和老闆的尊嚴神聖不能侵犯。而「土壤學說」則是指在現代企業中，員工與企業的關係已經變成如下一種新關係：企業有很多資源灌溉土壤，所有的員工在這片豐碩的土地上自然成長，接受風吹雨打，能夠長多高就可以長多高，企業是員工成長的「沃土」。

人才管理的最終目的不是以規範員工的行為為終極目標，而是要在企業內部創造一種員工自我管理、自主發展的新型人事環境，充分發揮人的潛能。因此，未來的餐廳將會以一種「投資」觀念捨得大投入，將會更加注重提高員工的知識含量。

在餐廳內部，將會建立一套按能授職、論功行賞的人事體制；對所有的員工要進行系統的、全方位的、經常性的培訓；培育出能為顧客提供全方位、高附加值服務的高素質的人才；要使員工儘量掌握更多的知識和技能，努力成為「精一門、會二門、懂三門、熟悉四五門、了解七八門」的複合型人才。他們既有深厚的基礎理論知識，又能創造性地運用這些知識，具備嫻熟的操作技能；他們一般具備豐富的飯店經驗、崇高的道德品質、優秀的經營意識、良好的心理素質、寬闊的知識結構。並且，透過員工的合理流動，發揮員工的才能；透過目標管理，形成一套科學的激勵機制，在餐廳內部做到自主自發；透過餐廳文化，利用文化的滲透力和訴求力，培養忠誠員工，確保人力資源的相對穩定，避免飯店因頻繁的人事變動而大傷元氣。

在人才利用上，應改變原先重經歷輕學歷，重能力輕潛力，重實

用輕培訓的短視行為，建立能上能下、可進可出、自然吐固、自動納新、公平競爭、優勝劣汰的人力資源動態管理模式。

（二）構建服務理念

服務理念作為員工服務行為的一種價值標準，是服務文化的核心，它不僅決定著餐廳的發展方向，也規範著員工的行為，並且它是員工的精神支柱。

因此，餐廳應重視服務理念的提煉和宣傳。餐廳要在內部進行周密調查和研究，了解餐廳中有代表性的服務特色，了解顧客對服務的期待，將最能代表餐廳和員工精神、最能適應顧客期待、最能發揮效率的諸多價值觀念加以彙總、分析、提煉，將它轉化為一句精練的口號。有人將服務行業稱之為「雙C行業」，既要做到courtesy（禮貌、謙恭），又要讓顧客comfort（舒適、享受），這應是服務行業服務理念最基礎的構成。

餐廳透過載體宣傳、遊戲活動、榜樣示範、制度貫徹等方法，將服務理念加以推廣，使之成為員工的服務指南。

在構建服務理念時，應明確：

■領導是服務理念的示範者

從某種意義上講，領導就是服務理念的化身，因此，在日常的工作中，各級管理人員要以身作則，切實體現服務理念的精華，以自己良好的形象推進下屬也成為服務理念的化身。

■制度是服務理念的具體化

餐廳應透過各項規章制度將抽象的服務理念通俗化、具體化，使之成為員工行為的指南，並注意制度的覆蓋面及可行性。

（三）推進CS策略

CS策略是顧客滿意策略，它要求餐廳透過全體員工的共同努力，

最大限度地滿足顧客，獲得顧客的支持。CS不同於原先的「顧客第一」觀念，它是一種以顧客為尊、顧客為始，以顧客為中心的顧客主導概念。它從顧客滿意的角度對餐廳的經營進行檢視和整合。在做法上，改變過去把顧客放在經營流程最後一環的做法，而是把顧客放在基礎、起點和中心的位置，標誌著餐廳由市場導向轉變為顧客需要導向。

餐廳推進CS策略，要求做到：

■強化服務意識

服務意識關係著服務水準和服務質量，它是餐廳長遠為顧客服務的態度和觀念，包括對服務的積極性、責任心等，它是餐廳構建服務文化的內容和前提。

強化服務意識，就要使全體員工意識到服務是立店之本，是餐廳的主要產品之一，積極引導員工進入服務角色，明白「我」是顧客的侍者和公僕；樹立聲譽意識、團隊意識、社會分工和顧客互換意識、來者都是客意識、一視同仁意識，把服務作為一種文化，長期不懈地用心去做，做活做好做紮實，不斷提升服務的文化品味。

■推行規範服務

餐廳要從顧客的需求出發，規範員工的每一個動作、每一種行為，並從定量、定時等角度將每一個單位的工作數量化，從而使餐廳定量價值分析的流程和行動得到系統的規範，保證餐廳行之有效的行為規範都在每一個員工與每一個單位上得到充分的體現。服務規範要簡潔、易記、易懂、易操作、易考核推廣，並成為員工的自覺行為，成為餐廳獨特的服務模式。

■提供超值服務

越值服務就是用愛心、誠心和耐心向顧客提供超越其心理期待（期望值）的、超越常規的、高附加價值的優質服務。餐廳應根據顧客需求和自身實際情況搞好服務定位，力求以獨特完善的服務來突出

自己的特色，使顧客得到眞正的實惠，提高顧客的信賴度和滿意度，贏得自己的生存空間。

通俗而言，超值服務就是「稍稍多一點」的服務。怎樣才能做到「稍稍多一點」應是餐廳研究的重點之一。餐廳不僅要向顧客提供穩定、廉價和標準化的服務，而且要努力提供滿足顧客特殊需求的服務；不僅向顧客提供和藹可親的文明服務，而且要有特色服務，同時還應提供知識服務。所謂知識服務就是以顧客爲中心，以服務方式向顧客介紹商品的使用、價値、特性、功效等知識，滿足顧客迫切希望了解商品內涵的要求，從而激發購買欲望，引導消費。

■實施服務創新

由於受消費口味的影響，餐飲產品生命週期一般都較短，餐廳要解放思想、更新觀念，以滿足顧客需求爲目標，不斷完善服務機制和服務功能。對顧客已開始認知的形象，要不斷改進完善拓展功能，使其消費更方便、更實惠，不斷提高形象的含金量。同時要著眼時代發展，努力創出深受顧客喜愛的新的服務產品，以滿足各層次顧客需求，逐步實現手段電子化和服務人情化，爲顧客提供高效的便利服務。

■提高服務藝術

餐廳要引導員工運用社會學、心理學、調研學、行爲學、公關學等知識總結服務經驗，收集服務訊息，分析顧客心理，研究服務規律，藝術地處理遇到的棘手問題和特殊問題，讓有可能成爲「冤家對頭」的顧客成爲親密的朋友、義務的宣傳員。

服務意識主要透過語言藝術和操作藝術表現出來。就語言藝術而言，要求服務人員掌握恰當的語音、語調、語速、語氣、語態、語句、語頓，在不同的場合做到言之有理、言之有據、言之有禮、言之有趣、言之有度。就操作藝術而言，所謂「熟能生巧」，要求餐廳培養高素質、高技術的員工隊伍。

(四) 強化內部協調

　　餐廳在機構設置、產品開發、活動內容等方面必須從過去的「以我為中心」的傳統觀念中解放出來，建立以市場為導向、以顧客為中心、以顧客滿意為目標的運作機制，並做好部門、單位之間的服務和協調，保證一線人員對顧客的服務承諾建立在紮實的基礎上，要教育管理並重、督導獎懲同步，把正面激勵和警示有機結合起來，透過開展內部公關等活動，協調部門關係。

　　總之，要樹立「服務就是稀有軟黃金」觀念，注重提高服務品質，在此基礎上創造服務差異，體現服務的「稀有性」。

三、服務差異化的內容

　　餐廳可根據顧客需求的變化，創設各種延伸服務，這些服務包括溫馨服務、安全服務、靈活服務、個性服務、排難服務、快速服務、備忘服務、承諾服務、感情服務、榮譽服務、信任服務等。

　　目前，國內外一些餐廳已在服務方面作出如下創新：

(一) 訊息餐廳

　　即餐廳向顧客提供各種訊息。廣州創辦了一家別開生面的「訊息酒家」，只要食客看中某條訊息後，可請服務人員即時推薦訊息提供者，供需雙方合一而坐，變「消閒餐」為「工作餐」。到訊息酒家來就餐的客人還可獲得一份資料剪報。該店從週一到週日，還推出不同的「訊息專題日」來吸引客人。

(二) 電腦餐廳

　　藉助於電腦向顧客提供方便。珠海市有一家使用電腦買菜的餐

廳，開業以來，生意格外興隆。客人到了餐廳以後，只要輕輕按動電腦鍵盤，電腦螢幕上就會顯示出任何正在供應的各種品種，你想吃什麼菜，只要在觸摸感應層摸一下，螢幕上立即顯示出這種菜的拼盤和價格等訊息，顧客付款後，電腦會自動通知廚房配菜。由於這新奇的經營服務招數，故此生意非常興隆。

（三）休閒餐廳

透過創造一種休閒氣氛，使餐飲消費成為休憩、娛樂、放鬆心情的過程。丹麥有一家餐廳，其特殊之處在於它的桌布是供顧客隨意塗鴉用的畫布，每一張桌子上，都鋪著大小不一的畫布，顧客可在上面根據自己的偏愛即興作畫，如果畫得好或是出自名家之手，餐廳還會將這些畫進行裱糊，掛在餐廳的牆壁上。沒有被選上掛在牆壁上的顧客，則可在餐後將自己的傑作帶回家，否則，店家可作處理。此舉為現代都市人提供了一個宣洩的空間，因此，受到現代人的青睞。

（四）旅遊餐廳

隨著旅遊的不斷升溫，旅遊也成為人們茶餘飯後討論的焦點問題之一。因此，可開設提供旅遊訊息、代辦旅遊活動的旅遊餐廳。在旅遊餐廳內，可布置大量的旅遊門票，使餐廳同時成為旅遊門票的收藏中心。

此外，以旅遊為主題的過客餐廳，除了具備餐廳的基本功能外，在這裡，顧客不僅可以訂閱國內外多種旅遊雜誌，得到不少戶外運動組織和俱樂部的訊息，還有定期戶外旅行講座，使顧客從中可學到一些知識。

（五）托嬰餐廳

世界各地出現的嬰兒餐廳就成為一個絕好的特殊的「嬰兒服務中

心」。「嬰兒酒家」在嬰兒身上煞費苦心，從小孩的吃喝玩樂到香甜入睡，營造的是一種溫馨的家庭氣氛，從小到大，由淺入深，不僅賺了小孩的錢，更掏了大人的腰包。

（六）文化餐廳

透過提供各種不同的文化滿足顧客日益擴大的精神需求，如書籍餐廳、烹飪餐廳、書法餐廳、音樂餐廳等異軍突起。

（七）健康餐廳

為顧客提供各種健康飲食及服務指南，如健身餐廳、綠色餐廳、素食餐廳等。

（八）特殊時段服務餐廳

在某些特殊時段為顧客提供特殊的服務。北京某家經營民族風味的大酒店，抓住「假日經濟」興起的商機，特地推出各種獨具少數民族風味的節日家宴、親朋團聚宴、生日宴、祝壽宴、年夜飯等項目。除夕之夜，還在酒店大廳新增設了大螢幕彩色電視，讓來不及回家過年的客人，也能欣賞到春節聯歡晚會節目。為了讓每一位顧客感到物有所值、稱心如意，它還推出了「每日兩道特價菜」、「每人一份免費水餃」、「每桌贈送香醇米酒」等酬賓活動。曾經有一位台灣的客人半夜打電話要品嚐酒店的風味菜餚，老板連夜親自開車送到賓館，讓這位台商感嘆不已。

（九）愛心餐廳

餐廳對某些特殊客人（如有難客人、殘疾朋友）提供愛心服務。在蘇州城東南一條古色古香的大街上，有一家新開業的酒樓，名為「同心閣」酒家，門面上寫著四個大字「無聲服務」。原來，這家酒家

無論門口的迎賓先生還是餐廳的服務小姐，清一色是聾啞人。其廣告語也很妙，一條是「一個沒有吵架的地方」，另一條是「永遠看您的臉色行事」。

第四節　差異化變量之三：服務過程差異分析

消費不同的產品，顧客會獲得不同的效用，以不同的消費過程來消費同一種產品，顧客也可以獲得不同的滿足程度。差異化策略的宗旨是透過為顧客提供獨特價值來增加產品特色，從而吸引和保留顧客。既然消費過程的不同會影響顧客消費的價值獲取量，那麼，餐廳有責任也有必要改善顧客的消費過程，並把此作為餐廳尋求差異化競爭優勢的重要變量。

我國餐廳在尋求差異化競爭優勢時，呈現出過分依賴產品本身差異化的弱點，它們僅僅從有形產品或市場行為的角度看待經營的差異性，而看不到消費過程中任何一處都有可能產生經營差異性。有些餐廳甚至把差異化等同於產品創新，而對顧客追求消費過程差異化的渴望視若無睹。這種割裂產品差異化與消費過程差異化的「一點論」思維模式，無疑使餐廳喪失了大量差異化競爭優勢的來源，也使身處成熟產業的企業，面對高度標準化的產品，對差異化策略的實施，感到無所適從。

一、過程差異化內涵分析

美國著名的管理學家、哈佛商學院教授波特在定義差異化時做了以下論述：如果一個企業能為顧客提供一些具有獨特性的東西，並且這些獨特性能為買方所發現和接受。那麼，這個企業就獲得了差異化

競爭優勢。如果企業獲得的產品溢價超出爲差異化而追加的費用，那麼差異化就會爲企業獲得出色的業績。

對這個定義進行認眞分析就會發現：差異化不僅局限於產品差異化，它還應包含過程差異化的內容；不僅局限於有形產品，還起源於企業的全部活動。

第一，差異化的內容包含過程差異化。波特教授在定義差異化時，用意義極爲廣泛的具有獨特性的「東西」來代替「產品」加以描述，其眞正目的，就是避免人們將差異化理解爲狹義意義上的產品差異化，而忽略了過程差異化的突出貢獻。

第二，差異化優勢的時間途徑包括過程差異化。波特教授在《競爭優勢》一書中多次強調了「價值鏈上的任何一種價值活動都是差異化優勢的潛在來源」，他認爲企業的競爭優勢來源於企業在設計、生產、營銷、交易等過程以及其他一些輔助過程中所進行的所有活動。因此，餐廳尋求差異化競爭優勢的努力不僅針對產品本身，而且要針對與顧客的整個消費過程相聯繫的一切活動來進行，如售前指導、售中服務、售後跟蹤等。

第三，差異化的目的是獲取產品溢價，而產品溢價可依賴過程差異化來實現。產品溢價的眞正涵義是實施差異化策略所帶來的所有收益，它不僅包括產品可高價出售，而且包括顧客忠實度的提高和更爲有利的市場地位等多重內容。所以，從顧客角度出發，產品溢價可理解爲產品在顧客心目中的價位有所提高。過程差異化策略透過幫助顧客克服在消費過程中所遇到的障礙，激發顧客對本產品的好感，從而提升產品價位。

第四，過程差異化是指在市場導向原則指導下，企業把顧客與企業發生聯繫的整個活動過程作爲尋求差異化的領域，在不改變產品或服務本身的情況下，對產品或服務的提供過程重新認識、重新評價，把滿足顧客在消費過程中所表現出來的個性需求作爲獲取差異化優勢

的途徑。它強調過程對市場的適應性，對企業全方位獲取差異化競爭優勢具有重要的策略意義。

二、實施過程差異化策略的意義

產品差異化策略是指透過改進功能和樹立形象等手段，增加產品的特色，而過程差異化是把顧客與產品發生聯繫的整個活動過程作為尋求差異化的領域，把滿足顧客在消費過程中所表現出來的個性需求作為獲取差異化優勢的途徑。同產品差異化相比較，過程差異化更具有直接現實性和普遍適用性，它對餐廳全方位獲取差異化競爭優勢具有重要的策略意義。

（一）有利於擴充差異化領域

隨著產業的不斷成熟和發展，產品越來越趨於同質性和標準化，產品差異化的空間會日漸狹小，餐廳尋求差異化優勢的工作會更多地依賴過程差異化來完成。置身於較為成熟行業的餐飲企業，其產品在質量和功能上已經不相上下，餐廳尋求差異化優勢的工作只能超越產品的範圍，透過對顧客消費行為模式的深入研究，設法改善顧客的消費活動來滿足顧客的個性化需求，使本餐廳在顧客心目中獨具個性。洛杉磯的一家餐廳在多年的調查中發現，隨著生活節奏的加快，顧客在消費過程中更希望用餐的過程同時也變成人際交往的過程、享受生活的過程、娛樂休閒的過程，甚至是冒險的過程。因此，它將餐廳設計成海底主題餐廳，在高能環境下為客人提供美味的海鮮三明治，讓客人感受海底冒險的經歷。

（二）為產品差異化策略提供市場訊息

實施消費過程差異化策略的第一步是系統分析顧客消費過程。這

是一重新認識顧客的工作，其間會發現顧客大量的潛在需求，從而為產品差異化指明了方向。如一些餐廳發現，越來越多的客人在餐廳用餐是為追求某種特殊的經歷。顧客需要更方便、更優質、具有更高價值的產品和服務，基於這個發現，就可推出外帶飯盒、外送服務等服務內容。

（三）是產品差異化策略的有益補充

產品差異化策略離不開過程差異化策略的有效支持，過程差異化策略的有效實施，能夠促進和強化產品本身所具有的獨特性，故成功的差異化策略必須同時包括產品差異化和過程差異化兩個方面的內容。如兒童餐廳的成功，依賴產品差異的同時，也因為推出了許多基於消費過程的差異化，如考慮兒童好動、好奇、單純的心理，餐廳意識到：當餐廳為小顧客在準備飯菜時，不要讓小孩閒著或乾等，讓他們看圖做遊戲，服務必須快捷，並且在服務過程中要注重安全意識、衛生意識，多上餐巾紙、多照顧兒童。

三、過程差異化策略的實施方法

實施過程差異化策略，首先要認識顧客消費過程，即對組成消費過程的消費活動予以鑑別；其次是要對消費過程進行系統分析，不僅要對每項消費活動發生的地點、時間、人員構成和活動現狀進行分析，而且還要深入理解顧客是否具有改變活動現狀的需求和改變活動現狀的趨勢方向；最後要透過積極調整餐廳內部的價值活動，幫助顧客改善消費活動，使其在時間、地點、價格和方式等方面更為適合顧客的需要。

（一）認識顧客消費過程

顧客對某一產品的消費過程表現為一系列先後有序的消費活動。認識消費過程的實質就是鑑別組成消費過程的各項消費活動。不同產品涉及的消費活動有所差異，即使是相同的產品，也會因為不同的顧客和不同的時機而可能呈現出不同的消費活動。所以，列舉出所有的普遍適用的消費活動是不現實的，但有些消費活動是顧客在消費大多數產品時所不可避免的，我們將這些有代表性的消費活動羅列如下：

1. 識別和確認需求：在內外刺激要素的作用下，顧客會意識到現實與期望的差距，進而產生不滿足感和改變現狀的需要。
2. 獲取產品訊息：顧客確認自身具有某種需求以後，就會千方百計地搜尋相關的訊息。
3. 備選產品評估：顧客根據所獲得的商品訊息和已有的消費知識和經驗，對相關產品進行分析、比較、評價和選擇。
4. 預訂：經過雙方協商，顧客以書面協議或口頭協議的形式做出特定條件下的購買承諾，如宴會預訂。
5. 入座。
6. 點菜。
7. 等待上餐食。
8. 消費品嚐。
9. 付款：顧客以現金或支票等形式支付所需要的費用。
10. 餐後感覺評價。

（二）系統分析顧客消費過程

顧客在完成消費過程中任何一項消費活動時，都可能會遇到這樣或那樣的障礙，分析顧客消費過程的目的就在於發現這些障礙，並提

出幫助顧客改善消費活動的設想。

　　分析消費過程的結果是集體智慧的結晶，通常採取「圓桌會議」的形式來進行。其具體運作方式是把一些發散性思維能力較強的人集合在一起，用「腦力激盪法」來激發他們的靈感和想像力，以事先設計好的問題來保障活動的目的性和效率。顧客時時刻刻都在和人、地點、場合和活動發生著聯繫，這些聯繫決定著顧客對產品和服務水平的評價和感覺。故提問也圍繞著這些聯繫來展開，提問的對象是消費過程中的每一項消費活動和它們之間的聯繫：

■關於產品的提問

　　顧客在進行各項消費活動時，受產品哪些特性的影響？顧客對這些影響重視嗎？如果是負面影響，應如何改進？

■關於行為的提問

　　顧客在從事該項消費活動時，他們都做哪些工作？他們還希望做哪些工作？他們不希望做哪些工作？他們會遇到障礙（包括那些與本餐廳產品無直接關聯的問題）嗎？如果有，餐廳做哪些工作才能幫助他們？

■關於地點的提問

　　顧客在從事該項消費活動時，他們所處的地理位置如何？除了現在的地點之外，他們還可能在哪裡？他們最希望在哪裡？餐廳能協助他們使其處於自己最喜歡的地點嗎？

■關於人員的提問

　　顧客在從事該項消費活動時，他們和哪些人在一起？哪些人對顧客有影響？他們的影響重要嗎？如果餐廳能控制的話，應該安排哪些人和顧客在一起？應該讓哪些人採取何種舉措來促銷餐廳的產品呢？

■關於時間的提問

　　顧客從事該項消費活動的時間（時間要力求具體）如何？這種時間安排會對顧客帶來一些麻煩嗎？他們希望在何時進行該項消費活

動？餐廳能採取幫助他們的舉措嗎？

■關於活動之間的聯繫的提問

顧客對現在的活動順序滿意嗎？顧客希望的活動順序如何呢？顧客有希望避免或希望增加的消費活動嗎？如果有，餐廳能助他們一臂之力嗎？

（三）尋求服務關鍵時刻

所謂關鍵時刻即指顧客與餐廳接觸時能決定顧客滿意程度的關鍵點。餐廳在服務過程中要注意區分顧客的各種關鍵時刻。這些關鍵時刻包括：

■買與不買的關鍵時刻

顧客在做出是否採取購買行為時，實際上是一個心理鬥爭過程，這種心理鬥爭過程中一般受服務環境尤其是門面的影響。

■進行價值評價的關鍵時刻

所有顧客在採取購買行為之前，都會對所要購買的產品和服務做出價值評價，即使價格便宜，但若未能讓顧客感受到物有所值，顧客同樣也不會購買，若產品很好，但顧客在此有過不愉快的經歷，顧客也會避免購買。價值評價的關鍵時刻受有形產品和無形服務的雙重影響，很多時候，後者的影響會更大。

■決定重複購買的關鍵時刻

決定重複購買的關鍵因素在於顧客在此是否有過愉快的消費經歷，也取決於餐廳在主要客源中的口碑。

■回饋的關鍵時刻

餐廳應重視蒐集顧客的回饋訊息，尤其是顧客意見和建議。

■出現糾紛的關鍵時刻

餐飲服務過程往往會受一些意外因素的干擾，當出現糾紛時，餐廳應重視顧客的投訴，以積極的態度做好投訴處理工作，並進行追蹤

調研。

（四）改善顧客消費過程

透過對顧客消費過程的系統分析，餐廳對顧客在消費過程中所遇到的障礙和表現出的需求有了一個全面的理解，下一步工作就是透過調整自身價值活動來改善顧客的消費活動。改善的方式不外乎以下幾種：

■代替顧客進行某項消費活動

顧客的消費過程有較大的不可預知性，如家庭消費中，小孩可能會突發奇想，需要某種特殊的食品或玩具，在可能的情況下，餐廳可代為購買。

■降低某項消費活動的難度

有些消費活動的難度超過了顧客的現有能力，餐廳若能降低它們的難度，使之與顧客的自身能力相符，將給顧客帶來極大的方便。如經濟型婚宴的推出，使得婚宴市場走向平民化，它以「包套」的服務方式，極大地方便了顧客。

■幫助顧客完成某項消費活動

顧客在完成某項消費活動時，可能會遇到一些困難，他們希望得到幫助。如對於一些餐飲消費經驗不足的顧客而言，宴請時點菜是一件非常棘手的事情，餐廳可根據顧客的付費要求和消費偏好，向顧客推薦葷素搭配合理、營養搭配平衡的科學菜單。如養脂秋火雞公司在感恩節期間開設了二十四小時的服務熱線，專門解答顧客在烹飪過程中遇到的問題，幫助顧客順利完成消費。

■改善顧客完成某項消費活動的時間

主要是指合理安排營業時間，方便顧客在不同時間段的消費。週末的宵夜、早午餐等都在一定的時間段滿足顧客的需求。

■改善顧客完成某項消費活動的地點

　　對於有些消費活動，其活動地點的不適會給顧客帶來諸多的不便，因此餐廳選址要愼重，內部布局要合理。

■改善顧客完成某項消費活動的人員構成

　　任何一項消費活動都是由人來完成的，某項消費活動的人員構成會影響顧客對活動的總體感覺，餐廳的任務就是確定可控制人員的最佳參與人數和參與程度。

第五節　差異化變量之四：人員差異分析

　　在現代社會中，科技的進步使得許多領域實現了電子化、自動化、無人化。但對服務行業而言，人的重要性反而比以前更大，人的服務的價值不斷上升。雖然電腦可以解決許多問題，但電腦不能代替一切。可以想像一下這樣的全技術餐廳：包括服務人員全都是機器人，進了這家餐廳，全套服務都是電子的，到處見不到一個人。在這個電子的、機器的世界裡，顧客會感覺到自己非常孤獨，因爲人們更追求人和人面對面服務的感覺。從這個角度來講。技術無論怎麼發展也無法全部替代人的服務。當然，如果僅僅是爲了求新而開這樣一個餐廳，在技術允許的情況下完全是可能的。

一、人員差異化內涵分析

　　人員差異化就是餐廳透過培養、僱用比競爭對手更優秀的員工來贏得強大的競爭優勢。尤其是在「人才就是資本」的知識社會中，高素質的人員更是餐廳的生存和發展的重要資本。餐廳在發展過程中，應注重特色人才的培養和發展。如富有創意的「營銷人員」、技術嫻

熟的廚師、國際型、文化型的職業管理人員等，無一不體現了餐廳的優越地位。

　　人員差異化主要透過員工的綜合素質綜合表現出來。因此，餐廳的工作人員應具備合理的知識結構。主題餐廳從業人員的知識結構如圖3-5所示。

二、人員差異化途徑

　　在知識經濟時代，追求以知識爲本錢的「知本家」成爲各大餐廳的首要任務。對於餐廳而言，一支訓練有素的職工隊伍（包括熟練的服務人員、優秀的廚師、傑出的管理人才）對餐廳尤爲重要。因爲隨著競爭的加劇，各個餐廳之間在硬體上的競爭已難分伯仲，競爭的中

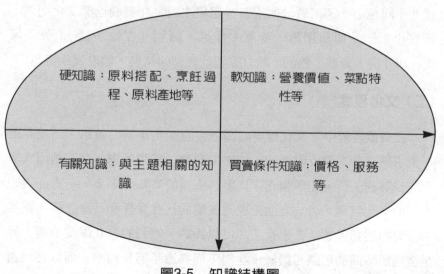

硬知識：原料搭配、烹飪過程、原料產地等

軟知識：營養價值、菜點特性等

有關知識：與主題相關的知識

買賣條件知識：價格、服務等

圖3-5　知識結構圖

心開始轉移到各類「特色人才」上。而主題餐廳對從業人員的要求更高，它要求從業人員除了掌握餐廳服務的基本技巧之外，還要精通主題內涵，面對專業化的、高素質的顧客，能應付自如。因此，餐廳要注重人員差異化的重要性。

人員差異可從以下幾個方面著手塑造：

(一) 外貌特徵

餐廳可透過人的外貌特徵體現差異。1998年越南一家雙胞胎餐廳由十一對雙胞胎擔任服務員，在形象上別具一格，引起轟動。而「阿公阿婆」餐廳的工作人員則是上了年紀的「阿公阿婆」，倒也別出心裁。許多餐廳在招聘員工時，通常都對身高、年齡、體態等有嚴格的標準，但不能「重外表輕內在」，更要重視員工綜合素質。

許多時候，餐廳更可藉助服裝體現從業人員形象，藉助不同款式、不同色彩、不同質地的服裝，體現主題。在美國西部文化吧內，迎賓小姐一致傳統服飾，身著牛仔裝，腰別「左輪手槍」，英姿颯爽，而「展示餐廳」內的小姐宜穿質地輕薄的裙裝，體現民族特色。

(二) 文化程度

在餐飲經營中，文化程度的高低也能產生不同的效用，而並非單一要求高文化。高校附近的一些學生餐廳、文教餐廳，有的聘用大學生作為服務人員，此舉強化了其服務人員的高知識形象，一方面表明本店的文化氛圍，另一方面則表明餐廳的社會責任和社會意識。而某家餐廳的服務員卻是失業女工。可以斷言，她們的文化程度不高，但是經過短時間的培訓和鍛鍊，她們不僅熟悉了服務內容，而且在溝通上顯示出了親切隨和的特色，使客人感受到溫馨的服務。

（三）服務技能

員工服務技能是指餐廳工作人員在不同的時間、不同的地點，對不同的顧客提供服務時所體現出來的靈活性和適應性。服務技能在很大程度上得益於後天的培養和訓練。因此，對於一家餐廳而言，關鍵的問題還在於如何強化服務水準。餐廳可根據本店的定位特色，制定一套行之有效的服務規範和操作標準，以此作為服務指南，提高員工的服務技能。這套服務指南須涵蓋餐廳服務的各個方面，如服務心理準備、服務語言的運用、服務態度的掌握、服務原則的認知、服務技巧的設計等。

（四）服務效率

服務效率指餐廳工作人員在服務過程中工作節奏的快慢，它體現了餐廳工作人員時間概念的強弱。值得注意的是，服務效率不僅指快速服務，還強調適時適宜，在顧客最需要的時候即時提供各類服務。餐廳可透過量化的概念指標來體現本餐廳的服務效率。

（五）溝通能力

員工的溝通能力就是員工與顧客進行思想溝通的能力。在餐飲服務中，思想溝通交流是一項至關重要的待客技巧，員工可藉助口頭語言、動作語言、表情語言、情緒語言等與顧客進行溝通。如客人點菜時，服務人員如果能用和朋友交談的口吻來應答，客人就不會感受到拘束。客人離店時，提醒老年顧客：「有沒有忘記東西呀？」會使客人感到高興。

（六）禮貌禮儀

禮貌是文明行為的基本要求，是人際交往中相互表示尊重和友好

的行為規範。它透過人的儀表、儀容、儀態以及語言和動作體現出來。儀容等是個人形象的外顯部分，它直接作用人的感覺。而儀態則是個人形象的動態體現，餐飲從業人員的坐立行走都應符合基本的審美要求。而禮儀則是一個區域內人們交往所認同的準則和行為規範。

現代社會中，禮貌禮儀也可創造價值和利潤，成為現代生產力的一部分，尤其是服務行業，工作人員直接對客服務，禮貌禮儀直接影響客人的滿意程度。

（七）精神風貌

精神風貌是員工內在綜合素質的集中體現。餐廳可根據不同的條件，規定員工應必備的精神風貌。如肯德基、麥當勞等速食店，要求員工時刻保持旺盛的精力，隨時向每一位進店的顧客大聲問好，而一些比較雅致的餐廳完全可制定出另一種精神風貌要求。

三、強化員工形象

員工形象的好壞取決於培訓、考核、激勵等環節：

（一）制定和實施員工培訓計畫

為使每位員工都能勝任其「工作角色」，餐廳要重視培訓工作。由於餐廳工作人員流動性相對較大，餐廳必須不斷地補充流失人員，這就要求餐廳應建立相應的培訓機制以確保餐廳人力資源的持續供給，同時，在餐廳發展過程中，還要對員工進行持續培訓，以適應餐廳發展和環境變化。因此，餐廳要制定一個科學的培訓計畫，體現培訓工作的連續性和系統性。

■培訓的時間計畫

一般，在餐廳開業前必須對所有的從業人員進行系統的培訓和鍛

錬，尤其是餐廳管理人員的培訓要求應更高。值得強調的是，無論有無餐廳服務經驗，郁要接受職前培訓。在日常的營運過程中，還應視具體情況展開各種在職培訓工作，全面提升員工素質。

■培訓方式的選擇

　　培訓方式的選擇相對比較靈活。一般職前培訓宜採用先集中後分散的培訓方式，可聘請一些外來的專家教授集中講授有關服務的基本常識。而在餐廳營運過程中，則可採用班組學習的方式，對工作中的具體案例進行分析，強化服務規範。

　　一般，國際上常用的培訓方式可分成四種：即te11 you（講授）、show you（示範）、fo11ow me（模仿）、check you（糾正）。

■培訓內容的確定

　　培訓內容的確定應科學、準確，一般，可透過分析顧客投訴及員工需求調研等方式，發現培訓的焦點。因此，餐廳應建立訪問制度，徵求客人和員工的意見和建議，找準經營過程中的薄弱環節，如觀念意識、溝通能力、應變能力、營銷能力、專業操作等方面，據此確定培訓內容。

　　主題餐廳應注重在員工中透過持續培訓，強化員工的主題意識，豐富員工的主題知識。

■培訓責任的落實

　　培訓應由專人負責，並且培訓工作應能得到餐廳老板的重視。

（二）考核和檢查員工日常表現

　　在日常經營管理過程中，餐廳應強化對員工的考核。這種考核可採用不同的方式進行：

■顯性考核

　　主要由管理員透過巡查等方式考核其表現，帶有一定的直接性。

■隱性考核（即神秘顧客考核）

即由經過培訓的特殊顧客對餐廳的有關人員和服務品質進行考核，也就是暗訪，採用這種方式所獲得的訊息往往更準確，更切中要害。

（三）培養和造就名牌員工

餐廳應樹立「以人爲中心，注重感情投資」的思想，從以下五方面著手培養名牌員工：

■了解員工

餐廳要像對待外部顧客那樣，時刻重視收集來自員工方面的諸多訊息，如員工的困難、意見、建議、呼聲、反映的焦點等，並提供相應的解決方式予以滿足。可參照**表3-3**中的諸多指標來綜合了解員工。

■尊重員工

尊重員工的內核是貫徹人與人之間的平等相處原則。日本商界奇才松下幸之助提出的「替員工端上一杯茶」精神就是尊重員工的精華所在。

尊重員工更多地體現在動態的管理過程中：在管理時用啓發、誘導來代替命令、強制，用信任、鼓勵來代替監督、懲罰，用柔性的、感情色彩濃厚的語言來代替剛性的、衙門式的語言。在制定工作目標和工作計畫時，應反映員工的意志和願望，不要簡單地把員工個人合理的需要和向組織討價還價等同起來。

■關心員工

餐廳應建立員工檔案庫，據此，從細微的生活細節上關心員工。如員工過生日，可以以總經理的名義，送上生日蛋糕和生日卡；建立員工度假村；設立「員工日」，在這一天爲員工提供特別的服務；關心員工的福利以及個人發展的情況等。

在關心員工時，還要關心員工的家屬。作爲員工的「大後方」或

表3-3　員工滿意指標體系

自我實現 滿意指標	1.決策參與 3.工作挑戰性 5.獲得培訓機會	2.提案 4.發揮個人專長
尊重 滿意指標	1.地位、名分 3.薪水等級 5.獎勵	2.責任權利 4.晉升 6.企業認同感
社交 滿意指標	1.協調制度 3.娛樂 5.人際關係	2.團體活動 4.教育訓練
安全 滿意指標	1.就業保障 3.意外保險 5.勞動防護	2.退休養老保障 4.健康保障 6.生活穩定
生理 滿意指標	1.薪資待遇 3.工作時間 5.福利保障	2.醫療保險 4.住宅設施 6.工作環境

是「大本營」，員工家屬的支持對調動員工的工作積極性可謂是功不可沒。餐廳可以透過送「禮物」的方式來關心員工家屬。這些「禮物」包括：

1.榮譽：如組織評選最佳員工家屬（如最佳婆婆、最佳太太等）。

2.美滿：如及時解決員工家庭糾紛。

3.信任：如徵求員工家屬對企業方針、政策的意見和建議。

4.實惠：如解決小孩託育、上學或居住等實際問題。

5.歡樂：如邀請員工家屬參加聯歡等娛樂活動。

6.理解：如主管登門拜訪等。

■發展員工

餐廳應樹立「員工就是資源」的前瞻性觀點，重視員工培訓，讓

員工獲得發展的機會，透過開展形式多樣的培訓來發展員工，擴充員工的知識含量。在培訓時，注意處理好以下關係：

1.精神培訓和技術培訓相結合。
2.業務培訓與具體培訓相結合。
3.內部培訓與外部培訓相結合。
4.基礎培訓與專題培訓相結合。
5.自我培訓與組織培訓相結合。

條件許可，可成立培訓員俱樂部，並在員工中倡導一種「我要培訓」的觀念，在每個員工獲得發展的基礎上，提高員工的整體素質。

■激勵員工

在各種激勵理論的指導下，餐廳應採用各種激勵措施，從正向和負向兩個方面來充分調動員工的積極性。正向激勵就是透過適當的獎勵和表揚來激發員工的責任感、光榮感和成就感；負向激勵就是透過適當的懲罰和批評來矯正員工的不良行為，強化其角色意識，敦促其樹立較強的責任感和成就感。常採用的激勵方式有：

• **目標激勵**。透過確定可分解的、可達成的、並具有一定挑戰性的目標，作為員工奮鬥的方向，充分調動員工的積極性。

• **支持激勵**。當員工遇到困難或被別人誤解時，主管應給予理解和強有力的心理支持，幫助員工度過困難。服務行業是一個特殊的行業，在工作中，角色要求員工堅持「顧客永遠是對的」、「顧客永遠是上帝」，而顧客的素質參差不齊，員工難免會受到委屈，這種時候更需要主管的支持。

• **強化激勵**。對已經表現出工作積極性的員工給予物質或精神的鼓勵，表明主管看到了員工的成就，透過肯定的方式來激勵員工再接再厲，爭取更上一層樓。

• **榜樣激勵**。利用社會上、行業內或飯店內的典型人物、先進人

物作示範，使員工「見賢思齊」，發揮榜樣的號召作用。注意要選對典型，「典型」應該是來自實際，應該是可學的，各級主管就是很貼近普通員工生活的榜樣。

• 物質激勵。餐廳應確定相應的報酬支付水平，這個水平必須體現出每個工作人員相應做出的成績、工作性質和職務水平。同時，還要與餐廳所在地的勞動力市場、餐飲業整體薪資水平持平甚至是略高，並制定科學的報酬支付方法。餐廳可確定一個「薪水＋獎金」的報酬支付機制。薪水僅僅是指付給餐廳工作人員的固定工資。這種形式沒有風險，收入穩定，也沒有工作的壓力，可以增強工作人員的安全感。但由於工資固定，與營業額的大小無直接關係，因而不能有效地激發員工的工作積極性，所以，需要獎金來彌補這一缺陷，獎金是刺激員工工作熱情、提高其工作積極性的有效方法。

培養名牌員工的關鍵是餐廳在日常的經營管理中應採用一種倒金字塔形的運作模式，把內部顧客即員工作為工作的關鍵點，在企業內部實施民主管理，防止官僚主義。

第六節　差異化變量之五：市場差異分析

餐廳經營成敗的關鍵在於餐廳產品和服務能否在市場上經受考驗，站穩腳跟，並引發顧客的好感。因此，餐廳產品和服務在市場上所表現出來的一切就構成了市場差異。

市場差異指由具體的市場操作因素而生成的差異，大體包括價格差異化、售後服務差異化、促銷差異化等。

一、價格差異化

價格是餐廳營銷中最活躍的因素之一,在營銷中大有文章可做:

(一)定價高低差異化

餐廳可根據產品的市場定位、餐廳的實力、產品生命週期等因素,確定餐廳是選擇高價格策略,還是選擇低價位策略,抑或採用中間策略。如馬克西姆餐廳始終以高價位立足世界餐飲市場,給人物有所值之感;而一些速食店則以低價入市,同樣也旗開得勝,因此,價位的高低是價格差異化的內涵之一。

(二)定價方式差異化

餐廳還可透過定價方式來體現差異性。如一些餐廳推出的分時分段計價方式就是根據不同的情況,靈活地調節價格,真正讓顧客物有所值。有的餐廳「下放」定價的主動權,提出「顧客用餐自己定價」,同樣也出奇制勝。

(三)價格表現差異化

餐廳還可透過價格的表現方式來體現差異。許多餐廳在菜單中,對海鮮食品大多以「時價」一言蔽之,常令顧客在結帳時大出所料,產生「挨宰」之感。而有的餐廳則透過詳細的明細帳單,以十分明顯的量化概念表現價格,增強了顧客對價格的預知性和信任感,體現「確保顧客透明消費」的特色魅力。

(四)價格彈性差異化

價格彈性是指在銷售產品或服務過程中是否具有一定的價格活動

區域。有的顧客喜歡定價，有的顧客則偏好在交易過程中議定價格，喜歡根據購買數量或金額獲得一定的價格折扣。因此，餐廳可利用價格彈性的大小來體現差異。

二、售後服務差異化

由於餐廳產品具有生產和銷售同步性的特點，因此，一些餐廳認為在餐廳中不存在售後服務。事實上，售後服務是市場營銷的一個基本概念，餐廳應透過售後服務來突出差異。如一些餐廳提供餐後打包服務、泡茶服務，建立了VIP回訪制度、投訴客人追蹤調查制度等，目的是提供良好的售後服務，突出差異。

三、促銷方式差異化

促銷的本質是傳遞產品或服務訊息。餐廳可透過發放優惠券、折扣券、摸獎抽獎、遊戲、發放贈品等方式體現促銷上的靈活性和差異性。

主題餐廳可藉助開展各種主題活動體現主題特色。如著力再現三〇年代上海市井風情典型的「老客滿」，曾在除夕之日舉辦了「新千年懷舊節」，在店內出售棉花糖、芝麻糊、柴擔餛飩等民間食品，並組織民間藝人進行剪紙表演、捏泥人表演、賣唱表演、評彈表演等，透過這一系列主題鮮明的活動，強化了「老客滿」的懷舊特色。而提供婚宴產品時，可附加各種「喜氣」活動以增加產品的「含金量」，如奉送婚慶蛋糕，免費提供新人化妝更衣室、休息室、贈送鮮花、胸花，用紅地毯接迎新人，樂隊奏樂；提供精美的歡迎簿、簽到簿或嘉賓題名錄；有些婚宴等級高的客人，可以爲其提供豪華花車連司機接送服務；爲客製作大紅喜字、婚宴請柬、婚慶橫幅；附送底片、相

簿、花籃；還可以爲有需要的客人提供司儀或禮賓接待服務，爲其製作錄影帶或VCD等等。總之，一切以新人出發，爲他們提供方便且獨特的服務，讓他們在這一天中留下無比美好的回憶。

第七節　差異化實施要點

落實差異化策略並非簡單行爲，許多主題餐廳「差異點」尋求得不錯，但由於落實不力，導致「差異優勢」的弱化。爲確保「差異優勢」，餐廳要實施差異化策略時，應考慮如下實施要點：

一、需求導向

餐廳在實施差異化策略時，應把客人的需求作爲工作的起點和終點，從需求出發對餐廳產品進行設計和改善。餐廳應強化市場調查，既要掌握客人共性的、基本的需求，又要分析研究不同客人的個性需求；既要注意客人的靜態需求，又要在服務過程中隨時注意觀察客人的動態需求；既要把握客人的顯性需求，又要努力發現客人的隱性需求；既要滿足客人的當前需求，又要挖掘客人的潛在需求。餐廳尤其是要掌握大量的潛在需求，可以預見，未來顧客的需求焦點將集中在健身化、休閒化、自然化、效率化、知識化、青春化等方面。

這就要求餐廳首先把科學、縝密的市場調查、市場細分和市場定位作爲基礎。這是因爲市場調查、市場細分和市場定位能夠爲餐廳決策者提供顧客在物質需要和精神需要方面的差異，準確把握「顧客需要是什麼」，在此基礎上，分析滿足顧客差異需要的條件，要根據餐廳現實和未來的內外狀況，研究是否具有相應的實力，目的是明確「本餐廳能爲顧客提供什麼」這一主題。

二、動態均衡

隨著餐廳內外經營環境的變化，隨著社會經濟和科學技術的發展，顧客的需要也會隨之發生改變，同時，競爭對手也在不斷變化，在價格、廣告、售後服務等方面，很容易被那些實施跟進策略的餐廳模仿。可見，任何差異都不會永久保持，今天的差異化會變成明天的一般化、標準化。因此，要想使本餐廳的差異化策略成為長效藥，出路只有不斷創新。

差異化營銷理念的落實應是一個動態發展、循環提高的過程。餐廳要透過不斷創新去適應顧客需要的變化，用創新去戰勝對手的「跟進」。一旦差異化被模仿，成為標準化產品，就應開始探索、開發第二代差異化產品，如此不斷循環，從差異化到標準化，再到更高層次的差異化，形成餐廳創新循環。

三、系統操作

依靠某一差異化變量單兵作戰是實施差異化策略之大忌，差異化策略強調系統操作。差異化策略是一個系統，以上談到的各種差異化策略只是在研究問題中的人為分類。在具體操作中，經營者要根據行業內競爭態勢、餐廳產品的生命週期、產品類型實施相應的差異化策略，要使差異化形成一個系統，全面實施。

實施產品差異化，要為顧客提供獨具一格的產品，為對手所不能為，惠中而秀外，還應該從包裝到產品的宣傳都顯示出明顯的差異，在顧客中建立難以忘懷的形象。值得提出的是，任何一種差異化策略的實施都要付出一定的代價，但只要能順利達到預想的差異化效果，或者能為餐廳帶來長遠的利益，這種選擇就是值得的。

餐廳要根據餐廳實力、行業競爭態勢、產品生命週期等因素，選擇被行業內諸多顧客視爲重要的一種或多種特質以滿足客戶的要求，尋求差異化最佳營銷組合，使差異化形成一個系統，發揮規模效應。

四、全程管理

　　差異化策略的落實有賴於嚴格的全程調控。餐廳首先要很好地考慮差異化與成本之間的關係。因爲餐廳所創造的每一種差異在爲顧客增加利益的同時，也增加了餐廳的成本，因此，差異化營銷的成本一般較高。當採取低成本策略的產品價格大大低於差異化策略的產品成本，顧客可能看中價格，而對差異化興趣減退，這樣，餐廳就應在差異化和成本之間尋求一個均衡點，不能盲目地擴大差異化程度。當差異化程度的擴大導致成本的大幅度上升，並且給競爭對手留下「攻擊目標」時，餐廳就不能擴大差異化。在差異化的每個環節，要儘量節約成本。

　　同時，要重視顧客需求管理，準確判斷需求的不同狀態，推出不同的差異化營銷戰術。只有透過顧客的回饋，決策者才能準確地判定是保持、強化還是調整自己實施的營銷策略。國內有些餐廳往往習慣運用自己的銷售管道來收集訊息，不善於直接從顧客那裡獲取，有的寧願揮金如土、漫無目標做廣告，而不願意花小錢從顧客那裡獲取營銷效果的回饋。

五、攻心爲上

　　在現代社會中，由於人們基本生理需求已被滿足，社會正從「腸子」經濟前進到「精神」經濟（托夫勒，1996），因此，精神因素正成爲產品和服務的重要附加價值。腸子的容量是有限的，而人們的精

神追求是無限的。因此，外延豐富的顧客精神需要為餐廳增加差異性提供了廣闊的空間。餐廳在尋求差異時，可從顧客廣闊的精神需求著手尋求差異優勢。如未來顧客的精神消費需求主要表現為新奇型消費、炫耀性消費、個性化消費、創造性消費、自選性消費、健康型消費、青春化消費等。

綜上所述可知，差異化策略是餐廳面對成熟的市場和成熟的消費對象而做出的一種明智抉擇，它的順利實施需要諸多支持因素的配合。在操作時，還應注重考慮顧客的需求、競爭對手的營銷策略，並透過動態的系統控制使各個差異化變量有機組合，最終使餐廳得到顧客的認可並就此建立忠誠。「鶴立雞群」是其追逐的目標，成功與否的最高標準是得到顧客的認可。

第四章

科學化管理：主題餐廳發展的根基

當餐廳找到中意的差異點作爲主題的源頭後，應將工作的重心轉移到如何透過嚴格管理維護餐廳的主題形象，光大餐廳的主題形象。由於餐飲產品具有非常明顯的非專利性，因此，對於餐廳而言，保持形象的鮮明性和獨特性就成爲主題能否長久的關鍵，主題形象是「曇花一現」還是「細水長流」，取決於管理的科學化程度。

　　一般，餐廳應做好市場定位管理、客源管理、區位管理、賣場管理、店面廣告管理和成本管理。

第一節　市場定位管理

　　準確的市場定位是主題餐廳立足市場的重要前提，它以探究顧客心理、分析競爭對手爲研究重點，在此基礎上確定主題。市場定位的主要目的有二：一是把本餐廳與競爭者區別開來，排除干擾，獨樹一幟；二是觸動顧客的心靈，在顧客的心目中烙上深刻印記，使顧客購買這類產品時，能把本餐廳作爲上乘的選擇。

一、市場定位的必要性分析

　　定位，簡單地說，就是餐廳找準產品或服務在顧客心目中的位置。定位的對象不是產品，而是針對潛在顧客的思想，要爲產品在潛在顧客的大腦中確定一個合適的位置。它要求首先從顧客出發，探求顧客心理的真實想法，了解他們的真正喜好，再將這種想法、喜好與餐廳或產品特色相結合，推出一個區別於其競爭對手的市場形象。

　　從競爭的角度來看，餐廳進行市場定位其實並不是想消耗太多的實力與競爭對手進行你死我活的商業戰，而是更注重讓餐廳的產品或服務進入、占據，並穩固地停留在顧客的心智之中，更注重本餐廳在

顧客心目中與競爭者的相對排位，更注重培養顧客的忠誠。

　　優勝劣汰，是市場競爭的基本法則，任何一個餐廳都不能游離於這個法則之外。可是，餐廳之間的競爭是不是非得你死我活？其實不然，定位的基本哲學就是：競爭並不是大家「你死我活」，而是可以共存共榮，因為餐廳各不相同，顧客各有所愛。在顧客的心中，餐廳各有一隅。在差異中求共存，這就是主題餐廳定位的初衷。

　　目前，餐飲市場上可供顧客選擇的餐廳讓人目不暇給，但，這些餐廳幾乎千篇一律，毫無特色可言。在這種情況下，顧客憑區位、憑新舊進行消費，哪裡最近哪裡吃，哪裡最新哪裡吃。因此，一些地理位置良好的餐廳占盡了區位的優勢，而一些新開的餐廳則因為人們求新心理而熱門一陣子。但是，缺乏特色，就等於缺乏競爭力，一旦再有新店亮相，「好奇」的顧客又會轉向他處。

　　那麼，如何在這個產品過剩的時代保持自己的市場地位呢？有人會說，可以做廣告。殊不知，我們現在正處在一個訊息爆炸的時代，無論餐廳使出何種法寶，作為一個顧客，周圍早已被形形色色的、紛繁複雜的廣告所充斥：打開電視機，鋪天蓋地都是廣告；開啟收音機，時時入耳的又是廣告；走在馬路上或乘坐在交通工具上，映入眼簾的滿是廣告；就連打開屬於私人物品的家庭電腦時，只要你一接通網際網路，也是廣告。在訊息爆炸的現實社會，只有透過與眾不同的定位，才能在同類產品中脫穎而出。可見，市場定位的必要性在於幫助顧客在獲得過量產品訊息、餐廳訊息的情況下，明智地選擇合適的產品。

　　換言之，市場定位就是讓餐廳產品或服務走進顧客心智。比如口渴想喝汽水飲料時，在絕大部分人的意念中可能馬上就會出現可口可樂、百事可樂、雪碧、七喜等。如果你喜歡「真正的可樂」，當然是選擇可口可樂了；如果想表現得年輕，當然是選擇「新一代」的百事可樂；如果想換個口味，那就是「非可樂」的七喜。這就是這些飲料

企業及其產品的市場定位。主題餐廳也是一樣，當顧客期望消費某種特色餐飲文化時，可根據不同的主題進行準確選擇。

二、市場定位本質分析

市場定位是以了解和分析顧客的需求心理為中心和出發點的，其本質是讓餐廳或產品走進顧客心靈深處。即設定本餐廳或本產品獨特的、與競爭者有顯著差異的形象特徵，引發顧客心靈上的共鳴，留下印象並形成記憶，而且力求使顧客心目中的餐廳或產品的形象與餐廳所期望的一致。

在進行市場定位時，餐廳不能僅僅尋找自身特色並將之作為餐廳或產品的形象而「放大」推廣，而應充分了解顧客的心理，尋找到兩者的交集，以此為基礎的市場定位才是真正達到目的的定位。

同樣的產品從自己出發和從顧客出發會有不同的市場定位，從而形成不同的效果。美國歷史上，紙尿布剛上市時定位在方便性和一次性，但是，年輕的母親們因為覺得買了它會讓婆婆認為自己是一個懶惰的媳婦而不願意購買。經過調查和研究，紙尿布重新定位於舒適和乾爽，從此銷路大開。這個例子和主題餐廳沒有任何聯繫，但是從中可以說明從自己出發和從顧客出發進行市場定位會帶來完全不同的效果。

主題餐廳在市場定位時，切勿以為確定了主題就是市場定位，要明確選擇主題和市場定位的區別。主題選擇在先，市場定位在後，主題選擇確定了「我將經營什麼」，市場定位則告訴了顧客「為什麼要選擇我」，兩者都是以完善的市場調查為基礎。

比如同樣是以「鮮花」為主題的餐廳，如果定位於「這是花的海洋，更是知識的海洋」，顧客群體將是一批對植物、對花的知識感興趣的顧客；而如果定位於「這是一個溫馨浪漫的世界」，那光顧餐廳

的顧客中將會有大量情意綿綿的情侶；再如果將餐廳定位爲「爲您營造童話般的世外桃源」，那吸引的可能是追求孩童般純淨心態的顧客群體。可見，同一個主題由於市場定位不同，可以占領完全不同的客源市場，這就是市場定位的魅力。如果說一個好的主題是主題餐廳經營成功的關鍵，那巧妙的市場定位更是一種錦上添花，在主題選擇並不是特別有特色的情況下，市場定位甚至可以成爲力挽狂瀾的救星。

三、市場定位的原則

餐廳在進行市場定位時，爲找對市場「賣點」，應遵循以下原則：

（一）受眾導向原則

受眾導向也就是以顧客爲導向，「眾」指的是顧客群，這個顧客群可以小到是一個人或是一小部分人，也可以大到是成千上萬人的大群體。作爲餐廳經營者所研究的對象，當然不是少數顧客組成的顧客群，而是有一定規模的顧客群，他們才是餐廳進行市場定位時需要考慮的對象，餐廳找到這個有相似喜好的顧客群體後，就可以仔細研究他們的共同特點、喜歡什麼、厭惡什麼、追尋什麼等，並以此爲導向，尋找與餐廳產品或服務有契合點的共同之處，將它作爲市場定位的依據。

（二）差異化原則

定位就是要讓顧客注意到餐廳產品或服務與眾不同，從而形成特殊印象，構成吸引要素。市場定位中可以尋找到的差異化有產品差異化、服務差異化、服務過程差異化、人員差異化、環境差異化、形象差異化、市場差異化等。這些差異化如果能與顧客的心聲相吻合，定

位將會取得成功。

（三）個性化原則

個性化並不等於差異化，有了差異化並不一定具有個性化。差異只代表距離，任何差異都可以透過各種努力來消除或縮小，如價格差異可以透過重新定價來縮小；服務差異可以透過培訓、學習來提高；人員差異可以透過高薪聘請來解決；環境差異可以透過裝修改造來更新，總之，差異是可以改變的。而無法改變的是餐廳或產品長期所形成的個性，它往往是無形的，讓人可以感覺到，但無法模仿和抄襲。

主題餐廳的市場定位更要注重個性，因為餐飲產品大多是無形產品和有形產品的組合，缺乏專利保護，競爭者很容易就可以追隨而至。儘管那些只懂得追隨的餐廳經營者未必會成大器，但他們的存在足以擾亂餐廳所占領的細分市場。

（四）靈活性原則

社會在變，市場在變，產品在變，顧客在變，競爭者也在變。這個世界上任何東西、任何事物都在變化，唯一不變的只有變化這個事實。靈活性原則就是要求餐廳在變化的環境中，拋棄傳統以靜制動、以不變應萬變的靜態定位思想，對周圍環境時刻保持高度的敏感，及時調整餐廳發展模式。

改變發展模式有時不只是爭奪一個新市場或提高銷售額的問題，它甚至是關係到餐廳生存的問題。在動態的市場環境中，每一家餐廳都應審時度勢，隨時把握住最新的動態，及時作出調整，以適應不斷變化的市場需要。

四、市場定位的基本內容

對餐廳而言，市場定位的基本內容就是在市場上找準屬於本餐廳的最佳位置。實現這一目標，要求餐廳在進行市場定位管理時，考慮以下問題：

(一) 產品定位

產品定位的主要內容是集中餐廳產品或服務的競爭優勢，將本餐廳與其他競爭對手區別開來，它實際上是一個餐廳明確其潛在優勢，選擇並顯示優勢的過程。美國著名的溫蒂速食公司進入速食業之前，識別了一個新的市場。這個市場不是麥當勞（McDonald's）或漢堡王（Burger King）所選擇的兒童市場，而是老年市場。為占領這一市場，他們在進行產品定位時突出「新鮮」、「訂製」。在向顧客提供漢堡的同時，可根據顧客不同的口味提供不同的調味品；並可根據顧客的要求訂製更適合老年人的漢堡；在產品的外部包裝上，也強調漢堡餡「新鮮」這一特點，幫助顧客識別與麥當勞或漢堡王用冷凍的肉做的漢堡餡相區別，突出新鮮。由於在產品定位上頗具新意，溫蒂速食公司一躍成為世界第三速食王國。

在餐飲消費上，餐飲有形產品是顧客關注的「焦點」之一，對於任何一家主題餐廳而言，都必須首先在有形產品方面有所突破。

(二) 價格定位

即確定本餐廳在市場上的價格區域屬於哪一等級。一般，餐廳根據所設定的主題內涵來確定本餐廳的價格水平。

（三）消費群體定位

即餐廳要準確選擇目標客源；在此階段，餐廳尤其應重視分析顧客的興趣偏好。

（四）服務標準定位

即餐廳要確定各項對客服務標準。透過服務標準，突出本餐廳的服務形象。一般，在確定服務標準時，應考慮：

1. 服務態度標準：是謙恭、熱心、規範、隨意等？
2. 服務行為標準：是強調規範服務還是突出自助服務？
3. 服務理念標準：是強調個性化還是大眾化？
4. 服務語言標準：是高雅語言還是通俗語言？是本地語言還是國語？

（五）銷售策略定位

即餐廳在開展各種市場營銷活動時，應確定針對競爭對手的一些基本策略，是避強就弱、避實就虛還是針鋒相對、以牙還牙？

第二節　客源管理

客源是餐廳存在和發展的前提，主題餐廳經營得法的重點之一是要認真進行客源管理，重點研究客源的需求特徵和態度特徵。

一、客源需求管理

主題餐廳對客源需求進行管理，其基本任務是了解客源需求的基本狀態，確定相應的營銷重點。一般，客源需求管理的內容可從**表4-1**略知一二。具體而言，各種需求狀態的特點和需求管理的重點為：

（一）負需求

指很大一部分顧客不喜歡甚至是討厭餐廳的產品或服務，所以故意避免購買它們，即付出一定的代價故意回避。餐飲消費中這樣的情況是非常多的，如素食者對肉類餐廳的需求、客人對高脂肪和含糖食品和飲品的禁忌等，都是一種負需求。

這種狀態下，需求管理的主要任務是分析顧客不喜歡的原因。一般，其原因包括：產品過時、質量不好、知名度不高、涉及消費觀念問題等。在找準「病根」的前提下「對症下藥」：如果產品過時，就應對產品和服務重新進行設計開發；如果產品質量不好，就應努力提高產品質量，確保質量的穩定性；如果顧客對這一主題不熟悉或不知曉，就要加大宣傳溝通力度；如果產品定位涉及價值觀念問題，就要

表4-1　客源需求管理

客源需求狀態	客源需求管理的基本任務
負向需求	轉變需求
無需求（零需求）	刺激、創造需求
潛在需求、隱含需求	開發需求、刺激需求
下降需求	復活需求、再生需求
不規則需求	同步需求
充足需求	維持需求
過度需求	抑制需求、減少需求
不健康需求	反擊需求、消滅需求

重新再定位或果斷捨棄某一部分客源。

（二）無需求

指顧客對餐廳的產品或服務不感興趣，沒有人來購買。之所以產生這樣的情況，是因為：第一，產品或服務雖被人所熟悉，但是顧客認為無價值或無購買的意義；第二，因為被部分人認為有價值但對特定的市場無價值；第三，因為產品或服務鮮為人知。

這種狀態下，客源需求管理的基本任務是：首先要發現一些能把主題與顧客的需求相聯繫起來的方法；第二是透過改變主題內涵來刺激需求；第三要積極擴大形象訊息，使顧客認知並產生購買需求。

（三）潛在需求

指顧客具有一定的需求，但是這種需求尚未被激發出來，尚未轉換為實際的購買行動。如顧客對新鮮美味、營養俱全、服務敏捷、清潔衛生和物美價廉的快餐的需求，都市年輕「晚起族」對星期天早午餐（brunch）等的需求等，潛在需求表明了一種營銷機會。

這種狀態下，客源需求管理的任務是要了解這一潛在市場的需求類型、需求規模及其發展前途，並開發合適的產品和服務來滿足這一需求。如上海的新亞集團籌巨資發展啓動中式「早餐工程」，以「便民、利民、為民」為主要經營理念，採用「農村包圍城市」的做法，統一店面、統一格調、統一服務，使傳統點心有了新概念，打響了「新亞」的形象。

（四）下降需求

任何產品都有一個從介紹、成長、成熟到衰退的生命週期，因此，任何一家餐廳都會遇到其產品或服務需求下降的時候，即需求水平低於原來的水平。如隨著環保意識的加深，顧客對生猛海鮮的需求

開始下降。

這種狀態下，客源需求管理的任務是要努力找出原來客源市場需求下降的原因，同時發現新的客源市場來增加新的需求，也可改變原有產品或服務的特點，或使用更有效的溝通手段加強溝通。

(五) 不規則需求

指餐廳的需求量在一年中的不同季節、一週中的不同天和一天中的不同時段，有不同的需求量，表現出明顯的「峰谷差異」。如餐飲市場在下半年、週末、晚餐等比較熱絡，其餘時間則相對空閒。

這種狀態下，客源需求管理的任務是要透過靈活的價格、促銷和其他手段來調整顧客需求量的時間分析型態，分流旺季、高峰需求量，增加淡季需求。如在傍晚餐飲高峰過後，可推出價格低廉但頗具情調的happy hour（幸福時光）服務項目和燭光晚餐等，以創造新的消費高潮。

(六) 充足需求

指餐廳擁有充足的需求量，且其需求總量和供給總量基本平衡。這是最理想的一種需求特徵。

這種狀態下，客源需求管理的任務是要密切注意顧客需求偏好的變動和新競爭對手的加入情況，持續考察顧客的滿意程度，及時做出適當的營銷努力，在維持原有需求水平的基礎上，還可用高質量的客源來代替原來低質量的客源，從而增加總收入。如上海華亭喜來登酒店面對希爾頓和花園等酒店的競爭，就適時推出了「舊上海風情主題餐廳」，既鞏固了老客源，又吸引了新客源。

(七) 過度需求

指餐廳的需求量高於餐廳的供給量，出現嚴重的供不應求現象。

這種狀態下，客源需求管理的任務是要反擊需求，也就是要發現一些方法來暫時地或持續地減少需求。反擊需求的方法包括提高價格、減少促銷宣傳等，透過抑制某一市場的需求或減少每一位顧客的需求來實現供給平衡。不過，反擊需求的目的不是為了消滅需求，而僅僅是為了減少需求，保持長期的需要。

（八）不健康需求

指按有關法律法規或餐廳形象不能滿足的那部分顧客需求。

這種狀態下，客源需求管理的任務是反對、制止這種需求。反擊的對象包括三類：一是自己希望淘汰的過時產品；二是競爭對手的產品；三是有社會危害的產品。在反擊需求時，不能影響大多數顧客進行正常享受消費的權利。

二、客源態度管理

顧客的態度是指顧客對某一餐廳的認知、情感和行為的傾向性。認知指顧客對餐廳的認識和了解程度，它是態度形成的基礎；情感是顧客在認知基礎上形成的一種喜惡評價；行為傾向是指顧客行為的準備狀態。當顧客的認知明確後，會轉變為一種情緒體驗，這種情緒體驗又會長期作用於顧客的行為。因此，主題餐廳要重視客源的態度管理。

（一）態度的形成

顧客的態度是在獲得認知性訊息的基礎上形成的。顧客透過大眾傳媒、人際交往、親身經歷等途徑獲得認知性訊息。不過，透過這三種管道獲得的訊息，其可信度是不一樣的。一般，大眾傳媒的可信度最低，透過親身經歷獲得的訊息可信度最高。因此，要選擇那些可信

度高的媒介傳遞各類訊息，以促成顧客對餐廳形成良好的態度。

　　態度能影響顧客的社會性判斷，一旦形成，便構成顧客個性的一部分，使顧客對某些訊息保持一種或強或弱的固定看法。這種「定型」的看法往往會阻礙人們正確、理性地理解餐廳，並進一步影響人們的購買行為。

　　態度的形成及其作用可用**圖4-1**表示。

（二）顧客態度種類

　　根據態度的方向，可將顧客的態度分成三種：

■順向態度

　　對餐廳的方針、政策、行為等持認同、讚美的態度，表現為顧客對餐廳的種種訊息表示關心、接受，持順向態度的顧客是餐廳發展道路上的推動力。

■中立態度

　　對餐廳無明顯的正負情緒反應，即無所謂。

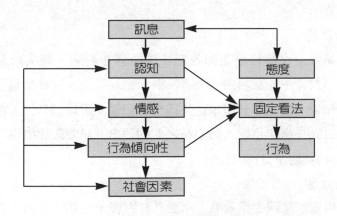

圖4-1　態度形成過程

■迎向態度

對餐廳的方針、政策、行為等持反對、厭惡的態度，持逆向態度的顧客對餐廳的種種訊息表示不屑一顧甚至故意扭曲，他們是餐廳發展道路上的絆腳石。

在了解顧客態度的基礎上，餐廳還要深入分析顧客態度形成的原因，並據此透過公關活動開展態度的「糾偏工作」。

（三）影響態度形成的心理因素

一般，從心理學角度看，影響顧客態度形成的因素有：

■首因效應

首因效應又稱第一印象，指顧客在與餐廳初次接觸時，所獲得的印象對以後的認知有著重要的影響，它往往是進一步認知或行為的依據。首因效應體現了一種優先效應。當不同的訊息結合在一起時，人們總是傾向於前面的訊息，即使人們同樣注意了後面的訊息，也認為後面的訊息是非本質的、偶然的。因此，餐飲經營者要重視尋求餐廳和顧客接觸的第一關鍵點，利用首因效應促成顧客對餐廳形成良好的第一感覺。

■暈輪效應

暈輪效應又稱以點蓋面效應，指顧客在對某一類訊息進行認知時，由於對其中的某項內容有著特別深刻的印象，從而掩蓋了對其他訊息的知覺，使這部分印象泛化為全部印象，即以偏概全。所以餐廳經營應樹立「事無巨細，悉心待之」的理念，並要防止出現「一葉障目，不見森林」的片面看法。

■刻板效應

刻板效應又稱定型效應，指受社會影響，在顧客頭腦中存在著對某一類餐廳或某一類產品的固定印象，使得他們在認知時，總是按照

這種固定印象去進行判斷，即所謂的「戴著有色眼鏡」看待問題。所以餐廳在推出新產品或新的服務方式前，應充分了解顧客的看法和需求，據此進行開發、設計。

■從眾效應

每個人都有一種歸屬的需要，希望歸屬於某一特定的群體或社會階層，這種歸屬感使他們在形成態度時，不僅要依據自己的心理體會，而且還要依據他所在的群體或階層成員的看法和價值取向。所以餐廳要了解目標客源的主要價值觀念，據此設計相應的主題或活動。

■期望效應

對顧客而言，在採取購買行為之前，總是對自己的消費對象抱有種種不同程度的希望和期待（如味道怎樣、環境怎樣、服務怎樣等），一旦他得到的服務或產品的實際價值超過他原來的期望值，他就會產生滿意的感覺，反之就會形成不滿。因此，餐廳要引導顧客確定合理的期望值。

■移情效應

指把顧客對某些特定對象的感情遷移到與這些特定對象相聯繫的人、事、物等方面，也即通常所說的「愛屋及烏」。不少餐廳開業時慣用「聘請名人做秀」，此舉就藉助移情效應。

值得注意的是，分析目標客源工作不能停留在表面，而應深入內部進行研究。如同樣是高校學生餐廳，除了分析學生共有的一些基本屬性外，還要分析各個不同高校學生所獨有的個性屬性。在大陸中央民族大學內，校區餐飲卻是以民族餐廳的形式出現的。因為作為民族大學，其特點是少數民族學生居多，口味各異。因此，在中央民族大學內的餐廳有湖南餐廳、東北餐廳、四川餐廳、韓日料理、清真餐廳等，每個餐廳因其獨特的定位，都有其穩定的「市場」。

而廣州中山大學的學府餐廳，也是一家頗具特色的學生餐廳。在學府餐廳內，所有的服務人員都招聘中山大學學生，為學生提供工讀

的機會，樹立餐廳在學生中的知名度和美譽度。因爲學生多在課餘兼職，故餐廳以鐘點的方式安排學生在不同的時間上班。考慮到學生思想活躍，對國內外大事以及校內新聞比較感興趣，學府餐廳召集人手，將每天的國內外要聞和體育新聞、人才交流訊息、餐廳的特別菜餚介紹等訊息編寫成一份「訊息日報」，用餐學生人手一份，用完餐後帶回宿舍又是一則絕佳的廣告。爲了讓學生吃得開心，餐廳特意準備了各式地方風味菜餚，如湖南學子愛吃的辣椒、東北學子愛吃的豬肉燉粉條、江浙學子愛吃的糖醋排骨等。學生在這裡可任意享用久違的家鄉風味，收費也相當低廉，眞正讓學生「吃得開心，走得順心」。各種體育節目尤其足球是學生們最喜愛的節目，因此，每逢重大賽事舉行之際，學府餐廳便將電視機在餐廳內一字排開，免費歡迎學生們觀戰，而餐廳的老板則會煞有介事地擔負起業餘電視評論員的角色。因準確迎合了學生的需求，學府餐廳像培養鐵桿球迷一樣培養了一大批「鐵桿顧客」。

兩則校區餐飲成功的經驗告訴我們，餐廳要重視客源的分析，並在此基礎上加強客源管理，密切關注客源的變化情況。

第三節　區位管理

主題餐廳要取得良好的發展前景，必須重視主題餐廳的區位管理，即重視主題餐廳的地理定位（即選址）。

主題餐廳的選址直接關係到主題餐廳的成功與否，作爲主題餐廳的經營者，不僅要懂得去利用和發揮其原先的地形、地貌優勢，彌補不足，而且要充分考慮地區經濟的發展優勢、交通條件、人口狀況、消費習俗等，憑藉地區經濟的發展優勢，在一個完整構思的理念支配下，尋找合適的地理定位。

一、區位管理的基本內容

區位就是餐廳所處的地理位置。區位管理工作指餐廳根據設定的發展策略和主題概念,對可能開店的區位進行調查、分析、比較,最終確定餐廳的地理位置。

區位管理的內容包括:

1. 宏觀區位管理:對餐廳設在某個國家、某個地區及某個城市的選擇。
2. 微觀區位管理:對餐廳設在某個街區及具體位置的選擇。

二、區位管理的重要性

有人把餐飲業稱之為「選址的行業」,甚至把餐廳好的區位等同於好的金礦,區位管理的重要性不言而喻。一般,區位的重要性體現在兩個方面:

(一) 有利於餐廳合理做好長期投資,減少浪費

眾所周知,一個餐廳的順利運轉離不開人、財、物、訊息、形象、資源等諸多因素的支持,但其中很重要的一個支持因素是恰當的區位。因為餐廳的經營受不斷變化的外部環境的影響,需要餐廳在經營過程中不斷「善變」,以求與環境的和諧與統一。人、財、物、訊息等因素可以隨時靈活調整,而區位則具有長期性和穩定性。一旦環境發生變化,區位很難再動,除非「另起爐灶」,而此舉就會牽一動百,意味著餐廳要「從頭再來」。因此,餐廳在正式開業之前,一定要重視區位選擇和區位管理,避免資源浪費。

（二）有利於餐廳制定科學的營銷策略

　　區位的好壞在很大程度上決定著客源的多寡、消費的強弱、消費頻率的多少，也決定著餐廳對潛在客源的吸引能力及餐廳競爭水平的高低。餐廳在制定各項營銷策略時，必須考慮餐廳所在區域的社會環境、地理位置、人口狀況、交通條件及市政建設等因素，依據這些因素明確目標市場，並根據目標客源市場的基本構成及需求特點，確定相應的營銷策略。

三、區位管理過程

　　區位管理過程實際上是一個選址的過程。鑑於地理位置的重要性，餐廳在選擇區位時，應考慮如下因素：

（一）交通條件

　　指目標區位街道的車輛通行狀況和行人的多少，它往往意味著客源的大小。關於目標區位的街道車輛通行狀況訊息可從交通部門獲得，關於行人的多少可透過抽樣統計進行估算。

　　一些定位大眾化的主題餐廳，尤其應了解公共交通工具的便利性、可達性。鑑於餐廳一般在晚間達到客源高峰，「晚餐是金」的經營理念使得餐廳的生意有「後延」的特徵，因此，餐廳應注意考察各類公共交通工具的發車時間、發車頻率、運行的基本線路是否和目標客源的分布吻合，附近有無便利的巴士停靠點。

　　而定位於中高收入層的主題餐廳，評價其交通條件的主要標誌是停車條件的好壞，包括停車場地的大小、方便性、安全性等，因其目標客源基本上是「有車族」。

（二）經濟條件

餐廳應注意收集和評價目標區位的經濟發展狀況，包括周圍區位的商業分布情況、主要客源的家庭總收入、開支與儲蓄的比例、開支中商品支出與非商品支出的比例、商品支出中基本支出（吃住等）與彈性支出的比例等。

（三）客流條件

客流條件指客源的大小、時段分布等。爲確定合適的區位，要透過大量的考察，對當地過往行人的著裝、年齡、性別、性格、行爲特徵（閒逛或購物）等進行了解。

客流因時間（每年的不同季節、每週的不同天數、每日的不同時段）、季節而存在差異。因此，餐廳要大致了解客流在不同季節、不同時段的客流平均分布，尤其要找出客流的高峰期是否和餐廳的營業時間相一致。

一般，在了解客流條件時，可參考使用**表4-2**，以期形成直觀的結果。

（四）區域規劃

區域規劃涉及到建築的拆遷和重建，直接影響餐廳建築成本和裝修成本的回收情況。尤其是一些投資回報期比較長的餐廳，在選擇區位之前應向有關部門進行諮詢。

（五）經營條件

主要分析本區位的各種能源條件，要求區位內實現「三通一平」，即通水、通電、通煤氣、道路平；同時要分析本區域的採光條件、綠化程度、污染程度以及餐廳的可見度等。

表4-2　客流量調查表

時間 ＼ 項目			人流量			自行車流量（單向）	機動車流量（單向）	備註
			中國人		外國人			
			男	女	男	女			
月 日	星 期	9點						
		10點						
		11點						
		12點						
		13點						
		14點						
		15點						
		16點						
		17點						
		18點						
		19點						
		20點						
		21點						
		22點						
總計								

（六）區位特性

　　了解本區位是屬於購物中心區域，還是娛樂區、文教區、車站碼頭、住宅區等，區域特性是否與主題內涵相一致。如杭州湖濱路原先就是茶館街，凡是喝茶的顧客，首選的區位就是湖濱；而上海的茂名路、北京的三里屯，則雲集了城市各類特色吧；洛杉磯的雷伊小船塢則是當地人「下館子的好去處」。因此，餐廳在選擇區位時，也要分析本區位的區位總體形象，尋求「廟隆興市」的優勢。

四、區位管理要點

區位管理同樣也是一項系統工程，應抓住以下要點進行管理：

（一）分析當前環境和未來規劃之間的關係

如前所述，餐廳應向相關部門了解有關都市規劃情況以及競爭對手的變化，分析當前經營環境和未來環境變化的優劣，做出取捨。

（二）處理好群體規模和單體壟斷的辯證關係

一般店址的選擇以避開競爭對手為好，否則容易引發價格戰。但是在更多時候還應視情況而定。如果市場容量大，同類餐廳在適度競爭的情況下，以「同行同市」的型態出現，反而容易形成規模效應。同類的店鋪集中在一起，使得顧客擁有廣泛的選擇餘地，因而往往會吸引更多的顧客來此消費，形成規模優勢。而一些主題非常鮮明的餐廳，也可尋求相對僻靜的區位，發揮其單體壟斷優勢。

（三）處理好不同商圈之間的辯證關係

商圈是指吸引顧客的第一區域，或是來店消費的顧客所居住的地理範圍，它以餐廳所在地為中心，沿一定距離向四周擴散所形成的目標顧客的輻射範圍。

就顧客而言，一般性餐飲消費活動，往往會根據不同的距離來選擇不同的店家。一般，顧客離某家店越近，他們光顧該店的可能性就越大，反之則越小。根據這種「距離遞減功能」的現象，可按顧客距餐廳的遠近，劃分出不同的地理區域：

1.核心商圈：距離餐廳最近的區域，在商業中心，一般二百公尺

距離爲半徑的圓圈爲第一商圈，而在較偏僻的城鎮，半徑爲三百公尺。這一區域的顧客占餐廳顧客總數的55％至70％，餐廳的主要客源都處在這一商圈。

2.次級商圈：環繞在核心商圈外圍的區域，這一區域的顧客占餐廳顧客總數的15％至25％左右。

3.邊緣商圈：較爲分散、次要的顧客分布區域，距離餐廳最遠。他們之所以來此消費，一則可能是偶然經過，二則是被該店的主題所吸引。

餐廳在進行區位管理時，應處理好不同商圈之間的關係。不過，主題餐廳的客源分布較廣，很多情況下，只要主題的吸引力大，「距離遞減功能」就可能失效。

第四節　賣場管理

賣場就是人們通常所說的「消費環境」，指顧客購買產品或服務的空間或場所。以建築物爲界線，可分爲內部賣場和外部賣場。內部賣場包括餐廳的內部空間布局、裝飾設計、店堂廣告等；外部賣場包括餐廳的外觀造型、門面設計、櫥窗布置、招牌設計以及各種綠化布置。

隨著感性消費時代的到來，顧客在消費時不僅注重產品或服務本身，而且開始注重消費環境，因此，主題餐廳應強化賣場管理。

一、賣場管理的重要性

對於店家而言，賣場是它向顧客提供產品或服務以獲取利潤的場

所。而對於顧客而言，賣場是他購買產品或服務以滿足需要及享受的地方。可見，賣場是買賣雙方溝通的橋樑，它是社會經濟生活中不可或缺的一個重要組成部分。賣場的作用體現為：

（一）影響顧客的購買行為

賣場能影響顧客的購買行為，如是否購買、購買的次數、購買金額的大小等。餐飲尤其是休閒類的主題餐飲，很大程度上是屬於即興消費行為。這些即興消費行為一般都是在環境的感染下作出的。因為優美而獨特的賣場往往能吸引顧客入店參觀，使顧客產生和保持積極的情緒，不知不覺中就成為現實即興消費群中的一份子。如在杭州張生記大酒店的門口，有一尊金碧輝煌的笑口彌勒佛，醒目的色彩、巨大的造型，引得路人駐足關注。有的顧客就這樣被吸引到店內，人們信步從樓梯走上去，迎面屹立的是一頭「不用揚鞭自奮蹄」的勁牛雕塑，其高度一點八公尺，長二點八公尺，形象逼真感人。

賣場不僅影響顧客的購買行為，而且還作用於顧客的心境。在適宜的賣場中進行消費，會對顧客的購買情緒產生一種積極的心理影響，使其對店家產生良好的印象，從而加強店家和顧客的感情。

（二）體現餐廳的文化特色

賣場是餐廳文化具體生動的表現，是餐廳形象的重要構成。它不僅反映著餐廳的經營理念、經營格調和經營情趣，而且還體現了店家的文化特色。

如定位為「活力音樂主題」的餐廳，其賣場布置就充分體現了其獨有的文化特色：餐廳處在一個下陷的廣場中，這個廣場猶如古羅馬的競技場，只是少了一些歲月的痕跡，取而代之的是煥然一新的現代優雅。活力餐廳則在這樣的環境中，在一群安靜站立的木偶之後赫然顯現。餐廳四周布滿各類電影海報和電影膠片，使得電影中某些虛構

的情節飄然而至，各類經典影片中各種熟悉的音樂瀰漫著整個餐廳。更絕的是，一張小海報鑲嵌在顧客使用的長長的小座椅的椅背上，鑲嵌於黑色與白色相間的馬賽克之中。這一設計獨具匠心，因為黑白相間的馬賽克猶如長長的電影膠片，生動地體現了餐廳的主題文化：電影、音樂和活力。

（三）影響員工的工作效率

賣場直接作用於現場工作人員的工作情緒和工作積極性。作為硬體環境，良好的賣場可使員工以飽滿的熱情、舒暢的心情投身於工作，從而提高工作效率和服務品質。

總之，賣場作為店家的硬體設施，是店家無聲的宣傳員，對顧客和員工的行為都產生深遠的影響。餐廳應將賣場設計作為一項綜合性、長期性的重要課題進行研究。

二、賣場設計原則

賣場設計是一門新興的經營文化，我國的許多餐廳受觀念、技術、資金等的限制，在賣場設計上出現了種種缺陷和不足。為提高賣場設計水準，餐廳在進行賣場設計時，應遵循以下原則：

（一）層次性

賣場作為向顧客提供產品和服務的立體空間，在設計上應有層次性和立體性。賣場設計不僅包括二度平面設計及在此基礎上形成的三度空間設計，以人為服務對象，還決定它的設計要容納四度設計及意境設計。

二度設計是整個賣場設計的基礎，它運用各種空間分割方式來進行平面布置，包括餐桌或陳列器具的位置、面積及布局、通道的分布

等。合理的二度設計是在對顧客的消費心理、購買習慣以及賣場本身的形狀大小等各種因素上，進行統籌考慮的基礎上形成的量化平面圖。如根據人流物流（跑菜路線）的大小方向、人體力學等確定通道的走向和寬度，根據不同的消費對象，分割不同的銷售區域（如禁煙區、情侶區、兒童玩耍區、公務洽談區等）。一般，可根據主題的吸引對象進行合理的二度設計。如主題適合朋友閒聊，則無須設置太多的隔離，若主題適合情侶，則應考慮談話的私密性。

三度設計即立體空間設計，它是現代化賣場設計的主要內容。三度設計中，針對不同的顧客以及主題特色，運用粗重輕柔不一的材料、恰當適宜的色彩以及造型各異的物質設施，對空間界面以及柱面進行錯落有致的劃分組合，創造出一個使顧客從視覺與觸覺都感到輕鬆舒適的銷售空間。如以男士為主的餐廳，可採用一些帶銅飾的黑色噴漆鐵板作為柱子，以突出堅毅和豪華的氣勢；而女性餐廳則以噴白淡化裝飾，以體現溫馨。

++

例：石頭族樂園餐廳

在台北市八德路三段一棟舊建築裡，藏著一個新新人類的休閒新天堂：為了與都會呆板的日常生活空間區隔開來，這裡標示出——「石頭族樂園」。為了塑造「輕鬆、無壓力」的環境，在空間設計上首先將原有低矮的樓層打通，解放掉樓板的壓迫感後，整個一到五樓的空間頓時開朗起來。一進入這個空間，首先面對的是吧台背景的大壁畫，點出這是一個熱情洋溢、活力四射的樂園；以視線環繞整個方整的基地平面，前半部是用餐區，後半部分為呈圓弧形的吧台，空間的中央是圓形的平台，既可當用餐區，在disco時間裡也可自成一舞池。

循著角落的樓梯往上探尋各樓層，設計師運用輕鋼架、鐵花板、甚至鋼筋、鐵絲網架構空間，希望以這種結構外露的手法呈現空間不掩飾的坦率性格，各個樓層漸次後縮，加上整個基地中心的舞池部分

挑空，使得視覺動線十分流暢。

二樓的重點即是那圓形舞池，設計師運用強化玻璃的半透明地板加上鋼結構以塑造空間的明快感，在二十四盞電腦燈光的變化下則可伴隨著每一首舞曲節奏幻化出不同光彩色澤。設計師為了活潑整個舞池空間，特別設計了以四組油壓泵浦及承載八噸重的支撐點，作為舞池升降的動力，每當午夜時分，在動感舞曲的強烈節拍中，舞池平緩地上升至五樓高度，因而開的天窗讓台北的星空與人共舞，此時狂歡氣氛往往high到最高點。

為了增加節目的可看性，每週一至週五晚上，DJ除了播放一首首熱門音樂之外，在disco時間開舞之際，會親自在舞池裡帶動舞蹈熱潮。夾在圓形活動中心及DJ室之間的是活動的band表演區，可容納小型樂隊在用餐時刻現場演奏輕快的流行樂；也是當週流行樂歌手不定期露面的臨時表演舞台。

因為整個空間打破了規規矩矩的樓層限制，加上兩個活動的平面，空間的變化組合十分具有彈性。因此，在石頭族樂園，你可以遇見遠古石器時代的象徵符號、大型的石頭及骨頭，製造出時光倒流的錯覺；而隨處可見的現代工業象徵，輕鋼架、天花板，甚至鋼筋、鐵絲網。

此地提供的餐飲也是多元化地融合多國餐飲風味，一樓後半區所規劃的日本料理區、蒙古烤肉區、傳統美食區、水果沙拉吧等等區域，全匯集在同一條動線上。取餐區規劃在一樓是為了客人取餐時動線流暢，並且將廚房設置緊臨取餐區，縮短補充餐飲的動線，以便及時供應溫度恰當、色澤好看的各式新鮮菜色；採用自助吧台的方式則是讓顧客有更多選擇，使之感覺自在。而二三樓除了有用餐區及輔助吧台外，在前半部分增開KTV包廂，使其機能更為多元化。「彈性、多樣化」就是「石頭族樂園」提供顧客放鬆心情的方針。

+++

四度設計是動態性設計，它主要突出的是賣場設計的時代性和流動性。賣場設計首先要順應時代的潮流，並且在賣場中採用運動中的物體或形象，不斷改變處於靜止狀態的空間，形成動感景象。流動性設計能打破商場內拘謹呆板的靜態格局，增強賣場的活力或情趣，激發顧客的購買欲望或行爲。

　　動態設計體現在多個方面，如不斷翻動的電子螢幕、流動的噴泉、有節奏的背景音樂等。如爲突出流動性，某餐廳將地面設計成一條流動的藍色河流，頗具有動感。而賽車餐廳的內部布局則以各種「高速運動」的飛機、卡車等爲主要設計元素，體現了生命和活力（如圖4-2）。

　　情境設計是餐廳形象設計的具體表現形式，它根據消費心理、經營主題等因素確定設計理念，並以此爲出發點進行賣場設計，一般，透過導入CIS（企業識別系統）策略實現情境設計。如北京賽特購物中心的情境設計理念是「以人爲本」，因而在賣場的設計上，雖然商場寸土寸金，但堅持通道的寬敞，主通道不低於二點三公尺，自選區

圖4-2　賽車餐廳內運動的「賽車」、「摩托車」

設施間的距離也在一點三公尺以上；為形成寬敞的視覺效果，所有陳列設施高度在一點四公尺左右，柱面做簡單噴白處理，整個賣場顯得寬闊，具有強烈的通透感；賽特還透過燈光等輔助設計元素，確保賣場的明亮格調。

（二）獨創性

賣場設計應體現本餐廳的特色，突出賣場的獨創性。這就需要餐廳的經營人員在設計各類主題時，應深入挖掘主題的文化內涵，藉助全方位的主題文化「反思」，來尋求合適的賣點。

由香港餐飲業享負盛名的佳寧娜有限公司斥資在深圳開辦的「熱帶森林餐廳」在賣場的設計上，不僅借鑑了國外成功的做法，更重要的是在此基礎上，突出了自己的特色。熱帶森林餐廳的經營目標是「合家歡式餐廳」，在這裡，上到七十高齡的祖母，下到走不穩路的稚子，都會為餐廳的賣場所感染，發出真心的大笑。熱帶森林餐廳的營業面積達八千平方公尺，可同時接待五百餘位賓客。餐廳的賣場設計突出「熱帶特色」：顧客一進門，便可看見「原始粗糙」的牆壁上被綠葉環繞的「熱帶森林餐廳」的店名，進入餐廳，讓顧客恍若身處南美洲那片神奇廣闊的熱帶森林：原始粗獷的設計，隨處可見的粗壯大樹，熱情的巴西狂歡舞曲，蜿蜒流淌的清溪，誇張趣致的仿真動物和牠們的咆哮聲……

再如以「秦文化」作為主題吸引的餐廳，則在建築和裝潢上要透過現代化的「內在」和民族化的「外觀」做文章，或營造邊塞氛圍，或突出異域風情，或古色古香，或以新揚名，或以特取勝，在服務接待上，也應著力再現「秦腔」、「秦禮」、「秦服」、「秦樂」、「秦韻」等秦文化。

可見，賣場設計的靈魂在於圍繞主題文化，將它具體化為隨處可見的消費氛圍。

（三）經濟性

賣場裝飾布置的最終目標是擴大銷售量，增加利潤。在激烈的競爭中，對賣場的投資是很必要的，但這絕不意味著可以盲目地、無計畫地進行。賣場設計作為一種投資，應慎重考慮是否值得投入，投入多少才是合理的，如何以最小的投入達到一定的設計水平等，即賣場設計要講究經濟性。目前，許多企業在設計賣場時，盲目追求材料的高級化、貴族化，結果使餐廳成為各種昂貴材料的堆砌品，反而疏遠了顧客。

賣場設計的經濟性原則要求餐廳在設計賣場時，應注重成本控制，有時不多的投入反而也會取得不錯的效果，關鍵在於「創意」。像國外的一些餐廳，用各種流行娛樂雜誌的彩頁、畫片裝飾牆壁和屋頂，倒也別緻。有的餐廳乾脆用各種舊報紙，刻意「揉搓」，使之形成細密的「摺痕」，然後將其貼在牆壁上，並依據不同的設計要求將其凸起或凹進，配上各種原始的木片、鐵器，或發黃的照片、用舊的油燈、下了一半的棋盤等，而廳內用的餐桌、椅子全以原木作為原料，設計成簡單的直線造型，營造出一股濃厚的懷舊氣息。這樣的設計投入很低，效果卻非常不錯，古老「破舊」的賣場和衣著鮮艷時髦的時尚男女形成了一個強烈的反差，相映成趣。如「天然」主題餐廳，就採用古樸的木橡搭建了一個高大的坡頂，並以乾枯的稻草作為屋頂的遮蓋物，以這種經濟但富有創意的方法很好地體現了餐廳「回歸自然」的主題內涵。

而取名為「過客」的餐廳則是一間白色的小屋，舊木的屋樑、橡，遍布四周的藏族飾物、雲貴少數民族臉譜和一些主人自製的小裝飾物。屋裡的一角是「自助旅遊」的留言板，上面有不少背包一族的心得體會；另外一個角落，是一些有關西藏的書籍，播放著的是西藏、新疆和印巴、墨西哥、摩洛哥風味的音樂。所有的裝飾素材，可

謂經濟合理，而效果獨樹一幟。

更多時候，餐廳可透過一兩件特殊的物品實現畫龍點睛之目的，如民俗餐廳內，可用各種別緻的鏡框將以前的木刻、刺繡、青銅、陶器等鑲嵌起來掛在牆上，既體現了古代藝人的智慧，又展示了其悠久的歷史文化，西方人又可從中領略東方的神秘，東方人則被勾起懷舊情緒。

(四) 靈活性

賣場設計是一個動態調整的過程。因為任何事物，哪怕再有創意，缺乏變動，不僅會因視若無睹而難以吸引注意力，而且會使人覺得枯燥、單調、乏味甚至產生厭煩的心理。因此，適當變動賣場，不僅易引人注目，而且能產生調節人體內部活躍的因子，使人精神愉悅、飽滿而振奮。

因此，一個好的賣場不單要有一個好的創意來留住顧客的腳步，重要的是能持續保持一種活力，即透過經常對賣場某些方面如店面、陳列、色彩、桌椅布局等合適的調整變更，達到新鮮的效果。正如人需要不斷進行新陳代謝一樣，賣場也需要常常補充新鮮的成份。

一般，賣場可根據季節、節慶日、不同的促銷活動、流行節拍以及顧客偏好等因素進行變換。如冬季可藉助大紅色等暖色調的裝飾品突出喜慶的氣氛、溫暖的感覺；而夏季則可運用綠色的植物、大面積的藍色來營造涼爽的感覺，聖誕節可透過雪山、小屋、樹木、動物以及人物等進行布置。一些較大的場景，真人還可進出，其樂無窮。

總之，靈活變化賣場「裝束」，使其更人性化、更蓬勃親切，是賣場設計的要點。

(五) 主題性

賣場的設計要緊扣主題，圍繞主題進行布置。美國紐約市百老匯

的埃德沙利文劇院內有一家以「戲劇」為主題的沙利文餐廳,該餐廳高七點六公尺,在布置賣場時,透過曲線、戲曲作品等展現主題形象。在餐廳的天花板上有兩排設計成曲線的照明燈群,白淨的牆壁上是各種演出的黑白照,電視形狀的透明魚缸領班台預示著該餐廳是一個「可視劇院」。

而美國俄亥俄州的狄克‧克拉克音樂主題餐廳,其賣場設計同樣也貫穿了「音樂」主題。首先在店名的選擇上,採用「狄克‧克拉克」。因為這個名字是美國音樂台的同義詞。三十多年來,美國音樂台一直是青少年的精神支柱,他們在那裡學跳舞、學穿著、學欣賞搖滾藝術家的表演。該節目既反映了美國波普文化,又為之做出了貢獻。波普文化體現了「戰後嬰兒潮出生的人」的個性。餐廳的名稱和AB標誌(這也是美國音樂台的台標)醒目地懸掛在餐廳入口,而該餐廳就是為了紀念該電視節目,提出「偉大的美國飲食體驗」菜單。該菜單包括了來自全美各地的食譜,這些食譜是由美國音樂台和波普音樂史流傳下來的,使得該餐廳成為體驗值得回憶的音樂台和波普文化的一部分。全美菜譜將「快速」項目與選擇悠閒進餐和輕鬆愉快的環境相結合。在餐廳內,舞向服裝、最初的勞務契約、金唱片和簽名留念在牆上排成一行,整個進餐區洋溢著濃厚的懷舊氣氛。餐廳正中央的圓形區是最初的音樂台舞池,舞池的上方是用霓虹燈裝飾的圓形拱頂,它透過劇場燈光時隱時現。室內裝飾多用木材,呈暖色調且充滿懷舊氣氛。在酒吧前面的區域有一個嵌入木地板中、黑白相間的馬賽克瓷片「琴鍵」。在就餐區域,褐色、柿色和米色與深色、淺色的模木板渾然一體,地毯飾有「唱片」圖案,有些還帶有美國音樂台AB的標誌。在半圓形餐廳的後面,圓形舞池的周圍,客人可用五十年前的音樂伴舞。在餐廳內還設有「名人走廊」──在大廳中用一個將玻璃容器排列成行的走廊,玻璃容器內盛裝著搖滾明星的紀念品。在整個進餐體驗中,進餐者完全被狄克‧克拉克收藏的各種有紀念意義的收

藏品所包圍。此外，進餐者還可享受高超技術所帶來的樂趣。這種技術不只提供跳舞的音樂，而且還能透過一個監控器網絡使進餐者能觀看成百上千的音樂台影片片段或透過專業的音響系統欣賞到四千多首的歌曲。

三、賣場設計要點

在設計賣場時，應以獨特的主題作爲統帥，各項與餐廳經營有關的因素和活動都應圍繞該主題，賣場設計包括：

(一) 店名設計

店名是體現餐廳特色、招徠生意的重要手段，人們總是先聽說某家餐廳的名字或是看到招牌上的店名，才有進入一探究竟的欲望，店名對於餐廳而言是餐廳打出的第一份廣告，對顧客而言，它能影響顧客消費活動的選擇。

一般，在設計店名時，可參照以下標準：

■個性鮮明

個性鮮明原則要求餐廳在取名時，能反映出餐廳個性特徵，並能適應它所選定的顧客的心態要求。美國舊金山華人區，有一家餐廳名叫「鄉音閣」，常年旅居海外的華僑們非常喜歡這家餐廳；而一家以體現年輕人活力和前衛爲主題的餐廳則取名爲「酷」；而體現上海風情的老飯店則以老上海的弄名、路名取名，很好地與主題相呼應。

■精練概括

傳統的店名一般取二至三字，而現代有些餐廳也更多地採用四字作爲店名，以更形象地展現特色。如「摩登年代」透露的是餐廳的前衛特徵。

不過，店名應有高度的概括力和吸引力，對顧客的視覺和心理都

能帶來積極的影響。少、短、小是命名的前提條件，字數要少、筆畫簡單、音節簡單，這樣才能便於公眾記憶和識別。

■易於辨認

名稱是供廣大顧客識別，因此，要方便顧客辨認，這就要求餐廳在命名時，避免選用難寫的字、難讀、難認的字、難發音或音韻不好的字、字形不美的字。如某地的酒吧取名為「來吧坐吧」，簡單又富有情趣，「粗茶淡飯」是農家風情。

■富於聯想

在命名時，要巧設意境，激發起顧客無窮的想像。如田園餐廳，馬上能使人聯想到幽靜的就餐氛圍；香格里拉，則會給人一種世外桃源的感覺；「樂陶陶餐廳」、「竹園茶座」、「悠閒漫話餐廳」等店名都能讓人產生積極的、優良的、吉祥的、高雅的聯想。

■國際通用

隨著全球經濟一體化進程的推進，店名也應具有一定的國際通用性，在命名時，重視相應的外文名稱的設計。

■自我保護

名稱起著表示和保證品質的作用，因此，餐廳要認識名稱的重要性，認真學習、貫徹實施《商標法》。

（二）標誌設計

標誌代表餐廳形象、特徵乃至餐廳的信譽和文化，是顧客心目中另一個重要的識別工具。它利用特殊的圖案、色彩，藝術化、簡明化地向顧客傳遞了餐廳形象。

標誌一般可以分成三種，一種是圖形標誌，透過抽象或具象的圖案來代表餐廳。抽象的圖案講究的是標誌與餐廳的「神似」，即氣質上的相通；具象的圖案標誌講究的是標誌與餐廳的「形似」，即外形上的相像。另一種標誌是文字標誌，以特定的、明確的字體或字體組

合或字體所衍生出來的圖案作為標誌，這類標誌一般取餐廳名稱的首個字母組成，或將店名圖案化，透過藝術加工來加深標誌的可看性和識別性。目前，文字形的標誌日漸流行。第三種標誌是組合標誌，即字體和圖形的組合，這類標誌更具體、更全面地向公眾傳遞了有關訊息。

設計一個真正為廣大公眾所喜歡並能代表餐廳的標誌並非易事。一般，「好標」必須具備以下特徵：

■簡潔明瞭

標誌是為了方便公眾識別、記憶，因此，標誌的首要條件是簡潔明瞭，單純醒目，無論是線條上還是色彩上，均應體現簡潔性。

■個性突出

標誌作為大眾識別的工具必須有個性，必須「與眾不同」，但不能片面追求標誌的藝術性而忽略了標誌的個性。

■寓意深遠

小小的標誌應能同時表達多種深遠的意義，讓人回味無窮，越看越「解其中味」。

■整體平衡

標誌要美觀大方，要講究標誌整體的均衡性、對稱性和協調性。在設計時，可以充分運用點的大小、濃淡、疏密、遠近，或是線的粗細、長短、濃淡、曲直，或是面、體等，利用變化規律、對比規律、均衡規律、反覆規律、比例規律等來達到整體美觀平衡的效果。

■適用面廣

標誌要被廣泛加以宣傳，因此，要有較強的適應性，在任何場合，確保標誌不會發生扭曲、變形等失真的情況。它要能適於放大、縮小；能適於印刷、噴繪、黏貼在紙張、塑料、金屬、玻璃或其他材料上；能適於鑄造、衝壓、腐蝕在各種金屬塑料的表面；能適於各種纖維進行編織；能適於電視螢幕、電子看板和霓虹燈廣告製作場合；

能適於在不同的國家和地區宣傳，不致引起誤會或偏見。

在設計標誌時，餐廳可參照以下思路：

1.店名，如對店名的首字母進行變體設計。

2.店名的涵義。

3.餐廳文化，可提煉出餐廳文化中的精髓作爲標誌設計的出發
　點。

4.建築外觀，一般具象型的標誌都取餐廳的特色建築作爲標誌。

5.地域環境特色。

6.餐廳的歷史或主題源泉。

(三) 標準色彩設計

標準色是指某一（組）特定色彩或色彩組合。利用色彩要素傳達
餐廳的品牌特色，能較快地刺激顧客的購買欲望，帶有強烈的識別效
果和傳播效果。

色彩有其固有的感情色彩，面對不同的色彩，不同的顧客會有不
同的心理反應，會產生寒暖聯想、喜怒聯想、遠近聯想、大小聯想、
輕重聯想等。根據色彩的這些特徵，餐廳可聯繫實際，選取其中的一
種或幾種作爲代表色，發揮色彩的語言作用。

在選取標準色時，應本著求精求簡的原則進行篩選，一般，標準
色應限制在三色之內，並且在設計時區分主色和輔色。同時，色彩所
表達的感情應能符合目標顧客的感情取向，色彩還應與標誌、名稱、
經營風格等相呼應。

(四) 標準字體設計

標準字是經過特別設計的文字組合，它透過獨特的字體結構、筆
畫濃淡，利用可讀性、說明性、鮮明性、獨特性的文字組合來表現餐

廳的個性，宣傳餐廳的規模、性質、經營理念、精神氣質等，達到識別的目的。

標準字可以分為三類：第一類是名稱標準字，用於表現店名。這類標準字要求醒目大方，易於辨認，且能包含餐廳的個性。第二類是標題標準字，主要用於廣告文案、海報招貼、專欄報導等的標題，透過這些標準字來體現餐廳的個性。第三類是活動標準字，主要是餐廳開展各類活動時所設計的標準字。相對於名稱標準字和標題標準字，這類標準字的特點是有一定的使用週期，且使用週期不長，一旦本次活動結束，活動標準字也就「壽終正寢」。開展下一次活動時，則可設計全新的字體。活動標準字要求活潑、自由，能給人留下深刻印象。

目前，餐廳常常忽略標準字尤其是標題標準字和活動標準字的設計，一旦要開展某些活動，請美工或有關人員隨意設計一下即可，藐視標準字的嚴謹性和連貫性。

在設計標準字時，應考慮標準字與其他外顯要素的配合，並能反映出餐廳的精神氣質，同時兼顧漢字標準字與英文標準字的配合。

標準字不能採用連體字。因為連成一體的文字，難以分解成獨立的字體，影響標準字的二次排列，而標準字尤其是活動標準字是需要經常做不同的排列組合的。此外，極端化的變體字（如極長或極扁的字體）、斜體字也是應當避免的。一則不易排列，二則會產生不安定的感覺。

（五）氛圍設計

主題餐廳與普通餐廳的區別在於其環境布置和氛圍烘托都具有鮮明的主題特色，餐廳應該努力營造一種適應主題風格的環境和氛圍。如主題是「十七世紀的法國風情」，就要突出那個時代的特色。北京的馬克西姆餐廳就是一家被設計成純正的十七世紀法國風格的餐廳，

以其正宗的法式大菜和高貴幽雅的環境深得京城各界的喜愛。深紅色的帷幔，籠罩著一個古色古香的櫥窗，鑲嵌在古老的石牆裡，「馬克西姆餐廳」六個金光閃閃的隸書，雄踞於上方。門前的那輛老爺車在不經意中把人的思緒拉回到樸素浪漫的過去，步入餐廳展眼望去，是被粗大的廊柱分隔成幾間的大廳。枝蔓繁複的鐵藝吊燈碩大沉重，酒紅色的天鵝絨窗簾捲成波浪狀，牆壁上的油畫似乎已年代久遠，色調古樸深沉的地毯綿軟厚重……高背靠椅、寬大餐台、枝形燭台、銀製餐具以及舒緩悠揚的古典音樂和彬彬有禮的年輕男侍，讓人彷彿置身十七世紀的法國宮廷。復古的氣息不僅在燈火通明、金碧輝煌的節日盛宴上瀰漫，而且在燭光搖曳、寧靜祥和的咖啡間裡洋溢，古老的異國風情被環境的布置烘托得淋漓盡致。

異國的情調要靠環境來烘托，本土的文化主題也需要環境的支持。如珠海度假村內的「珠海漁家」，從海邊漁村的大幅彩色油畫到鑲嵌在木框裡的黑白海灘照片，從天花板的藍天白雲到大廳裡的漁船、漁網、浮標、船槳、海螺和貝殼，無一不突現了一種深厚的漁家文化。步入餐廳，看到八十多種生猛海鮮，在魚缸長廊裡進行有形展示，光蟹就有七八種，客人可在「漁村」裡徜徉，隨意挑選，現挑、現殺、現烹、現吃，宛若來到漁村，其樂無窮。這裡體現了一種「土文化」──漁民文化，由於主題、文化和氛圍相互緊扣，濃郁而又樸實的漁家文化成功地烘托了主題。

以接待兒童為主的餐廳可以將餐廳布置成童話故事中的場景，利用孩子們熟悉的動畫或童話故事為背景來裝飾餐廳。圖4-3的兒童餐廳就是利用鮮艷的色彩、顏色各異的氫氣球、誇張的大猩猩布置賣場，很好地滿足了兒童的「審美標準」。而以某一文學名著為主題的餐廳可以將名著中的場景現實化，如《紅樓夢》中的大觀園、《三國演義》中的茅廬、《西遊記》中的仙境。

在設計氛圍時，應考慮：

圖4-3　兒童餐廳的賣場

■符合人體審美標準

　　有的餐廳爲追求一種極致的設計效果，往往刻意求異，結果適得其反。在餐廳氛圍設計上，要避免製造一種恐怖、危險的氣氛。例如，某餐廳取名爲「水簾軒」，根據《西遊記》水簾洞的環境布置設計：餐廳頂部五、六個大小不一的削尖的鐘乳石垂直向下，像一把把利劍指向客人的頭頂，給顧客造成了一種危險、緊張的情緒。在這樣的環境下進餐，哪有食欲可言。

■綜合考慮各種氛圍的設計要素

　　目前，一些主題餐廳將餐廳氛圍簡單理解爲樂隊演奏、歌舞表演，實際上，氛圍是一種文化，它要求餐廳在設計氛圍時，應綜合考慮以下諸要素：

1.視覺衝擊主體。

2.色彩運用。

3.材質質感。

4.燈光組合。

5.音響設計。

6.展品設計。

7.人員服飾。

8.軟性裝飾。

9.內部布局。

以上諸要素應有機協調和搭配，如「咖啡哲學星座主題餐廳」在進行氛圍設計時，首先以醒目的十二星座作為餐廳的視覺中心；在色彩的選擇上，則以咖啡色系列為主；選用的裝修材質是原始復古的木材；背景音樂則略帶頹廢和慵懶；餐廳內部的展品均以咖啡及各類咖啡用具為主，並在顧客不經意的視線流動過程中，時時出現一些富有人生哲理的警句，如「生活的味道就是咖啡的味道」等。透過這些設計因素的共同作用，餐廳的主題氛圍就撲面而來。

■處理好裝修、裝飾和氛圍營造之間的關係

裝修、裝飾和氛圍營造是三種有所區別的工作，裝修僅僅是使餐廳能投入使用；裝飾則可以成為招徠顧客的一個重要吸引物；而氛圍的營造更是滿足顧客精神上的享受，它是顧客心中所形成的一種無形的感覺。在環境裝飾的過程中要注重裝飾性與實用性的結合，那些以營造主題為目地的裝飾不僅僅是擺設，而更應具備實用功能。如在美國拉斯維加斯的潛水餐廳，餐廳主體部分深入水面下，顧客透過一扇扇裝飾性的窗戶可以清晰地看到外面的海底世界，讓人在飽餐的同時也一飽眼福。而劇場餐廳的舞台則是內部布局的中心，以舞台為中心呈扇型單向布局，方便顧客欣賞演出。

■重視餐廳的清潔衛生

在環境的布置中，還要重視餐廳清潔衛生的保持工作。清潔衛生也是餐廳的產品，它是顧客選擇餐廳的重要依據。

餐廳的清潔衛生包括外觀以及各種裝飾品的清潔衛生：外觀要整潔，要求招牌顏色鮮艷，文字清晰；燈飾不能有破損，缺胳膊短腿的霓虹燈招牌不雅；餐廳內部的地面、桌椅必須光潔整齊；牆壁乾淨無油膩；餐具清潔衛生；餐廳的後台也必須保持清潔和衛生；盆景內不應長雜草、有煙灰；各種宣傳品應乾淨、無油膩、無灰塵；從業人員的外在形象要優雅等。

餐廳可透過制定餐廳的清潔標準來維持清潔衛生，並督促專人進行嚴格檢查，尤其是對一些容易忽視的「盲點」，應加大督管力度。

（六）音樂設計

音樂是樹立賣場氣氛、刺激購買行為的重要手段，經研究發現，一個顧客在生產服務場所所聽到的背景音樂對其行為有直接的影響，當音樂合乎自己口味時，更能延長逗留的時間和增加消費量。尤其是音量和節奏對顧客在餐廳逗留的時間頗有影響，輕聲慢速的音樂引導顧客延長購物行為。

在餐廳內部播放音樂的目的是減弱噪音，提高顧客的消費情緒和服務人員的工作情緒，因此，餐廳必須精心選擇和安排音樂的內容、播放音樂的時間等。那麼，如何選擇適合主題的音樂呢？

■根據餐廳的裝修風格進行選擇

音樂要與主題餐廳的裝修風格相吻合。古典式餐廳，壁上掛有古代名畫，加上古色古香的雕欄玉柱，使人沉浸於悠遠的氣氛之中。此時，若配上古典名曲，如《陽關三疊》、《春江花月夜》之類的樂曲，則會給人以古詩一般的意境美。民族式餐廳，如雲南傣族風味餐廳，布置葉樹、竹樓、孔雀，在這樣的環境裡宴飲，配上雲南民間樂曲，使人感到像回到了神秘的西雙版納。對於西洋式、中西結合式餐廳的音樂設計，也要依特定的意境加以選擇。

■根據主題選擇音樂

　　一些特殊主題風格的餐廳，應以特殊主題風格的音樂與之相配。如「紅樓宴」主題餐廳，少不了要播放《紅樓夢》主題音樂。而美國的西部音樂適合穿便裝進行消費的休閒主題餐廳；帕瓦洛帝的杜蘭朵名曲《公主徹夜未眠》和其他義大利歌劇則適合於義大利高級餐廳。餐廳風格與音樂的巧妙結合，使餐飲環境、氣氛更加融洽，主題更加突出。

■根據目標客源的需求進行選擇

　　對音樂的愛好是因人的年齡、收入、文化水平和個人偏好等而異的，餐廳要準確了解目標客源的音樂偏好，了解其最喜歡的音樂、最喜歡的音樂家、最喜歡的曲調，根據這些訊息為目標顧客安排適當的背景音樂。

■考慮背景音樂對服務人員的效用

　　音樂對餐廳的服務人員也會產生積極或消極的影響。在考慮顧客偏好的同時，也應考慮這樣的背景音樂是否能調動員工工作的積極性。

(七) 菜式設計

　　餐廳的主要產品就是菜餚，主題餐廳也不例外，如何在主要產品上突出餐廳經營的主題就顯得尤為重要。如果一家餐廳其裝修、裝飾的環境與眾不同，很好地凸顯了主題，但是向顧客提供著一般化、大眾化的菜餚，那顧客們在踏進餐廳時對環境或氣氛的獨特的良好感覺會在打開菜單的一刹那消失殆盡，失望之情溢於言表。

　　菜式設計反映了餐廳在產品結構與產品特色上的基本思想，是餐廳組織產品生產的指導原則。菜式設計的成敗，直接影響餐飲產品的生產和銷售。菜式設計的內容包括：

■口味設計

口味是顧客評價菜式好壞、選擇消費與否的主要依據。在進行口味設計時，應根據目標客源的主要口味確定整個菜式的「基礎風格」，在此基礎上，安排主導口味與輔助風味的有機組合。一般，作爲輔助的特色風味菜式不應超過主導菜式的8％至12％。同時，餐廳應根據流行時尚、季節變化等因素合理調整口味。

■賣相設計

也即菜式的造型設計，造型也是衡量菜餚質量的重要標準。在諸多的休閒主題餐飲中，菜式賣相要隨意舒心，否則容易給廚房造成較大的壓力。而在一些較爲正規的主題餐飲中，則應注重賣相與主題的對稱性。如「棒球餐廳」的麵包居然就是個長長的棒，倒也別有情趣。

■份量設計

根據客源的多寡靈活確定適宜的份量。

■溫度設計
■菜名設計

菜式名稱的設計理念是餐廳的主題文化，根據主題文化的雅俗設計對應的菜名，並做到名實相副。北京崇文門飯店的婚宴，根據不同顧客的需求將其分爲六個等級，分別取名爲「珠聯璧合宴」、「龍鳳呈祥宴」、「鴛鴦心翼宴」、「吉祥如意宴」等，每一道菜也有吉祥的名字，如珍珠蒸丸子命名爲「珠聯璧合」，樟茶炸酥鴨命名爲「愛河永浴」，百合炒西芹則取名爲「天作之合」，而花色八冷葷稱之爲「八方報喜」，時令水果拼盤起名爲「柔情蜜意」……

■品種設計

菜式品種的設計應根據主題餐廳的目標客源而定，根據目標客源的口味特點、飲食習慣、消費能力等因素針對性地開發不同的菜式。就飲食潮流而言，越來越多的休閒飲品、健康菜點將在餐飲產品中占

據重要地位，因此餐廳尤其要了解客人的營養需求，以確保菜式品種營養豐富、搭配合理。其次要有主題菜品，形成競爭優勢。

■附加值設計

某些餐館在提供常規餐食的同時，還會在不同的時段，向顧客贈送特殊的菜點。

（八）菜單設計

設計好菜餚的同時，需設計好的菜單與之匹配。菜單是餐廳推銷的工具之一，任何一家成功的餐廳，都有一份美觀而精緻的菜單，它不但可以反映餐廳的特色、餐廳的格調和餐廳的等級，同時可以美化用餐氣氛，提高顧客食欲。

優秀的菜單還是一件藝術品。賽車主題餐廳的「賽車菜單」則根據主題進行設計：開胃菜列在「發動你的引擎」標題下面，「環形賽道」指的是比薩，在「主賽事」之前有「波蘭美食」，甜點則放在「決勝圈」欄目之下，一份普通的菜單搖身變為「賽事指南」。

主題餐廳的菜單不能流於一般形式，可圍繞主題「量身訂做」。如以水果為主題的餐廳，其菜單外形可設計成不同形狀、不同色彩的水果，而以「音樂」為主題的餐廳則可將菜單設計成「唱片」，「火車站」的菜單是「火車時刻表」，「運動城」的菜單是「賽事指南」，懷舊餐廳可用竹簡來標示菜名，布藝餐廳則可將菜名羅列在麻布上……

一般，主題餐廳在設計菜單時，應考慮：

1.菜單材質：突破單一以紙張為載體的傳統做法。
2.菜單形狀：突破單調的長方形。
3.菜單色彩：突破統一的單色調，可選用不同底色，以區別不同的菜品。

4.菜單文字：應選用符合餐廳特色的特定字體。

5.菜單內容：突破一成不變，可根據經營需要設計不同的菜單。

6.菜單陳列：可選用不同的方式向顧客傳遞菜單訊息。

（九）人員設計

高素質的服務人員將爲餐廳添上畫龍點睛的一筆。主題餐廳與一般的大眾化餐廳相比，其服務人員需要具有相對高的專業素質，不僅僅是對餐廳服務的專業素質，還要根據餐廳經營的不同主題具有不同的與主題相關的專業知識。如以「玩具」爲主題的餐廳，在餐廳中提供了各式各樣的玩具，作爲這家餐廳的服務人員，首先就要熟練地掌握所有玩具的使用或遊戲方法，可以隨時爲顧客解決這方面的問題。再如某家以「國畫」爲主題的餐廳，其服務人員大多都能對國畫的畫派、技法等有一個大概的認識，在顧客前來用餐之時，可以和顧客展開關於國畫的探討。

所以，作爲主題餐廳的服務人員需要具有高專業性、高素質，這是主題餐廳與普通餐廳的最大區別之一。主題餐廳要求自己的服務人員應成爲該主題的愛好者，甚至是精通者。高素質的服務人員和顧客的愉快交流往往會引起顧客對該主題的興趣和共鳴，成爲吸引顧客再次光臨或經常光臨的重要因素。

在進行人員設計時，應考慮：

1.工作區設計。

2.人員配置：管理人員、服務人員、廚師人員、輔助人員等的配置。

3.工作內容。

4.工作班次。

5.鐘點員工的使用。

6.內部管理體系等。

（十）程序設計

餐廳內部應建立一套嚴謹的服務程序，對餐飲服務中的各個環節、各個部門的工作職責、服務標準、服務禁忌等做出明確規定，以確保服務品質和服務形象。

在餐飲消費中，程序設計的一大難題是顧客始終參與「生產」的全過程，且顧客不是連續地、有序地到達餐廳，而有一定的間隔時間。因此，餐廳在設計程序時，應考慮如何方便顧客消費，並提高餐廳工作人員的工作效率。程序設計主體包括：

1.迎客程序。
2.點菜程序。
3.劃菜形式。
4.走菜規範。
5.撤留規範。
6.出品質量控制等。

同時，餐廳內部應做好各項導入提示工作，以顧客的消費經驗為基礎，做出清楚的路標加以提示。而餐廳應研究、尋找經營中的「瓶頸」環節，如廚房就是一個典型的瓶頸，為減少「瓶頸」，餐廳應在「瓶頸」地區補充人手，並讓人員流動起來，隨時支援出現「瓶頸」的地方。

（十一）活動設計

豐富多彩的活動是主題餐廳活力的重要體現。因此，為形成一種鮮活的賣場氣氛，餐廳應重視各類主題活動的設計，如舉辦主題之夜、各類公益活動、慈善活動之夜（免費學習英語之夜）、顧客表演

之夜、總經理之夜、家庭之夜、兒童遊戲之夜等；設立各種優惠獎勵（生日用餐免費等）；特殊時段的特殊優惠；舉行各種節慶活動，如母親節活動、父親節活動；與戲劇、藝術、音樂等聯辦活動等。

在設計各類活動時，應考慮：

1.活動的主題。

2.活動的負責人和參與人。

3.活動經費。

4.活動的宣傳設計。

5.活動的高潮。

6.活動效果評估。

好似「水果」為主題的餐廳，可根據不同時令的水果，圍繞這一主題開展豐富多彩的活動。如西瓜是人們生活中常見常食的水果，在聞名的瓜鄉——浙江平湖，每年都要舉辦西瓜節。處在這一特殊地點的「水果」主題餐廳，可透過舉辦各類活動為瓜鄉的盛事增光添彩，包括雕瓜比賽、切瓜技藝、吃瓜滾瓜等賽事，重點可突出如下活動內容：

•西瓜燈。平湖的瓜燈早在北宋就十分著名。人們在吃完西瓜後，在瓜皮上刻上花紋圖案，製成各式各樣的西瓜燈。作為一種特殊的觀賞燈。西瓜燈的趣妙可以說是一般彩燈無法可比的。餐廳可用西瓜燈作時令裝飾。

•西瓜美食。西瓜可製成不同的食品、菜餚，如西瓜羹、西瓜糕、西瓜酪、西瓜醬、西瓜酒、西瓜盅、西瓜雞及瓜皮蜜餞等。

•西瓜禮儀。在中國諸多的禮儀中，西瓜禮儀不容忽視，如何切瓜，如何吃瓜，大有學問，餐廳可介紹種種西瓜禮儀、西瓜文化。如吃瓜有很多學問：生吃、熟吃、吃瓜瓤、吃瓜皮、可加鹽，也可加糖。

因此，主題鮮明的活動可活化餐廳的「主題」，活化餐廳的賣場。

第五節　店面廣告管理

店面廣告既是餐廳經營的實物載體，也是宣傳主題特色的重要媒介，它是整個餐廳形象設計的重要組成部分。

主題餐廳由於其主題的不同，特色也迥然而異。顧客一般可藉助店面廣告一目瞭然地識別該餐廳的主題特色，從而被激發起消費欲望。所以，店面廣告起著傳遞訊息、反映特色的功能。並且，與主題特色相和諧的店面廣告還能起到美化城市、點綴街景的作用，讓過路行人駐足觀賞，留連忘返。要達成此目的，餐廳應把店面廣告當做是一件文化性極強的作品來設計。

一、店面招牌廣告

顧客尋求的是可以預見服務特點的訊號，在一定意義上，顧客可根據物質環境訊號判斷服務預期，而店面招牌就是顧客形成預期的重要因素。一塊醒目而吸引人的招牌就好比一位迎賓小姐微笑地站在餐廳門口說：「歡迎光臨。」

醒目是招牌設計的關鍵，也就是要讓路過的行人或汽車上的乘客都能遠遠地就看見，夜晚更是應配以各種燈光設計，讓它亮起來。如美國亞歷桑那州佛拉哥斯達夫66號公路上有一家以銀河爲主題的餐廳，當你在66號公路上行駛途經它時，會輕而易舉地看到這家主題餐廳的大型招牌。該餐廳位於兩條公路的交叉口，餐廳的大門面向轉角處，面對兩條公路的兩扇大門成90°角，兩扇門上各有一個比一層樓

還高的巨大招牌，該招牌在紅黃藍三色霓虹燈的圍繞下顯得光彩奪目，巨大的「銀河」字樣在霓虹燈的閃爍中熠熠生輝。一到夜幕降臨，該招牌就好像懸浮在空中，讓人無法忽視它在旋轉和變幻中所散發出來的強烈吸引力，而喬丹餐廳的招牌則是手持籃球、飛身而起的喬丹本人（如**圖4-4**），這個獨特的招牌很好地傳達了餐廳的主題特色。

　　一般，招牌的設計與餐廳整體的風格要一致，並能體現出主題特色。招牌可以掛在門上，也可獨立豎在門口，還可掛在建築物的外牆上，或以立體形狀矗立於屋頂，或懸掛在屋檐下，有的是一面旗子，也有的是個燈箱。

二、店面形象廣告

　　店面形象廣告直接充當了顧客的顧問和嚮導。如果店面形象雷

圖4-4　喬丹餐廳

同，則該餐廳也就失去了吸引顧客的魅力。許多餐廳以建築物本身作為廣告，這就必須在餐廳裝潢之前就選擇好餐廳經營的主題，根據主題設計出與之相呼應的建築物。像「電影主題餐廳」就乾脆讓顧客在各類攝影棚內享受各種道地的美國好萊塢菜餚。餐廳由不同的電影攝影棚組成，有的模仿甲板上的風光，有的則營造出羅曼蒂克的法國風情，有的則是道地的中世紀的景致……顧客可根據攝影棚的外觀選擇需要享受的主題餐飲文化，而此時店面廣告就直觀地充當了「導吃」的功能。

熱帶雨林餐廳整個建築的外形就是亞馬遜河流域熱帶雨林的真實再現。涼爽的霧氣瀰漫在階梯瀑布的四周，雷電滾滾而至，連綿不絕的熱帶風暴、巨大的蘑菇傘、會說話的樹──古怪的蝴蝶、鱷魚、蛇和青蛙，吹喇叭的大象和逗趣的大猩猩，所有這些動物們來往於巨大的菩提樹下，就連氣味都像是來自熱帶雨林（如圖4-5），顧客的就餐過程簡直就成了一個在美洲叢林歷險的過程，這種驚心動魄的就餐經歷往往會在顧客的記憶中留下最為深刻的印象。

圖4-5　熱帶雨林餐廳

而由北京前門火車站改建的餐廳則乾脆命名爲火車頭餐廳，爲突出其主題形象，乾脆在門口放置了一個栩栩如生的火車頭，火車頭後面的牆壁上是一張巨大的「火車運行圖」，這張運行圖實際上是該餐廳的菜單，非常別致。

三、餐廳標誌廣告

　　餐廳標誌廣告一般與店牌店名廣告並用，目的是爲了強化產品的宣傳效果，招徠更多的顧客。標誌廣告大致可分爲懸掛式、外挑式、附貼式和落地式。這類廣告大都離餐廳建築有一定的距離，儘可能大範圍地展示產品訊息。就其表現形式而言，有文字型、文圖結合型、形象型等。

　　標誌廣告設計同樣要爲主題服務，並出奇制勝，使其具有個性和誘惑力。如某家硬石主題餐廳連鎖店，在其門口的廣場上，略微傾斜地豎立著一把巨大的吉他，由紅、白、藍三種顏色組成，琴面上鑲嵌著十分顯眼的店名「Hard Rock」（如圖4-6）。這樣大型的店標，已經不僅僅是該餐廳的一個店面廣告，而成了城市中一個獨具特色的文化標誌。再如一家以經營牛排爲主的西式餐廳，其店門上有一幅用銅片組成的抽象的牛頭畫，雖然該畫抽象而簡單，但從牛角和牛鼻子上的鐵環可以十分明顯地看出這是一幅牛頭畫，在牛頭畫的兩側分別是用同樣材料構成的一把叉和一把刀，這樣的店標非常形象地告訴顧客該餐廳經營的特色是西式牛排，而某家以香煙文化爲主題的餐廳，其整個屋檐的造型就是一包香煙的頂部，右邊的封口剛剛打開，清晰地露出六、七枝香煙，其中一枝還很形象地設計成被人撥出了一半，露出的半支香煙上再次標明了餐廳的名稱。

圖4-6　硬石餐廳的標誌

四、導向指示性廣告

　　導向指示性廣告是店標廣告的延伸和深化，一般放在餐廳外面或附近的交通要道，或豎立作街道的轉角，透過各種指示性符號引導顧客。國外的許多餐廳把這類廣告做成燈光形箭頭交給城市管理部門，由城市管理部門彙集後豎立在路邊。

五、實物造型廣告

　　餐廳經營者為了達到誘導消費的目的，除了採用引人注目的招牌廣告來吸引路人以外，往往還採用一些投資少、見效快的實物廣告，

最常見的是各類「代表人物」，用木頭或玻璃鋼做成人體模型，穿上餐廳服務員的特色服裝來宣傳餐廳的經營特色。人們最為熟悉的就是麥當勞叔叔和肯德基爺爺，其造型可愛，色彩鮮豔，形象和藹，許多顧客都將其作為餐廳外的一景，用餐完畢後還不忘和他們合影。浙江蕭山的開元旅業集團在其下屬的每一家餐廳門口都設有一胖一瘦的兩個廚師，十分有特色，成為很好的形象廣告。再如北京前門大柵欄街某餐廳，為突出其古老的歷史，在餐廳門口立了兩位身著中式服裝的老爺爺老太太（如**圖4-7**），吸引路人在此駐足。

也可將廣告實物設計成主營產品或主題造型，如酒瓶、煙斗、大螃蟹，分別體現了餐廳經營的主題——酒文化、煙文化和海鮮。如杭州的藍寶餐廳就是一家以經營海鮮為特色的餐廳，其建築物的牆上爬著一隻兩層樓高的巨大龍蝦，成了該餐廳的活廣告。再如北京的馬克西姆餐廳，它以十七世紀的法國風情為主題，但最吸引人的卻是門前的那輛老爺車，一輛是本世紀初的灰色雪鐵龍，體積很小，躬著背，像隻甲殼蟲；另一輛稍後些，像是五、六〇年代產的雪鐵龍，藍色，也是銹跡斑斑。不經意中，兩輛老爺車把人的思緒拉回到樸素浪漫的過去，似乎也在敘說著這家餐廳悠久滄桑的歷史。

六、櫥窗陳列廣告

櫥窗廣告與店牌廣告既是有機的統一體，又是相對獨立的一部分。櫥窗就好比是餐廳的眼睛，可以利用它把餐廳經營的主題、經營的特色或是經營的主要產品透過靜態的或動態的形式一一給予展示。

如美國密蘇里州堪薩斯城的Winning Streaks運動餐廳，整個外型就是一個用歐式泥磚、多窗格拱形窗戶和鋼製露天看台支座的微型運動場。它充分利用了餐廳的多個拱形窗戶，每個窗戶都加以巧妙的設計和利用，有的陳列餐具和玻璃器皿，有的陳列了各類運動比賽的報

圖4-7　神態慈祥的老夫妻

刊消息，藉助形形色色的櫥窗廣告，讓那些初時被「運動場」外形弄糊塗了的顧客明白這是一家餐廳，其主題是運動。

七、燈箱燈飾廣告

　　現代店面設計需要現代構思，強調的是出色的創意和視覺衝擊力，將現代設計的全新理念和方法有機地與現代技術和現代材料結合起來，燈箱燈飾廣告就是這樣的產物。如店面外的泛光照明廣告與燈箱廣告、霓虹燈廣告結合起來使用，就能使餐廳店面更具欣賞性。隨著「不夜城」、「不夜街」的崛起，人們的夜生活越來越豐富，餐廳的經營時間也不斷延長，運用各種燈光效果，使餐廳擁有一個五彩繽紛的夜晚，已顯得越來越迫切和重要。

　　目前，餐廳普遍使用的燈飾是霓虹燈，二是用各種彩色照明燈來突出餐廳的硬體輪廓線，三是燈箱廣告。

　　在運用這些燈光廣告時，需要注意：燈箱不能用得太濫、太集中，否則容易使人產生壓抑感；燈光要適度，照度過小，被照射物無法讓人識別，影響觀賞效果；照度過大，會讓人感到刺眼；同時照射的面積和視覺角度要適中，不然會產生炫光；霓虹燈在使用中要注意其完整性，發現破損，要及時進行修補。

八、旗幟雨篷廣告

　　在店面廣告的組成中，除了大門、櫥窗、招牌、店標、燈光以外，還可透過旗幟、雨篷等擴充店面廣告，旗幟作為一種廣告載體，早在中國古代就已經廣泛運用，一直沿用至今，它可用厚紙張或尼龍材料製成，寫上廣告詞或畫上廣告標誌，插在店門口或掛在建築物外牆上，在風中搖曳生姿，既是一種裝飾，又發揮了良好的廣告效果。

而在一些平民餐廳，其大門都裝有遮陽避雨的雨篷，有玻璃的，有尼龍的，有塑鋼的，也有木頭的，各式各樣。除了遮陽避雨的效果外，很少有餐廳經營者利用它來做廣告宣傳。而某餐廳在沿街的窗戶上都裝上了雨篷，每個色彩鮮艷的雨篷上都寫上了餐廳提供的菜餚的名稱，行人一見頓生陣陣食欲。

無論採用何種形式的廣告，餐廳都要注意廣告的清晰、完整、清潔和創意。

第六節　主題餐廳成本管理

一般認為，主題特色要以提高成本為代價，而成本的提高對於餐廳而言無疑是一個沉重的負擔。因此，主題餐廳的管理離不開對成本的有效控制。成本控制是餐飲市場激烈競爭的客觀要求。隨著餐飲業的迅速發展，市場競爭必然日益激烈，加上人們對餐飲需求質量的逐步提高，餐廳的生存與發展面臨著嚴峻的挑戰。要生存並且要求發展，就必須創新意，降成本，提高餐廳的經濟效益，增強餐廳的競爭能力。所以，有效的成本控制已成為餐廳經營者經營管理的核心內容。

一、餐飲成本內涵分析

餐飲成本是指餐廳在設計主題、製作和銷售產品過程中所發生的各項費用的總和。

（一）餐飲成本的構成

餐廳的成本主要由以下項目構成：

1.原料成本。

2.燃料成本。

3.低值易耗品攤銷。

4.商品進價和流通費用。

5.人工成本。

6.水電費。

7.餐廳管理費。

8.其他支出費用。

在以上各項內容中，主要成本就是餐飲原材料成本和人工成本。原材料成本是餐廳所占比例最高的一部分成本，是餐廳日常支出的主要部分。因此，對原材料成本的控制在餐廳成本控制中就顯得尤為重要。其次是人工成本，是指在餐飲生產經營活動中耗費的勞動的貨幣表現形式。它包括工資、福利費、勞保、服裝費和員工用餐等費用。隨著餐飲市場對人才的日益重視，餐飲行業的人工費用也隨之水漲船高，高薪聘請主廚已不是什麼新鮮的事，就連一般的廚師、一般的餐飲管理人員也都要價不菲。對於餐廳的投資經營者來說，這部分的成本是僅次於食品原材料成本的一項，餐飲經營者需要好好加以分析和控制。

（二）餐飲成本的類型

對成本進行各種分類，有利於餐廳經營者根據不同的類型對不同的成本進行分析和控制，大大提高成本管理的有效性。

■固定成本和變動成本

固定成本是指不隨業務量的變動而變動的那些成本。在餐廳中，員工的固定工資、設施設備的折舊費等，都屬於固定成本。某些固定成本的數額會隨著時間的推移而增加或減少。換句話說，固定成本並

不是絕對不變的。但是，固定成本的變化與業務量的變化無關。

變動成本是指隨著業務量的變動而相應成正比例變動的成本。食品和飲料成本、洗滌費用等就是變動成本。

此外，界於固定成本和變動成本之間的是半變動成本，它隨著業務量的變化而部分相應變動，如人工成本。餐廳的特點是業務量波動大，因此，餐廳的員工包括兩部分人，一部分是保持穩定的人員，如管理人員、主廚、財務人員等等，還有一部分是流動性比較大的人員，如餐廳服務人員。由於人工成本包括這兩部分員工的工資，前半部分員工的工資屬於固定成本，而後半部分員工的工資屬於變動成本，所以說，人工成本是半變動成本。有些餐廳實行計時工資制，這樣一來，其人工成本就隨著業務量的變化而變化，成爲變動成本。所以不同的工資制度是確定人工成本類型的基礎。

■可控成本和不可控成本

可控成本是指短期內可改變其數額大小的成本，變動成本一般是可控成本。比如，餐廳可以透過改變菜餚的份量或成分來改變菜餚的製作成本，透過增減服務人員來控制人工成本。有些固定成本也可以成爲可控成本，如廣告促銷費用、餐廳維修費用等等。

不可控成本是在短期內無法改變的成本，不可控成本一般是固定成本，如設施設備的折舊費、房屋租金等。因此，餐廳要強化管理，擴大營銷效果，減少單位菜餚中不可控成本的比例。

■單位成本和總成本

有些成本可用單位數表示，如食品成本、飲料成本等，這就是單位成本。同時，他們也可以用總額來計算，這就屬於總成本。是以單位數來計算還是以總額來計算，就要根據對這些數據的不同需要進行不同的選擇。

■標準成本和實際成本

標準成本是根據餐廳生產和經營成本的歷史資料，結合當時的食

品原料成本、人工成本、經營管理成本等的變化，制定出每份標準菜餚所需要的總成本。它是衡量和控制餐飲實際成本的一種參照標準。

而實際成本是指餐廳在實際運作過程中發生的各種成本總和，它反映了餐廳成本管理現狀。

（三）餐飲成本的特點

鑑於餐廳的特殊性，餐飲成本也有著不同於其他行業成本的一些特點。

首先，餐廳內變動成本、可控成本比重大。由於食品原材料成本是餐廳成本中最大的一塊，而食品原材料成本又屬於變動成本，所以，在餐廳內，變動成本的比重相對就比較大。另外，餐廳除了設施設備的折舊費、房屋租金等不可控成本，大部分費用成本都是可控成本。這些成本的多少直接與經營管理者對成本控制的有效性相關。

其次，餐廳內部成本洩露點多。成本洩露點是指餐飲經營活動過程中已經造成的或可能造成的成本流失。從餐廳的整個經營活動的過程來分析，每一道環節都有可能造成成本洩露，如食品飲料的採購、驗收、入庫、貯藏及發料、食品加工和烹調等過程都存在著許多成本洩露的現象。對這些容易造成成本洩露的環節多加控制，將會大大降低餐飲成本。

二、餐飲成本管理的作用

成本管理是指在經營中按既定的成本標準，對餐飲產品的各項成本進行監督、調節、控制，及時揭示偏差並採取有效措施加以糾正，在不影響產品質量和服務質量的前提下，使實際成本最低化。成本管理的作用體現為：

（一）在激烈的市場競爭中獲得優勢

　　隨著人們收入的不斷增加，生活水平的不斷提高，餐飲市場正在以一種前所未有的速度大踏步地向前發展。許多投資者都看到了餐飲行業的興榮，並紛紛把各自的資金投向了餐飲行業，一時間，形形色色的大小餐廳如雨後春筍般應運而生。可是，在這繁榮興旺的市場景象的背後卻是各餐廳之間的無休止的「戰爭」。在這樣的市場環境下，就要求各餐廳想盡辦法採取各種各樣的方法以取得競爭中的優勢地位，成本控制就是這眾多方法中很有效的一種。降低成本就意味著在競爭中比對手多一份實力，多一份希望。

（二）是餐廳活動良好經濟效益的保障

　　成本是餐廳經營的支出部分，降低成本也就是增加了收入，增加了利潤，餐廳經營的最終目的無非就是獲得利潤，爭取良好的經濟效益。擴大營業額、降低經營成本等都是有效提高經濟效益的手段。可見，成本控制在餐廳經營活動中所占有的重要位置。在目前這個價格戰依舊有一定影響的市場環境下，成本控制就顯得十分的直接和有效。

三、餐飲成本控制的方法

（一）成本分析

　　成本分析是由餐廳的經營管理者、財務部門或專職成本分析人員對餐廳的成本控制狀況進行全面、系統地分析，找出成本漏洞，提出改進成本控制措施的一系列活動。餐廳如何進行成本控制，從什麼環節進行控制等問題都需要深入細緻的成本分析為依據。

成本分析是對餐飲經營活動過程中發生的成本及其控制結果進行分析，並與同行業成本以及與標準成本進行對比分析的活動，是餐飲成本控制的重要內容，透過對餐飲成本控制效果的分析，可以正確評估餐飲成本控制的業績，發現餐飲成本控制存在的問題和主要的成本漏洞，以便檢查原因，採取有針對性的控制措施，加大成本控制的力度，採取有效措施堵塞這些漏洞，提高成本控制的水平。

餐飲成本分析既是上一階段成本控制的結束總結，也是下一階段成本控制的開始。餐飲成本分析包含的內容非常廣泛，整個經營活動過程都在其中，具體來說，主要有以下內容：

1.餐飲原料採購成本分析。

2.餐飲原料驗收成本分析。

3.餐飲原料存儲成本分析。

4.餐飲食品生產加工成本分析。

5.餐飲市場營銷成本分析。

6.飲料成本分析。

7.餐廳資產使用成本分析。

8.餐廳資金營運成本分析。

9.餐廳人工成本分析。

10.餐廳綜合成本分析。

針對這些內容，首先要確定目標成本，有了目標值，才能將實際成本與目標成本進行比較分析，找到差距，從而進一步分析成本差異的原因，制定改正措施，推進餐廳成本控制水平的不斷提高。分析的方法多種多樣，有直觀分析法、流程分析法、表格分析法、對比分析法、抽樣分析法、自動化成本分析法、盤存分析法等。

在分析成本時，準確地計算餐飲成本率將有利於經營管理者進行橫向和縱向的比較，作出正確的判斷，從而對餐廳下一階段的經營活

動採取及時的糾正措施，讓餐廳朝著良性循環的道路不斷發展下去。

　　成本率即成本占銷售額的比例。同樣道理，食品成本率、飲料成本率、人工成本率等也以同樣的方法計算。

　　食品成本率＝食品成本÷食品銷售額×100％
　　飲料成本率＝飲料成本÷飲料銷售額×100％
　　人工成本率＝人工成本÷總銷售額×100％

（二）重要環節的成本控制

　　在整個餐廳的經營活動過程中，有幾個環節是特別容易出現成本漏洞，這些環節有：採購控制、驗收控制、貯藏控制、發料控制、加工烹調控制等。

■採購控制

　　食品原料採購的目的在於以合理的價格，在適當的時間，從安全可靠的貨源，按規格標準和預定數量採購餐廳所需的各種食品原料，保證餐廳業務活動順利進行。從成本管理的角度，採購工作中成本控制的內容也同樣集中在食品原料的質量、數量和價格幾個方面。

　　首先要堅持使用原料採購規格標準。餐廳應根據烹製各種菜餚的實際要求，制定各類原料的採購規格標準，並在採購工作中堅持使用。這不僅是保證餐飲成品質量的有效措施，也是最經濟地使用各種原料的必要手段，因為並非所有菜餚都得使用相同等級或質量最好的原料不可。

　　其次，要嚴格控制採購數量。過多地採購原料必然導致過多貯存，而過多貯存原料，不僅占用資金、增加倉庫管理費用，而且還容易引起偷盜、原料變質損耗等等問題。因而，餐廳應根據營業量需要、資金情況、倉庫條件等因素作出採購數量決定。

　　再者，採購價格必須合理。食品原料採購者應該在確保原料質量

符合採購規格標準的前提下，儘量爭取最低的價格，因而，在採購一種原料時，至少應取得三家供應單位的報價，以做比較選擇。原料價格是否與原料質量相稱是檢驗採購工作效益的主要標準。

■驗收控制

　　驗收控制的目的除了檢查原料質量是否符合餐廳的採購規格標準外，還在於檢查交貨數量與訂購數量、價格與報價是否一致。因此，驗收工作應包括：對所有驗收原料、物品都應稱重、計數和計量，並做如實登記；核對交貨數量與訂購數量是否一致，交貨數量與發貨單原料數量是否一致；檢查原料質量是否符合採購規格標準；檢查價格是否與餐廳訂購價格一致；如發現數量、質量、價格方面有出入或差錯，應按規定採取拒收措施；儘快妥善收藏處理各類進貨原料；正確填製進貨日報表等有關表單。

■貯藏控制

　　為了保證庫存食品原料的質量，延長其有效使用期，減少和避免因原料腐敗變質而引起的食品成本增高，杜絕偷盜損失，原料貯藏應著重以下三方面的控制：

　　•人員控制。貯藏工作應由專職人員負責，任何人未經許可不得進入庫區。餐廳高層管理人員當然有權巡視倉庫，但也應儘量控制有權出入庫區的人員數。庫門鑰匙須由專人保管，門鎖應定期更換。

　　•環境控制。不同的原料應有不同的貯藏環境。庫房設計建造必須符合安全衛生要求，以杜絕鼠害、蟲害，並避免偷盜。有條件的餐廳應在庫區安裝閉路電視監察庫區人員活動。

　　•日常管理。原料貯藏保管工作也應有嚴格的規格，其基本內容須包括以下方面：各類原料都須有固定的貯藏地方，原料經驗收後，應儘快地存放到位，以避免耽擱引起損失；各種原料入庫時應註明進貨日期，並按照先進先出的原則調整原料位置和發放原料，以保證食品原料質量，減少原料腐敗、霉變損耗；定時檢查記錄各倉庫的溫濕

度，確保各類食品原料在合適的溫濕度環境中貯藏；保持倉庫區域清潔衛生。

■發料控制

原料發放控制是日常食品成本管理中的一個重要環節。由於發料數量直接影響每天的食品成本額，餐廳必須建立合理的原料領發制度，既要滿足廚房用料需要，又要有效控制發料數量。發料控制要做好下列工作：

• 使用領料單。任何食品原料的發放，必須以已經審批的原料領用單為憑據，以保證正確計算各領料部門的食品成本。同時，餐廳應有提前交送領料單的規定，使倉庫保管員有充分時間正確無誤地準備各種原料。

• 規定領料次數和時間。倉庫全天開放，任何時間都可以領料的做法並不科學，因為這樣會助長廚房用料無計畫的不良作風。所以，餐廳應根據具體情況，規定倉庫每天發料的次數和時間，以促使廚房做出周密的用料計畫，避免隨便領料，減少浪費。

• 正確計算成本。領用原料的成本是餐廳每天食品成本的組成部分，因此，倉庫管理員每天須及時、正確地計算領料單上各種原料的成本以及全天的領料成本總額。

■加工烹製控制

食品原料的粗加工、切配以及烹製、裝盤過程對餐廳的成本高低也有很大影響，這些環節如不加控制，往往會造成原料浪費，致使成本增加。因而，在食品原料的加工烹調階段，餐廳必須注意以下問題：

• 切割烹燒測試。餐廳應經常進行測試，掌握各類原料的出料率，制定各類原料的切割烹燒損耗許可範圍，以檢查加工、切配工作的績效，防止和減少粗加工和切配過程中造成原料浪費。

• 制定廚房生產計畫。廚師長應根據業務量預測，制定每一天各

餐的菜餚生產計畫，確定各種菜餚的生產數量和供應份數，並據此決定需要領用的原料數量。生產計畫應提前數天制定，並根據情況變化進行調整，以求準確。

• 堅持標準投料量。堅持標準投料量是控制食品成本的關鍵之一。在菜餚原料切配過程中，必須使用稱具、量具，按照有關標準菜譜中規定的投料量進行切配。餐廳對各類菜餚的主料、配料投料量規定應製表張貼，以便員工遵照執行。

• 控制菜餚份量。餐廳中有不少食品菜餚是成批烹製生產的，因而在成品裝盤時必須按照規定的份量進行，也就是說，應按照標準菜譜所規定的烹製份數進行裝盤，否則就會增加菜餚的成本，影響毛利。

第七節　主題餐廳成敗規律分析

主題餐廳出現的歷史雖然不長，但已有的主題餐廳卻呈現蓬勃的發展態勢。從它們的發展中，可總結出主題餐廳運作的一般規律，尤其是成功和失敗的一些基本經驗。

一、主題餐廳成功規律分析

分析已有主題餐廳的經營軌跡，其成功的「秘訣」可歸結為：

（一）調查定位，確保主題對口性

開發任何一項產品或服務，事先都要進行周密的市場調查，對市場進行可行性研究論證。餐廳要從顧客的立場出發，調查分析顧客的所有需求，包括一些細微的需求，從而確定主題。不能主觀臆斷，想

當然根據經營者的喜好偏愛來做決定。

　　主題餐廳的特點之一在於它的高風險性，因此，在尋找主題時，對前期的市場可行性研究要求更高，一旦發生偏差，就等於給主題餐廳的發展造成先天性的不足，這種不足若要透過後天的努力進行彌補是非常困難的。

　　餐廳要分析自身的優勢和劣勢，充分發揮各種資源的綜合優勢，包括人力資源、物資資源、區位資源、財力資源、關係資源等，揚長避短，準確定位，形成其他餐廳一時難以抄襲模仿的主題，使本餐廳的主題具有較長時期的穩定性。

　　不同的顧客對餐廳的形象要求是不同的。以家庭消費為主的餐廳，在菜式上應以家常菜為主，在消費水平上要適合目前中檔收入家庭的經濟水平，在裝潢上，不要用貴重的花崗岩、高級的燈具，只要重視氣氛的設計即可；以追求地位感的顧客為主的餐廳，首先要使顧客進入餐廳就感到自己是有社會地位的消費群，因此，餐廳可只接待一定層次、一定職業的顧客，如律師俱樂部、教授俱樂部、銀行家俱樂部、總裁俱樂部等，或在每週的特定一天舉行總經理之夜、總經理秘書之夜等活動；以休閒顧客為主的餐廳，首先要營造出輕鬆愉快的休閒環境和氛圍。如前所述的星期五餐廳，想盡一些辦法製造輕鬆的休閒氣氛：餐廳的裝潢不求隆重、嚴肅，而是追求活潑多樣；掛著單人運動艇模型及運動鞋，引導顧客參與運動⋯⋯服務員身上掛著許多運動比賽的獎章仿製品，顧客不僅可以欣賞，還可與服務員交換。所有就餐的人員，均衣著簡便，輕鬆自在，而有的休閒餐廳乾脆提出「喝茶、聊天、吃飯、發呆」的宣傳口號。

（二）「一主幾輔」，擴大主題適應性

　　形成主題，並非絕對化的排斥其他客源。主體餐廳並不一定只有一個主題，有時可以形成一主幾輔的格局，同時適當滲入拓展若干個

其他細分市場。這不但可以保持客源量，還可以爲將來主題餐廳的長期發展做一探視性的市場摸底，從中有更好的啓發，增添或更改原有的主題。但一定要把握好主次，不要撿了芝麻丟了西瓜。如目前餐飲市場上，壽宴、婚宴等成爲大衆消費新的增長點，可以以此爲輔助，適量拓寬主題餐廳的客源類型。

（三）慎重選址，確保經營條件的優越性

選址對於主題餐廳的經營有著十分重要的影響。適合主題餐廳發展的地址，大致可分爲兩類，一類是交通條件十分便利的地點，這類主題餐廳一般主題不甚突出，其客源也不是特別專一，也即，在客源的選擇上表現出一定的「寬容」性，它能同時吸引各種不同的客源來店消費。因此，這類主題餐廳成功的關鍵取決於良好的地理位置，要求交通便利，或地處主要的生活區，或是城市的鬧市區。而另一類主題餐廳在選址上則注重環境的隱蔽性和幽靜性，尤其是一些建立在市場高度細分基礎上的主題餐廳，因其客源面相對「窄小」而擁有非常專業化的客源，這類餐廳往往帶有俱樂部的性質。因此，其客源可以不辭辛苦來此尋求「志同道合」的夥伴進行聊天，在自己熟悉並迷戀的環境中尋找自我，展示興趣。

（四）改造更新，延長主題生命週期

主題餐廳經久不衰的關鍵因素在於能不斷補充和更新改造，以形成一個扇貝形的生命週期。即產品在經歷了介紹期、成長期，進入成熟期時，餐廳已經著手研製開發了滿足市場新需求、迎合消費新時尙的新產品，在衰退期到來之前，這種更新的產品已推向市場，藉助成熟期知名度達到高峰這種優勢，不經過介紹期，直接進入成長期和成熟期。當這種新產品再次走向成熟時，餐廳再次不失時機地開發新產品，使上述過程反覆出現，形成扇貝形的發展週期。這樣，餐飲產品

的生命週期就不是一個短暫的過程，而形成了一個良性循環發展的態勢，不斷凸顯活力。

不過，在進行更新改造主題時，應考慮主題的穩定性和發展性的有機統一。一般，主題餐廳是建立在市場高度細分的基礎上的，其選定的主要客源因對這種主題的強烈偏好而形成了較強忠誠性，因此，主題餐廳的主題應該相對穩定。這裡講的更新是指主題的內涵、風格應隨著這個主題的發展而不斷提高、完善，不斷充實該主題的時代特色和時代研究成果。如影視主題餐廳，以前的做法是餐廳必須準備一整套的錄影帶或是VCD，並且在放映各類影片時，對場地的要求較高，且不能很好地照顧不同影迷的口味。而隨著電子技術的發展，利用先進的現代科技，顧客可以自主地在電腦上選擇任意一部自己中意的電視節目或電影，透過網路即點即看。對餐廳而言，既可省卻開支，又能很好地兼顧每一位顧客的不同偏好，這就是一種手段上的更新。如有的餐廳取名為「自主吧」，在這裡，顧客可以自由拿取自己感興趣的食品，並且藉助先進的技術，可自由欣賞國內外各種影片、唱片。這種更新不僅沒有抹殺原來的主題內涵，反而方便了顧客尋找「主題」，這就是一種發展。

另一種情況是主題的內涵本身已經落後，這就需要果斷地放棄原來的主題，進行主題的轉移更新。

（五）高效促銷，提高主題餐廳知名度

相對於其他餐廳，主題餐廳在促銷上的力量可稍微減輕，因為主題餐廳的客源擁有較高的忠誠度，因此，一旦主題形象已經深入人心，就沒有必要將主要精力放在宣傳促銷上。

宣傳促銷對於一家剛開業的主題餐廳而言，卻是非常重要的。因為主題餐廳能否打開知名度的關鍵在此。餐廳可透過實行靈活的經營手段提高餐廳的知名度，如設置VIP桌子、超值餐、特別服務等。

爲提高宣傳促銷的針對性，主題餐廳首先必須深入研究本餐廳的主題特色，抓準本餐廳不同於其他餐廳的特殊之處，並透過最簡潔、最通俗的語言或畫面，將這種主題特色明白無誤地展現給目標客源。在尋找這類主題特色時，應注意：第一要將本餐廳的特色與競爭對手有效地區別開來。第二則要將本餐廳的特色與目標顧客的需求有機地統一起來。只有做到這兩點，這個「特色」或是「主題」才是有效的。

　　在葡萄牙首都里斯本的特茹河大橋旁邊，有一家「誰來晚餐」餐廳，其主要客源是那些對演藝界人士或藝術感興趣的顧客，它在宣傳促銷上的成功首先得益於其獨特的店名。一般的店名都是以兩到三字爲主的名詞爲主，而它則別出心裁地以電影片名「誰來晚餐」爲招牌，這家餐廳係由藝術家聯合開辦，餐廳的五位股東中，兩位是演員，一位是畫家，一位是雕塑家，一位是電視文藝節目的主持人。

　　餐廳爲什麼借用這麼一部電影的名稱？老板克利馬科博士說，因爲其中有個「餐」字，與餐廳所提供的服務巧妙重合，使人一目瞭然。此外，以電影名字作爲餐廳的招牌，更能顯示出餐廳獨特的藝術風格，具有強烈的吸引力。餐廳的布置別出心裁，處處洋溢著藝術情調、藝術魅力。餐廳的牆壁上掛著幾百幅電影劇照，每把座椅背面印有各國電影明星的名字，靠近酒吧的一張桌邊的三張椅子上，分別引人注目地寫著世界影壇巨星費雯麗、瑪麗蓮‧夢露、史特龍的名字。光顧餐廳的大部分食客是電影迷，是影星們的崇拜者。

　　更爲有趣的是，在顧客們進餐時，藝術家們還創造出了一種奇特的「進餐氣氛」，糅藝術於飲食之中。例如，當某位顧客面前擺上餐廳的拿手好菜，胃口大開時，餐廳的燈光會突然暗下來，隨即響起一陣奇妙的聲音，這是某一部榮膺奧斯卡金像獎的電影的音響效果。雖然它不能像標題音樂那樣緊扣主題，但藝術家們的藝術創作，卻能給顧客增添樂趣，喚起聯想，誘發食欲。飯後，餐廳還供應一杯用咖

啡、檸檬、糖、奶油和酒混合而成的獨特飲料，藝術家們給這種混合飲料取名爲「燃燒」。據說，喝後能使人發暖。由於飲料中酒的度數很高，點燃後會冒出藍藍熒熒的火苗，每當顧客用勺子輕輕地攪動飲料時，會聽到一陣電閃雷鳴般的音響，使人情不自禁地想起一場熊熊燃燒的大火，眞是妙趣橫生。

經營者們這種以藝術吸引顧客的招數，的確是獨具匠心，令人叫絕。當影迷們置身於電影劇照的包圍之中，坐在寫有明星姓名的椅子上進餐，欣賞著播放的電影音響效果時，心理上不免產生一種奇妙的美好的幻覺，恍如自己眞的同名人們並肩而坐，共同進餐，無不得到極大的滿足和欣慰。同時，顧客們光顧這樣的餐廳，除了能與電影明星們「爲伍」，品嚐到美味佳餚之外，還能了解不少電影知識、歷史典故，獲得藝術的薰陶和享受。

餐廳可採用一些有連貫性的促銷方式吸引更多的「回頭客」。如世界著名的肯德基集團，近年的營銷中心開始抓住「兒童」這一市場。每年的不同時期，肯德基都會推出一些富有創意的促銷活動，如節假日舉辦青少年兒童聯歡等。更成功的一著是每年在不同的時間段都會推出許多系列兒童玩具。這些兒童玩具除了能單獨玩賞外，還可與其他的玩具組成一個大型玩具或系列玩具，因此，爲了收集肯德基的一套套玩具（如世界各國人物），兒童往往不厭其煩地成爲肯德基的回頭客。以中國大陸爲例，從2000年的7月31日至9月10日之間，在任何一家肯德基購買任何一套奇奇兒童套餐，就可免費得到五十三隻「寵物小精靈」中的一個。肯德基的這一套玩具設計靈感來自全球最風行的卡通片《寵物小精靈》，「小精靈」玩具系列共分爲立體拼圖、魔術卡和立體造型卡、砲彈車、寶物盒等，爲湊齊這些禮物，小孩往往會頻頻光顧該餐廳。

「養在深閨」的主題餐廳在宣傳促銷上尤其應加大力度，要重視培養「回頭客」，如主動與老顧客保持聯繫，及時收集有關服務訊息

（在此過生日的客人、度蜜月的客人等），還可像航空公司給予乘客累積哩程數一樣，給予老顧客累積獎勵。

（六）文化經營，形成經久不衰的主題特色

在知識經濟社會中，文化在餐廳經營管理中的地位越來越重要。因此，對主題餐廳而言，如何藉助文化的魅力做好餐廳的經營管理成為主題餐廳能否發展壯大的關鍵點。一些成功的餐廳在總結其秘訣時，都強調了文化的重要性，也正是依據文化的威力，餐廳經營才發揮出其強大的文化效應。

在杭州五千二百多家特色酒店、飯莊中，規模中等的望族大酒店就是以其文化特色吸引了眾多的回頭客，並成為當地餐飲市場上的佼佼者。許多業內人士都稱：別看有些菜館表面生意興隆，實際上生意最穩定的是望族大酒店。望族的文化色彩不是那種急功近利的「文化搭台，經濟唱戲」，而是一種由裡到外名副其實的文化定位。走近望族，這種文化氣息就撲面而來，初次來此的人往往會覺得奇怪。首先奇怪的是：莊重深沉的店門總是虛掩著，門前石座上塑著一隻展翅的雄鷹，像是一個古老的名門望族的族徽，使人油然而生敬意。大膽走過去，門會自動敞開，是風度高雅的老者在為顧客服務。一打聽，還是位退休老教授，教授怎麼會屈尊做「店小二」？回答是接觸塵世社會，一天只做三小時。教授引導顧客入座時，會介紹走廊、大廳的油畫：那是莫內的塔希提姑娘，是法國羅浮宮的藏品；那是……走入大廳，悠揚的鋼琴聲叮咚咚地傳來，走進包廂，滿壁的書架會使顧客懷疑走錯了地方。一般餐廳所常有的嘈雜在這裡見不到，除了環境因素外，還有經營上的匠心。這裡既沒有掛著紅綬帶軟磨硬打推銷酒水的促銷小姐，也沒有打上某某廠家贈送字樣的餐具、招貼畫，酒杯是進口的，所有用品都是有品味的，目的是主隨客便，讓顧客享受名門望族的待遇，不受商業促銷的干擾。正因如此，服務員的服務是講究

的，既輕言細語，又不失禮貌。所有的包廂都沒有卡拉OK設備，來此用餐的多是文化人、商務客，他們需要的是適宜交際、交流的環境，望族刻意營造的就是一種高雅氣氛。

在主題餐廳的發展過程中，餐廳應注重尋找合適的文化內涵，以此作為競爭的起點，起點高則發展餘地大；要注重經營過程中文化性的綜合表現，把靜態文化和動態文化、歷史文化和現代文化、高雅文化和民族文化很好地結合起來，並透過一定的形式把它表現出來。

++

例：馬克西姆——法蘭西美食文化的傳遞

1981年，皮爾·卡丹從一個英國人手中買下了位於巴黎協和廣場的馬克西姆餐廳，當時有著九十多年歷史的馬克西姆餐廳已瀕臨破產。經過三年整修、設計，馬克西姆餐廳奇蹟般地「復活」，它不但恢復了往日的光彩，而且把影響擴大到了整個世界，成為法蘭西美食文化的傳遞者。

馬克西姆餐廳的文化理念，體現在其經營的各個方面：

迎賓：來馬克西姆餐廳就餐的顧客多是事先預訂座位的。開始營業前，服務人員對當班的服務對象已有一個基本的了解，做好充分準備。營業時間一到，經理站在門口親自迎接顧客的到來，他馬上記住客人的名字並陪同客人一起進入餐廳，一直到客人全都就座，打過招呼之後才笑容可掬地離去，忙著接待下一批客人。作為一名身在異鄉的外國人，能聽到經理親暱地稱呼自己的名字並為自己服務，價值的自我實現意識油然而生。

點菜：經理把客人送到座位上後，負責該桌服務的領班會立即向前問候，並把菜單打開送到每一位顧客手中，然後走到一旁，給客人兩三分鐘的時間選擇。因為餐廳規定菜單到客人手中之後，不得站在桌邊守候，否則會給客人一種催促的感覺。

紀念品：馬克西姆餐廳針對客人到外地遊覽喜歡購買紀念品這一

心理特徵，專門準備了馬克西姆餐廳專用的火柴和印有「Maxian's」字樣的小煙盒等小禮品送給客人，而且領班人員隨手可將錫紙捏成小鳥、小鴨等紙形，將禮物放在煙盒裡面送給客人。

更衣：來馬克西姆餐廳就餐的客人一到門口，笑容可掬的門衛會主動上前打招呼，為客人打開大門，陪客人進入前廳，前廳設有衣帽間。餐廳還為事先沒有準備的客人準備了十來套西服。

表演：馬克西姆餐廳正廳裡設有一個小舞台，每天晚上都有著燕尾服的樂師現場演奏。北京的馬克西姆餐廳以演奏中國民間音樂為主，但大多是以鋼琴五重奏的形式出現的，很容易讓人想起十七、十八世紀法國的宮廷生活。

音量：馬克西姆餐廳環境典雅、豪華，在徐徐傳來的音樂聲中，客人會感到十分愜意。這家餐廳的音量很講究，每次營業前都要幾經調試，直到管理人員滿意為止。進餐時用音樂伴奏這種方式起源於十六、十七世紀法國的宮廷生活，因此，從這種伴餐方式上也體現了法蘭西的古老文化。

馬克西姆餐廳環境十分安靜，這種情況使得客人比較拘謹，不便談話，有時是談話內容不大適宜，有時是怕影響其他客人。用「音樂」加以「掩蓋」使得客人感到方便和自在。但音樂以不影響客人談話為標準，故多選用古典音樂，使人感覺從容不迫。

餐具服務：一般餐廳的做法是由裡向外依次擺好客人所需要的餐具，客人進餐時，只要依次使用即可。而馬克西姆餐廳採用多次上餐具的服務方法，即一道菜撤走，就換一次餐具。此舉雖增加了工作量，卻確保了客人的用餐方便，同時也增加了服務人員對客人直接服務（桌上服務）的次數，增加了顧客與服務人員之間的感情交流。

始終服務：馬克西姆餐廳規定「服務人員必須使顧客感受到『你始終在為他服務』來滿足客人的需求」，馬克西姆餐廳的領班人員會利用每一次服務間隙，向自己服務區域的顧客進行感情交流，或簡單

交談幾句，或為客人簡單介紹幾句馬克西姆餐廳的由來及歷史等。即使在十分繁忙的情況下，也總是向客人微笑、點頭，始終與客人保持交流，讓客人感受到「自己時刻被關懷」。

上「等盤」：「等盤」是馬克西姆餐廳的一個創造。一般西餐服務正菜結束後，如果客人沒有要咖啡或其他甜食，服務人員對他的服務就結束了。馬克西姆餐廳卻多了一道服務程序，那就是「等盤」，即等待同桌人用餐完畢。上「等盤」可以說是抓住了顧客心理的典範之作，它合理地利用了「上盤即有服務」這一錯覺使人感覺下面還有什麼服務。而坐等者心裡十分明白自己所點的內容，明知下面沒什麼服務，他往往會感激服務人員並沒有忘記他。

點煙：馬克西姆餐廳有一條不成文的規定：服務人員在服務過程中如遇到客人準備吸煙或者已經掏出香煙的情況下，服務人員必須為客人劃火點煙。因此在馬克西姆餐廳內，從普通的服務人員到領班、經理，每個人都隨身裝有一盒印有「馬克西姆餐廳」字樣的火柴，準備隨時為客人服務。

++

可見，在餐飲經營過程中，應注意文化的開發、利用和吸收。同時，餐廳應注重洗手間文化。杭州好陽光大酒店的洗手間，潔淨寬敞，充滿生趣，初次光臨者往往會望而卻步，懷疑自己走進了花園。

就洗手間而言，可供做文章的方式有：

1. 化妝室化：在洗手間內設鏡子、化妝紙、香水等物品，方便女性餐後補妝。
2. 音樂廳化：播放各類音樂。
3. 植物園化：擺放大量的奇花異草。
4. 美術館化：陳列一些優秀的藝術作品。
5. 電影院化：美國曼哈頓的羅拉餐廳居然在廁所內放映電影。

6. 溝通室化：設置沙發椅子供顧客短暫溝通。

7. 休息室化：內設一些冷飲廳、小賣部，提供各種衛生物品等。

8. 醒酒廳化：配置一些醒酒的基本物品。

9. 人性化：在設計上體現對人性的關懷，如專設殘疾人廁所。

10. 科技化：藉助各種科技手段，增加廁所的功能，如自動調節冷熱水沖洗、烘乾、消毒等。

二、主題餐廳經驗教訓分析

從主題餐廳的經營現狀看，呈現出「幾家歡樂幾家愁」的發展態勢。總結其經驗教訓，可發現主題餐廳在發展過程中應力戒：

（一）主題混亂，缺乏特色

一些主題餐廳由於前期的調查工作不夠細緻，在主題定位時沒有抓住重點，由此導致的直接後果是在發展過程中缺乏自信，盲目跟風。其典型的行為是對自己所選定的主題缺乏自信，日常經營的重心放在觀察同類餐廳的經營作風和經營重點上，東施效顰。這些主題餐廳雖有一定的主題，但這個主題往往呈現較大的變動性，並且，模仿也不夠深入和細緻，停留在做表面文章的地步，無法真正展現主題餐廳的深層次內涵，也就無法真正吸引目標客源。

（二）因循守舊，缺乏活力

有的主題餐廳一旦定位成功，就以為萬事大吉，而忽略對主題的更新和提高，在日常經營活動中表現為單一性和重複性，經年累月下來，也會因缺乏活力而引起時尚青年的唾棄。

實際上，對於任何一家餐廳而言，都應以動態發展的眼光來尋找餐廳新的經濟增長點。因為餐廳面臨的消費群體是一個「善變」的消

費對象。以普通餐飲市場上的消費群體之一——學生為例，長期以來，學生的餐飲消費偏好是「求廉」，但隨著自立能力的強化，對於目前多數學生而言，就餐消費已超越了「填肚子」的範圍，餐廳對這樣的變化應做出及時的反應。

（三）盲目求異，忽略成本

差異化有一定的成本作為代價，也即，主題的營造和經營受到資金等的限制。一般，主題吸引力的強弱和主題成本是成正比的，對於主題餐廳而言，要在差異化和成本之間尋求一個最佳的平衡點。這一個點既能為餐廳帶來豐厚的回報，又能節約經營成本。而目前一些主題餐廳在開設之初，本著「強化主題」的良好願望，盲目地追求差異，而這種不計成本的差異化必然造成入不敷出的困境，因此，主題餐廳應注重盈虧平衡點的尋找。

（四）粗製濫造，輕視細節

主題餐廳若本著「撿西瓜、丟芝麻」的經營理念忽略細節的處理，必然招致失敗的結果。在餐飲經營上，應從細小環節上體現服務品質，應小題大作，撿芝麻當西瓜，一般應重視**表4-3**所示的細節：

表4-3　服務細節

一個髮型
一塊名牌
一個站立姿勢
一個電話的接聽
一只閃爍的燈或黑燈
一個告示
一句問候
一個客人的特殊要求
一張帳單
一個台面

第五章

動態性發展：主題餐廳活力的體現

俗話說「風水輪流轉」，說明環境是不斷變更的、相應的，環境中的諸多企業也應具備「流動」的轉型變革觀念，也即餐廳要根據顧客需求、愛好的變化，競爭者實力、優勢的變化，宏觀政策的變化，靈活調整主題特色，對周圍環境保持高度的敏感，動態發展，做到駕馭未來，而非經營過去。

　　因此，主題餐廳的活力體現在它能否真正做到動態發展。餐廳要站在時代的前列，運用超越時空的目光審時度勢、主動更新，確保餐廳的持續發展。

第一節　主題更新策略

　　主題餐廳的客源雖然具有相對的穩定性，但是現代人最大的本性是「善變」，消費需求隨著消費時尚輪流轉。因此，主題餐廳也不能以不變應萬變，而應隨時根據變化了的外部環境做及時調整，這就是主題的更新。

　　主題餐廳的更新是指餐廳應根據產品的生命週期及其餐飲業的發展趨勢，對主題及時進行合理的調整，透過開發新產品或新服務，以期形成良性循環的發展態勢。

一、主題更新的必要性：日益縮短的生命週期

　　一般而言，一個產品在市場上總是有或長或短的生命週期，總要經歷介紹期、成長期、成熟期和衰退期。就主題餐廳能否在介紹期一砲打響成為主題餐廳立足於餐飲市場的關鍵要素。有人將主題餐廳的介紹期效應稱之為「電影效應」，即類似電影大片，在市場上第一輪放映，如果能夠打開市場，收回成本並獲得利潤，就算成功；如果不

行，就算徹底失敗。主題餐廳投入市場之後，也存在這樣一個規律：如果能夠一砲打響，就基本上可以收回投資；反之，必然招致失敗或較大的挫折。

也有人提出，主題餐廳的生命週期只有五年，五年之內如果投資不能收回，就算是一個失敗的項目；如果能夠收回投資並獲得利潤，基本上可以視爲一個成功的項目。在競爭十分激烈的條件下，這樣的論述有一定的支持市場，但不盡全面。那些善於主動更新的主題餐廳，其生命週期可以不斷延長，如美國的硬石餐廳多年來一直經久不衰，成爲餐飲市場上的「長青樹」。

因此，研究主題餐廳的更新策略，首先要了解餐飲企業的生命週期現狀。隨著餐飲業的大發展，餐飲市場上產品或服務的生命週期正呈現不斷縮短的發展趨勢。以杭州餐飲市場爲例，許多餐廳都「老得很快」。在四、五年之前，杭州餐飲店的生命週期可達到七至八年，而現在是三年算長壽，一兩年倒了也不稀奇。在2001年的兩個月內，杭州相繼有兩家兩千多平方公尺的大酒店關門歇業，距離開張甚至都不足一年。據一位在杭州餐飲業做了多年的人士介紹，過去像「喜樂」、「食爲先」等開了十多年的大酒樓很多見，如果生意冷清下來，裝修一下又會恢復熱鬧。現在餐廳、酒樓的生命週期越來越短，新餐廳越開越多。在市場壓力面前，大餐廳往往將菜價壓得很低，欲以批量取勝，這就造成其脆弱的一面，利潤越來越低。一旦附近有新餐廳、酒樓開張，如果沒有特色，日子就很難過。因此，現實市場壓力要求餐廳不能僅僅以外在的新貌作爲尋求優勢的法寶，而應依靠培養主題文化創造生存和發展的優勢。

二、主題更新原則：可持續性發展

基於現代環境、能源、人口等世界性的問題進一步惡化，考慮到

社會和顧客的長期利益，餐廳在選擇更新方向時應注重考慮社會的需求，應逐步走上一條可持續發展的道路。它要求餐廳在發展過程中，不應以短期的、狹隘的利潤作為行為導向，而應具備強烈的社會意識和環保意識，講義求利，考慮到顧客、餐廳、員工、社會等各個方面的利益，將餐廳的利益、顧客的利益與整個社會的長期利益作為餐廳發展的最終目標。

處在複雜多變的訊息社會裡，任何一家餐廳都不能因循守舊，而應本著可持續發展的原則主動創新，否則，就會成為落伍者乃至淘汰者。特別是餐廳，由於其整體發展勢頭強勁，客源需求變化迅速，尤其應當注重經營策略、形象定位的更新和改進，以期推動餐廳可持續發展。

一般，餐廳可從以下四條途徑有效「借力」，形成可持續發展的態勢：

（一）藉助知名整體形象持續發展

知名形象是餐廳重要的無形資產，因此主題餐廳在更新發展過程中，應注意保護形象所具有的巨大價值，依據知名形象形成持續創新發展。在北京西域什剎海與後海交界的銀錠橋北附近的湖邊上，有一個已有一百五十多年歷史的老字號風味飯莊——烤肉季。這是一座三層樓的古色古香的民族建築，灰磚牆，雕樑畫棟，碧瓦重檐，門口一對漢白玉石獅子十分精神；大門上方懸掛著一塊由啓驤題寫的匾額，上書「臨河第一樓」，樓上正中懸掛著由溥傑題寫的「烤肉季」；門的兩側有一副字跡古樸蒼勁的對聯，上聯是「畫樓最看鄰鄰水」，下聯是「炙味香飄淡淡煙」，橫批是「臨河第一樓」；二層裝有漢白玉護欄，由於不臨街，餐廳的環境十分幽雅。「烤肉季」源於清代道光年間，當時通州牛堡屯季德彩來到京城，在什剎海東北角義溜河沿擺了個攤，經營烤肉，由於烤肉別具特色，逐漸成為名品。民國初年，

「烤肉季」正式成為一家小店，其後由於經營得法，成為京城的著名飯莊，人稱「北京城南烤肉宛，北京城北烤肉季」。像這類老字號應是餐廳發展的重要資本。

遺憾的是，目前餐飲市場上，許多「老字號」紛紛關閉，僅存的幾家也處境艱難。究其原因，主要是因為缺乏現代經營意識，對無形資產價值缺乏應有的重視和保護意識、發展意識。一些老餐廳「倚老賣老」，因循守舊，最終被市場無情淘汰，有的「老字號」則盲目迎合時尚，盲目西化洋化，不惜花重金另起爐灶，另塑形象，卻收不到應有的效果。

事實上，「老字號」本身就是企業重要的無形資產，關鍵在於企業應隨著變化的環境不斷創新，只有這樣才能「倚老發展」。一般，「老字號」餐廳在「倚老發展」時，應做好以下轉變和創新：

■觀念創新

在科技發展突飛猛進、知識經濟已見端倪、市場競爭日趨激烈的狀況下，「老字號」餐廳必須從經營觀念、法律觀念、服務觀念、競爭觀念、發展觀念等方面進行一次脫胎換骨的蛻變和轉型，勇於告別「傳統觀念」和「習慣思維」。並且這種蛻變和轉型是長期的、永恆的，因為環境的變遷是永恆的。

■設備更新

「老字號」在特色產品的選料、配料、生產、工藝上均有「獨門絕活」，但因它們源自於手工作坊式的生產時代，因此在產品的批量生產、品質檢驗、保質保鮮等方面有所局限。鑑於此，「老字號」應在保持原有特色工藝基礎上，引進、革新、創造較科技的設備流程，強化現代科技特色。

■產品創新

隨著消費需求的更新換代，「老字號」必須在產品設計、產品包裝、產品系列與個性化、時尚化等方面進行創新，實現從「俗－特－

名－貴－雅」到「科－新－系－創－活」的轉變和循環。同時，為滿足不同消費群體的需求，開發系列產品、個性產品、多元化產品，並善於運用科學技術提高產品的文化含量、藝術含量，以「名牌」、「優質」的獨家產品獨行市場。

（二）藉助正確的經營理念持續發展

經營理念是指餐廳在長期發展過程中所應遵循的基本指導方針和運作特色。它由一系列觀念構成，包括：

■市場觀念

它要求餐廳應準確了解市場現狀，樹立以創造性經營去創造顧客需要的新思想，要有開拓新市場的勇氣和策略。

■服務觀念

它要求餐廳做到「換位思考」，樹立「顧客第一」的服務理念。

■競爭觀念

它要求餐廳在激烈的競爭前，不僅要敢於競爭，有主動向市場挑戰的勇氣，還要善於競爭，掌握競爭的基本技巧。

■品牌觀念

它要求餐廳應具備強烈的品牌意識，以獨特的品牌作為企業生存和發展資本。

■效益觀念

它要求餐廳應追求綜合效益，為社會大眾謀幸福，為企業追求經濟效益。

■開發觀念

它要求餐廳應有效開發、合理利用企業內部的一切資源，包括人力資源、物質資源、空間資源、時間資源、訊息資源、技術資源、管理資源、服務資源等。

■變革觀念

它要求企業在不斷變更的環境中，具備「流動」的轉型變革觀念，從思想、思維、觀念、精神的深處到各種經營管理行為都要進行脫胎換骨的蛻變和轉型，果斷、適時尋求新的生存發展之路，不斷戰勝自己，超越自己，以保持企業長盛不衰。

（三）藉助豐富的產品創新持續發展

餐飲產品是可變性、可塑性最強的產品之一，因此，餐廳除了一些固定的菜式外，還可透過循環菜單、季節菜單、每日特飲、每週一菜等方式增加產品的類型。從目前餐飲市場上回饋的訊息分析，餐飲產品流行週期日益縮短，顧客的口味變化加快，餐廳應憑藉自己的各項優勢，敏銳地捕捉顧客的變化，不斷開發新產品，以產品創新促成餐廳的良性發展。

從未來食品加工業和餐飲業的總體發展前景以及全球多元化飲食交流的大趨勢看，未來食品餐飲的具體走向，將朝著「速、樸、養、清、奇、樂」六個方面發展。

■速──時間快速

最近幾年，中國大陸飲食文化最引人注目的發展，並非什麼豪華酒樓的建造，而是各式快餐和小吃的興起。這是在飲食豐富多彩和交流的總趨勢下出現的一股反向的，強調簡化、速食的走向。這種「簡速」，既不同於過去那種節儉、艱苦為心態的價值取向，也不意味著飲食文化的衰落，而是以效率為基本出發點，同時考慮到營養和口味。它將推動飲食文化向易於製作、食用、保存的高水準飲食發展，是社會向前發展的表現之一。

■樸──返璞歸真

人類從茹毛飲血到以火熟食，飲食循著由粗到精，由天然到人工的方向發展，而目前的餐飲走向卻是返璞歸真。儘管世界各國飲食文

化不同，但對於吃要朝天然、健康方向發展則頗為一致。在歐美等西方國家，追求綠色、黑色食品和野生天然食品已經成為一種時尚。在中國大陸，吃膩了山珍海味的人們開始食用玉米棒、窩窩頭等既土又粗的食品。第二次世界大戰結束後出生的人，目前事業上有相當基礎和成就，儘管這些人有能力享受較高級的餐飲，可是因曾經走過貧窮的年代，常懷念小時候的各種飲食，因此，他們一方面進出高級餐飲場所，一方面又想重溫鄉野餐飲。

■養──營養保健

隨著人們物質生活和文化生活的日益豐富，健康越來越被人們所重視，傳統的餐飲觀是視味美為第一，而實際上，飲食的基本功能在於人類生存和發展的需要，食物營養的高低和能否產生保健作用，是衡量其餐飲質量高低的主要標誌之一。因此，要滿足現代人「味美和營養並重」的消費需要，尤其是味美與營養發生衝突時，人們寧可棄之不食。

營養化發展趨勢要求餐廳研究如何使取得的各種營養素適度、均衡，使自己能身體健康。縱觀東西方食物結構，中國食物消費基本上屬於高穀物膳食類型，人體攝取動物性蛋白質所占比例明顯低於西方國家；歐美食物消費基本上屬於高動物膳食類型，高脂肪、高熱量、高蛋白等「三高」食物結構所帶來的疾病已開始引起社會的重視。為此，飲食界開始研究如何調整食物結構。調整的原則是「營養、衛生、科學、合理」，其目的在於促使營養平衡，保健強身。保健類食物的流行將是餐飲業發展的又一走向，選擇保健為主題的餐廳也將因此而獲得廣大顧客的青睞。

■清──口味清淡

隨著大多數人溫飽問題的逐漸解決，人們對於飲食的審美要求也發生了重大的變化。現代人不需要大魚大肉，也不需要「重油、重鹽、重味」，轉而要求「低鹽、低油、低熱量」和「強調本色、原

味、清淡」。據對三十二名大專學生的調查，同時給每人一小碗「番茄蛋花湯」和「酸辣肚絲湯」品嚐，結果清淡的「番茄蛋花湯」最先全部喝完，而味濃的「酸辣肚絲湯」喝完者只有十三人，占43.7％，其餘相當一部分人只喝了兩口就不再喝了，足見人們的口味越來越趨於清淡。正在成長的青年人如此，新陳代謝緩慢的中老年人就更不必說了。這裡所說的「口味清淡」，當然不是清湯寡水、淡而無味，而是經過調製後昇華了的一種質樸、自然的本味，是更高層次的「淡中見真」的美味。

■奇──異域奇食

　　獵奇本來就是人類共有的一種心態，對於封閉了數百年的中國大陸來說尤其如此，中國飲食是一項強勢，不易為異國餐飲所打動，然而，在人們了解異域飲食文化的願望與日俱增的情況下，人們已不滿足「靠山吃山，靠水吃水」和「北方吃牛羊，南方吃魚」的老習俗。自從八〇年代以來，不少國家的食品，像日本料理、韓國燒烤、義大利比薩等，如雨後春筍般在許多城市中出現。這些異國食品，並不見得多麼適合中國人的口味，可它帶來了一種新的飲食文化，令人耳目一新。其實，獵奇的心態不只反映在異國食品上，即使對國內其他地區的菜點，同樣也有嚐新的要求。川菜東進、粵菜北伐等，都是不同地區人們品嚐不同風味的願望的反映。雖然這些異地的食物未必得到人們口味的真正認同，但獵奇的心態促使著人們不斷地去品嚐和鑑賞。可以預見，異國他鄉的食品還將進一步打破國界來滿足人們的這種需要，各種風味菜餚會於一館、南北小吃集於一樓、世界名食聚於一街，將成為二十一世紀餐飲業的新景觀，以匯集各國各地的不同火鍋為主題的火鍋城餐廳就是這樣一家滿足不同人們獵奇需要的主題餐廳。

■樂──吃得快樂

　　食對於人類而言，既有維持生命的一面，又有因食而快樂的一

面，由此而發明創造的烹調工具、烹調方法、調味技藝、吃的技巧、吃的禮儀和飲食風尚等就成為一種文化，即飲食文化。食之樂是中國飲食文化的優良傳統，也是中國飲食審美的一種境界，中華民族向來就很重視。日本飲食文化學者石毛直道在《飲食文化論》一書中也說：「飲食由果腹為目的階段逐漸向快樂階段的過渡，是日本餐桌不斷演變的事實。」從飲食中尋找快樂，同樣越來越成為人們追逐的另一種走向。尤其是進入九○年代以後，追求休閒形式的消費已成為餐飲主流，「食快樂」除了用烹製出美好滋味的食品來滿足人們由感官而至內心的愉悅追求外，餐廳的幽雅裝潢、講究的餐具和整體環境氣氛等都要達到一定水準，再配合以一些顧客參與性的娛樂項目，邊吃邊樂，這將成為一種新的飲食方式，許多主題餐廳都看中了這個消費趨勢，如運動城餐廳、圍棋餐廳、武術餐廳等，除了餐飲之外，又賦予另一個主題，讓人們樂在其中。

（四）藉助靈活的市場促銷持續發展

餐飲促銷的文章很多，既有店內店外的各種促銷，又可根據價格、季節等開展各種優惠活動；既可以產品作為突破口，又可以服務作為促銷的主題；既可形成規模，大造聲勢地開展，又可小打小鬧，細水長流地開展；既可以直接增加銷售收入為主要目的，又可以強化社會形象為營銷目標；既可單兵「作戰」，獨立營銷，又可與同行組成營銷方陣，共同策劃。作為一種感性消費產品，餐廳應注重透過開展豐富多彩的促銷活動，推動餐廳的發展。

第二節　主題發展策略：連鎖經營

由於經濟利益的驅動，餐廳始終存在一種擴張的欲望，並透過擴

大規模來提高本餐廳產品的市場占有率。從而建立規模優勢，穩固市場地位。連鎖經營追求規模效益，這不僅迎合了餐廳擴張的心態，而且也擺脫了傳統的單一的經營方式對其獲得規模效益的束縛。

一、連鎖經營優勢分析

連鎖經營是主題餐廳發展的一種組織形式，將經營同一主題的若干個餐廳以一定的形式組成一個聯合體，透過餐廳形象的標準化、經營活動的專業化、管理活動的規範化以及管理手段的現代化，使複雜的經營活動在職能分工的基礎上實現相對的簡單化，把獨立的經營活動組合成整體的規模經營，從而實現規模效益。

主題餐飲連鎖經營的優勢，概括言之，即能充分整合各類優勢，這些優勢包括：

（一）訊息優勢

主題餐廳一旦形成連鎖經營，就會具有自己的訊息中心和訊息系統，有利於各家分店及時、準確地掌握訊息，這些訊息中首先包括大量的市場訊息，藉此餐廳經營者可以及時掌握市場動態，比如本餐廳所選擇的主題是否繼續流行、競爭對手的情況如何、市場消費趨向如何等；還包含了大量的客源訊息，包括現有顧客對本餐廳的喜好及忠誠度、客源穩定情況、客源流動趨向、客源變化狀況等一系列訊息；還有有關本餐廳經營趨勢分析等訊息。

所有這些訊息都將為主題餐廳的連鎖經營提供相當可靠的依據，也將為餐廳發展出謀劃策。

（二）資金優勢

形成連鎖經營後的主題餐廳比起單一經營的餐廳來說，最大的優

勢就是資金優勢。由於這種優勢的存在，使得餐廳較之以前具有更爲可靠的信譽，因此，連鎖經營餐廳在資金籌集方面也擁有雄厚的實力，這就好像是一個良性循環，使得餐廳國際性宣傳促銷、開拓性發展等項目或活動等成爲了可能。比如將餐廳打入國際市場、開展海外推銷、製作各種宣傳資料等都需要強大的資金實力作爲後盾。

（三）人才優勢

　　主題餐廳連鎖經營還具有人才優勢，連鎖經營後，規模擴大了，餐廳員工就相應大量增加，他們擁有大量的各方面的專業人才以便統一調配、合理使用。在餐廳進行連鎖擴張時，一時很難找到合適的足夠多的人才，藉助連鎖經營的人才優勢，在連鎖餐廳內部進行調配，相互補充、相互學習，爭取在最短的時間內，讓舊人帶動新人，使新的連鎖分店以最快的速度投入正常的運轉當中。另外，爲了餐廳的發展和人員自身的發展，在連鎖餐廳的內部經常可以進行必要的調動，這樣可以防止知識老化，防止服務風格、服務內容等的老化。

　　在連鎖餐廳達到一定規模的時候，還可以建設培訓基地，這將使得餐廳在向一個良性、快速發展的道路不斷前進。

　　1996年發跡於四川成都的譚魚頭火鍋店，1998年6月進京開了第一家分店，而今，譚魚頭火鍋店在全國已擁有四十六家分店，並正以五天開一家新店的速度迅速擴張。譚魚頭的成功就來自於對「人才」的重視。剛開始譚魚頭發展速度很慢，最大原因就是缺乏人才。那時候總經理既要做服務員又要做領班，第二家店開張了，還要同時任新店的總經理。這種捉襟見肘的尷尬，使譚魚頭涉足連鎖經營之初就對人員的培訓以及人才至關重要有了切身認識。兩年前，譚魚頭在成都買了二十多畝地修建培訓學校。譚魚頭人員從低到高三個層次有不同的來源：旅遊、電腦、水電等各個行業的職高、技校、中專畢業生進行再培訓後成爲服務員；大堂經理則必須從事過餐飲工作，有豐富餐

飲經驗，採取內外招聘機制，內部招聘從員工、領班到大堂經理，成熟一個發展一個。譚魚頭意在吸引具有現代管理意識以及現代餐廳工作經驗的人才加盟。他們向辦公司集中的地區以及外資餐廳等信箱投放邀請信。他們之所以不採取透過媒體公開招聘這一方式，就是想使招聘範圍、人員更具針對性，這種針對性並不是針對某一個人，而是某一層次的人才。今後，譚魚頭的人才招聘範圍將更廣、更深入。譚魚頭將給人才以充分施展才能的機會，譚魚頭的舞台搭建起來了，戲要靠「演員」更精彩地唱下去，「演員」就是最具活力的人力資源。

（四）管理優勢

主題餐廳連鎖餐廳大多形成了一套有自己特色的先進的管理模式和服務模式，在其下屬的餐廳中統一地加以運用，有助於確保連鎖餐廳內各餐廳的綜合服務質量，以形成統一的餐廳形象，具有比其他獨立餐廳更高的知名度，獲得穩固的客源市場。

（五）宣傳優勢

宣傳對於一家餐廳來說其作用是顯而易見的，但是其費用也是相當可觀的。作為一些單體經營的主題餐廳，花在宣傳上的費用在餐廳經營成本中占據的不是一個小數目。但是對於連鎖經營的主題餐廳來說，這一點上就占盡了優勢。比如一家新開張的連鎖主題餐廳和一家新開張的單體餐廳相比，前者具有非常強大的優勢。因為它雖然是一家新開張的餐廳，但它的餐廳形象及經營模式早已為顧客所熟悉，也早已被顧客所認同，這種早已在公眾心目中建立起來的良好信譽也同樣被新開的分店所擁有。所以說，連鎖經營的主題餐廳將在宣傳上具有強大的優勢。

二、連鎖經營發展模式分析

　　主題餐廳的連鎖發展可選用不同模式。一般，餐廳發展模式可分為四種：一元化發展模式、多元化發展模式、複合化發展模式和差異化發展模式。

（一）一元化發展模式

　　一元化發展模式也稱統一發展策略，指整個餐廳或是所有的分店，所有的產品都使用統一品牌。例如麥當勞實行的就是一元化的發展模式，雖然麥當勞擁有的分店成百上千，但是每一家分店都冠以集團的名稱——麥當勞。

　　採用一元化發展模式，餐廳容易創建統一品牌，整體識別性很強，方便顧客識別。由於品牌一致，不同餐廳或不同部門的員工容易產生心理上的認同感，增加餐廳或部門之間的凝聚力和吸引力。此外，這種發展模式有助於節約餐廳的營銷成本，一旦有新產品或新成員「登台亮相」，就可利用原來形象所培育起來的形象親和力，馬上達到深入人心的效果，不必花太多的人力、物力、財力和時間重新去打「宣傳戰」。

　　但是，使用這類發展模式也有不足之處。因為統一的品牌代表了同等的質量和水平，如果分店之間、產品之間質量、等級等相差過大，則不易區分產品個性，品牌的透明度就會受到影響。其二，風險係數很高，在為數眾多的分店裡，只要有一家經營失誤，就有可能危及整個集團的聲譽，整個集團並無其他形象可以作依賴，也即「一榮俱榮，一損俱損」。

　　因此，實行一元化發展模式的集團，要透過制定統一的質量標準來規範各成員分店的行為，嚴格要求成員按照既定的統一標準運轉，

並強化日常的監督和管理。如麥當勞、肯德基等為了統一全球上千家分店的品質，制定了細緻的《質量標準手冊》，對各個分店的建造、室內布局、設施設備的配備、服務規程等都做了詳細的規定。為了保障《標準手冊》上的各項規定都能得到不折不扣的落實，集團總部還制定了嚴格的檢查制度。如肯德基首創的神秘客人制度就是檢查品質的一件法寶。肯德基總部每年都要在世界範圍內招聘高素質的人才進行特殊培訓，讓其充當神秘顧客，檢查分布在世界各地肯德基分店的質品水準，作為總部獎懲的重要依據。

一元化發展模式可用**圖5-1**來表示。

（二）多元化發展模式

隨著買方市場的出現，顧客「求新、求異」成為時代的「共同呼聲」，在這種顧客講究個性張揚的今天，出現了一種全新的發展模式，即多元化發展模式。

多元化發展模式是指以一個核心部門或「拳頭產品」的品牌作為整個集團的形象，並以其為基礎發展其他擁有獨立品牌的分店。這種發展模式的優點是可充分保障各成員餐廳的個性特徵，形成品牌的個性化和差異化，以滿足不同市場的需求，提高集團的市場覆蓋面。其次，由於品牌獨立，集團經營就有很大的靈活性和可塑性，提高了集團抗風險的能力，個別品牌的失敗不至於殃及其他品牌。

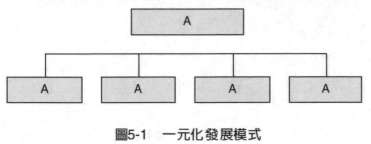

圖5-1 一元化發展模式

其不足之處是在品牌的建設和推廣過程中，需要投入大量的人力、物力和財力，以保證不同的品牌都能「花香四溢」。

在消費多元化的今天，餐廳必須堅持自己的特色，擁有自己的風格和傳統，推出獨具特色的產品，而不是「千篇一律」的「一個模子裡生產」出來的標準化產品。因此，要求各成員餐廳分別使用各自的品牌，而不要強求統一。多元化發展模式可用**圖5-2**來表示。

（三）複合化發展模式

複合化發展模式就是把餐飲集團的品牌冠於所有分店品牌前後，各分店分別擁有自己獨立品牌的一種發展模式，它是一種擁有兩個品牌的發展模式，其中一個是主導品牌，一個是註釋品牌。採用這種發展模式，其優點是訊息傳播豐富、明確，它一方面揭示了註釋品牌與主導品牌的關係，另一方面也表明了該餐廳的特性。

但是，如果餐廳的主導品牌經營管理不善，容易發生「城門失火，殃及池魚」的危險，相對於一元化發展模式，其廣告宣傳費用會增加。複合化發展模式可用**圖5-3**來表示。

（四）差異化發展模式

差異化發展模式也稱個別發展模式，是指各分店各自擁有獨立的品牌，而且品牌之間似乎毫不相關的一種發展模式。這種發展模式的

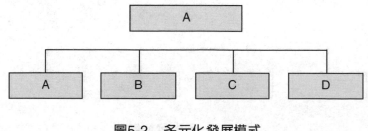

圖5-2　多元化發展模式

優點是獨立性強,各分店經營的成敗都不直接關係到餐廳所屬的其他分店,並且,依據不同的品牌,可以對市場開展很強的競爭攻勢,體現餐廳的勃勃生機,各種形象風格的餐廳粉墨登場,使競爭對手應接不暇。這種差異化的發展模式,既擴大了集團的規模和活動領域,又擴大了其產品覆蓋面,豐富了其產品種類,增強了公司的應變能力。

不足之處是費用龐大,在推廣每一個品牌時,都必須投入較大的精力和時間;也不利於培養顧客對某種形象固定的信任態度,有時往往會導致成員間的「相互殘殺」。差異化發展模式可用**圖5-4**來表示。

以上四種發展模式各有千秋,餐廳應熟悉其優缺點,根據實際情況,靈活選用不同的發展模式。

三、連鎖經營類型分析

一般,根據發展風格的一貫性,可將主題餐廳的連鎖經營風格分成以下兩大類:

(一) 相同名號相同風格

這是最常見的一類餐廳連鎖發展的基本類型。採用這種連鎖風格

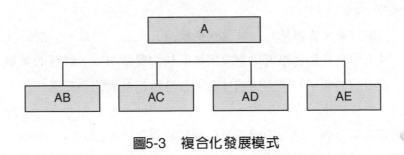

圖5-3　複合化發展模式

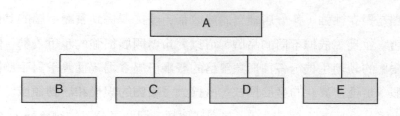

圖5-4　差異化發展模式

的餐廳，其基本特徵是所有同名號的主題餐廳在整體形象上體現出其一貫的連續性和統一性。即使有差異，也表現爲細微之處的相對不同。由於整體形象基本一致，因此，在發展此類連鎖店時，成本較低。首先，由於在形象的定位上可承襲前面的成功做法，因此，無須花太多的精力重新設計；其次，由於形象的一致性，容易在顧客心目中留下比較統一的印象。因此，有新成員加入的時候，就可借用原來的營銷印象，省卻在形象宣傳上的開支。如熱帶雨林的連鎖模式就屬這一類。

（二）相同名號不同風格

　　由於消費個性化潮流的影響，新生代的顧客逐漸變爲「善變」的、「喜新厭舊」的顧客，因此，考慮到這一發展趨勢，主題餐廳在發展過程中，也應注意求「同中有變」，這就是同名號不同風格的發展態勢。

　　長期以來，肯德基是以其快餐形象深入人心，因此，一想到肯德基，幾乎所有的顧客都可以想像出其明快的餐廳布置、輕鬆的背景音樂、親切的問候、忙碌的服務身影、以紅白爲基調的色彩形象……，但是，近些年來，肯德基的「臉」也在悄悄地改變。如北京王府井大街的肯德基分店，給人的感覺是一個恐龍世界（如圖5-5）。走進窄窄的樓梯，呈現在顧客面前的是巨大的恐龍圖片，讓顧客覺得彷彿進入

圖5-5 北京王府井大街的肯德基分店

了一個遠古的恐龍時代。進入二樓的餐廳，給人耳目一新之感。它的布置不像別處的肯德基分店那樣千篇一律，而是有突出的環境主題——恐龍。牆壁的四周都有整幅巨大的恐龍圖片，在餐廳的一角，還專門開闢了恐龍模型。同時，在店堂中間，也散落著逼真的恐龍造型，顧客在此用餐，可充分感受「侏羅紀時代」的時代特色。

再如位於北京前門箭樓古城牆附近的肯德基分店，則突出了老北京特色。前門作為老北京文化的聚集地，濃縮了北京文化中最傳統的東西。因此，肯德基在此開設的分店，也注重藉助此地濃厚的文化氛圍。它在保留原創裝飾風格的基礎上，首次打破了肯德基的全球慣例，餐廳內外裝飾融入中國傳統建築風采和經典的人文景觀，中西合璧，別具一格，讓顧客在品嚐速食美味的同時，能夠感受到中國本土傳統文化的韻味。這家肯德基餐廳是在原來分店的基礎上重新改建、裝修的，它在保留原店風格和人文特點的基礎上，以長城、四合院等中國建築風格為主要基調，輔以天津和無錫彩塑泥人、山東濰坊風箏、山西皮影、民俗剪紙和民間布製手工藝裝點各層餐廳，盡可能地體現中國悠久、經典的文化與簡明、現代的西式速食文化和諧地結合。另外，肯德基餐廳還特意在前門餐廳三樓寶貴的空間內布置了一文化長廊，免費不定期展出民間藝術家們的作品，使餐廳成為中外文化交流的一個場所。老北京們坐在這樣的餐廳內，可強烈地感受中西文化結合的巨大魅力。

因此，採用這種連鎖發展模式，其優點是可以博採眾長，結合當地的文化特色，營造出一種靜中有變的韻味，充分體現餐廳的活力和發展態勢。

在發展不同風格的主題餐廳時，應開拓思路，大膽創新，餐廳可根據某個故事情節進行連鎖發展。如以「詹姆士‧龐德」（○○七）為主題的餐廳，可結合系列電影作連鎖發展。如第一家○○七餐廳再現的是第一部○○七電影中的情節，而第二家餐廳則以○○七系列電

影中的第二部作爲設計藍本，相應的，第三家、第四家……可隨著電影故事情節的不斷發展而拓展連鎖餐廳。

　　一旦○○七系列電影終止，則餐廳也可根據自己的思路，繼續在餐廳中再現、復活○○七。它透過造就一種完整性的大故事，設置了一種懸念，很好地牽住顧客的注意力，自然也會使餐廳創造一批相對穩定的「○○七」迷。不過，實施這種發展模式時，有較強的風險性，因此尤其要注意情節的連貫性和新奇性，即故事情節要「出乎意料」之外，否則，會因缺乏新意而被顧客無情遺棄。

四、連鎖經營方式分析

　　連鎖經營可採用不同的方式，包括：

（一）標準連鎖模式

　　標準連鎖也可稱直營連鎖，即總公司直接投資開設的連鎖店。標準連鎖具有資產一體化的特徵，即每一家連鎖分店的所有權都屬於同一主體，歸一個公司、一個聯合組織或單一個人所有；標準連鎖實行總公司統一核算，各連鎖店只是一個分設銷售機構，銷售利潤全部由總公司支配；標準連鎖總公司與其下屬分店之間的關係屬於餐廳內部的專業化分工關係，所以在經營管理方面基本上高度集中。各連鎖店不僅店名、店貌等完全統一，經營管理的決策權，如人事權、進貨權、定價權、財務權、投資權等也都高度集中在公司總部，總部爲每個連鎖店提供全方位的服務，以保證公司的整體優勢。

　　標準連鎖的主要優勢是：能夠透過大批量採購，大幅度降低經營成本和價格；可以統一調配資金、設備、商品及人員，有利於充分利用餐廳資源，提高經營效益；各連鎖店可以將主要精力用在商品管理和改善服務上，另外，由於各連鎖店不是獨立主體，其關閉、調整和

新店的設立、開張基本上屬於公司內部的事務，受外界制約相對較少。因此，總公司對分店布局和新店開發具有較大的靈活性和方便性。但是採用標準連鎖的方式，總公司一般須有較強的經濟實力，而且要能夠處理好集中管理和分散經營的關係。

（二）自願連鎖模式

自願連鎖即保留單個資本內所有權的聯合。它的願望是自發性連鎖或任意性連鎖，因此自願連鎖也可稱為「自由連鎖」、「志同連鎖」等。自願連鎖實際上是一種橫向發展的合約系統。成員店的所有權、經營權和財務核算都是獨立的，可以使用成員店各自的店名商標。但是，當自願連鎖店發展到合股建立一家能為成員店提供服務的商業機構時，使用不同店名商標的成員店將會轉換成使用統一店名商標的連鎖店。其次，總店或主導餐廳與成員店之間並不存在經營權的買賣關係，他們主要是靠合同和商業信譽建立一種互助互利關係，以達到規模經營的目的。此外，總店與成員店之間是協商和服務的關係。總店主要負責統一進貨和配送，各店鋪在核算、盈虧、人事安排、經營品種、經營方式及經營規模、經營策略上都具有很大的自主權。

自願連鎖既具有連鎖經營的規模優勢，同時又能保持獨立小商店的某些經營特點，具有較好的靈活性、轉換性和發展潛力，可以逐漸發展成為獨資連鎖或特許連鎖。但自願連鎖的缺點是統一性較差，決策遲緩、組織不穩定、受地域限制較大。

（三）特許連鎖模式

特許經營又稱合同連鎖、加盟連鎖。指主導餐廳把自己開發的產品、服務和營業系統，包括商標、商號、餐廳象徵的使用、經營技術、營業場合或區域等，以營業合同的形式，授予加盟店在規定區域內的經銷權和營業權。加盟店則交納一定的營業權使用費，承擔規定

的義務。特許連鎖具有資產獨立性的特徵，即特許連鎖店之間以及連鎖店與總公司之間的資產都是相互獨立的。其次，特許連鎖實行獨立核算。特許連鎖與其總公司都是獨立核算的餐廳，特許店在加盟時必須向總公司一次性交納品牌授權金，並在經營過程中按銷售額或毛利額的一定比例向總公司上繳定期權利金。特許連鎖公司與其授權成立的特許店之間的關係是平等互利的合作關係。所以，在經營管理上往往不採取強制性的措施。一方面透過特許合同規定雙方的權利和義務，另一方面則透過有效的服務、指導和監督來引導特許店的經營行為。採取這一連鎖模式，對總公司來說，能以較少的投資達到迅速發展公司業務的目的，實際上具有一種融資的功能。同時，透過經營權的轉讓也能為總公司積累大量的資本，使公司的無形資產變為有形的資產，從而增加公司的實力和發展能力。對於投資者來說，尤其是那些具有一定資本，希望從事商業活動，但又苦於沒有經營技術和經驗的餐廳和個人，透過購買特許店就是一個很好的發展機會。一旦加盟，既可以利用總公司的技術、品牌和信譽開展經營，又享有總公司全方位的服務，所以，經營風險較小，利潤較穩定。

++

例：小天鵝發展模式

　　民營餐廳重慶小天鵝運用特許經營方式，短短數十年中，餐廳快速發展，其連鎖餐廳遍布大江南北，目前在中國已有五十多個分支機構，總資產已達到二億多元。小天鵝在創業之初，只有三張桌子和三口鍋，就在這個不足十六平方公尺的小店裡，經營者狠抓質量、特色和服務，創造出一系列的奇蹟。經過十一年的發展，小天鵝已擁有資產上千萬，建立了十餘家餐廳。重慶小天鵝持續發展，離不開特許經營。當經營者開始琢磨將小天鵝進行低成本擴張之際，一位從天津來的久慕小天鵝大名的商人提著二百萬元金額專程趕來「相親」。交談在友好的氣氛中進行，最後達成合作的協議。為保證雙方合作的成

功，天津方只派兩人參加管理：一名副總負責協調當地的關係，一名財務主管進行合理監督。當時大家還沒意識到這就是特許經營的雛形。1994年8月天津加盟連鎖店開業，八十多名訓練有素的重慶籍員工坐鎮天津。出人意料的是僅僅用了六個月時間該店就收回了全部投資。天津連鎖店的成功為重慶小天鵝利用社會資源、低風險、高速度擴張提供了可以借鑑的成功經驗。1993年以後，重慶小天鵝正式開始以特許經營的模式，將小天鵝的無形資產有形化和價值量化。

為保障特許經營的成功，重慶小天鵝專門成立了高級主管培訓中心，負責為加盟店招聘、培訓經營管理骨幹，隨時輸送各類人員。特許總部成為名副其實的人力資源中心。與此同時，公司還成立了重慶小天鵝藝術團，組織二十餘支藝術隊在全國各加盟店巡迴演出，以突出小天鵝的這個主題名號。這一歌舞伴餐的經營特色透過人力資源共享的辦法得到了保證。

+++

從重慶小天鵝的特許模式不難看出，它不是簡單地輸出形象與管理體系，而是在輸出管理體系時連同體系載體中主要的一部分——人員一起輸出，這就在很大程度上保證了其體系在運行當中不失「原汁原味」，為其體系的正常運轉打下了堅實的基礎。如果按傳統的特許模式經營，員工由加盟商自己招聘，接受總部的培訓，而要將員工訓練成能夠按照營運手冊準確地工作，無疑要花費相當長的時間。而重慶小天鵝每開一家新店時，可以調動其系統內的一切有利因素支持新店。它可以從各店抽調業務熟練人員迅速地組建成新店的整套班子，然後再為新店補充新人。由於是從各店零散的抽人，因而也不必擔心對老店生意造成很大的影響。

另外，這種合作的特許經營由於免收高額的加盟金，從而使門檻降低，這就又為其特許經營體系的擴張創造了良好條件，因而其新店數量激增。再次，由於是合作式經營，使得重慶小天鵝總部與加盟者

之間的關係更為密切，避免了傳統模式中個別加盟主在收取了高額加盟金和年特許權使用費、廣告宣傳費後，對加盟商疏於關心，出現問題而導致整個系統受損的事情發生。

重慶小天鵝的品牌策略已全面展開，特許經營也進入了快車道，它以每年四家以上的速度開辦加盟連鎖店。重慶小天鵝正以其獨特的經營風格、規範的管理模式、全新的經營理念一展宏圖。

三種連鎖方式各有千秋。標準連鎖是總公司自我膨脹和分化的結果。由於所有權單一，易實行統一核算，易建立規範化的管理模式；但由於資金投入大，見效慢，其規模擴張易受資金、稅收、地區法規等制約。自願連鎖和特許連鎖是透過契約的連鎖，在打破行政性行業、地域、所有制分割，實現資源有效配置，克服資金短缺方面有明顯的優勢，能有效利用現有商業網點等資源，快速達到連鎖規模的擴張。

第三節　主題餐廳發展趨勢

作為一種新型的經營模式，主題餐廳在新世紀將會得到進一步發展。從當前消費潮流的轉變和餐飲市場的發展方向看，主題餐廳未來的發展趨勢，將會出現如下特點：

一、市場細分高度化

隨著消費個性潮流的日益高漲，餐廳面臨的將是越來越個性化的消費對象，因此，未來主題餐廳在發展過程中，應注重市場的高度細分。也即，不是簡單地採用有限的幾個細分變量進行大致細分，而是

在此基礎上，選擇有代表性的參數再進行多次市場細分，直到找準餐廳發展的目標市場。

隨著個性消費特徵的日益強化，有的餐廳甚至採取了一種極端化的細分方法，即按照每一位目標顧客的需求劃分服務市場，以完全「個性化」（定制化）的產品或服務迎合顧客，培養忠誠顧客。

可以預見，二十一世紀以下目標市場將嶄露頭角，初露崢嶸：

1.休閒餐飲。

2.健康餐飲。

3.參與性餐飲。

4.青春化餐飲。

5.兒童餐飲。

6.各種興趣餐飲。

7.懷舊餐飲。

8.鄉村餐飲。

9.老年餐飲。

10.女性餐飲。

二、管理手段多樣化

隨著管理科學和現代技術的發展，未來主題餐廳的管理手段將會出現多樣化的特點。甚至這些多樣化的手段本身也將成為一種主題吸引。如電腦餐廳的出現，本身就是以新技術——電腦技術作為主題吸引，藉助這種新技術手段，革新了傳統餐飲消費模式和經營模式。

一般而言，餐廳可靈活藉助以下手段實現經營創新：

（一）高科技手段

在知識經濟時代，科技成為企業生存和發展的資本。並且，為滿足現代人「求新奇、求享受、求舒適」的需求，企業將會更多地應用各類新科技、新知識，強化現代企業的智能個性。

目前，現代高科技手段在各個領域都得到了普遍的應用，使得未來的主題餐廳也成為科技含量較高的高科技產品。藉助於機械、建築、光、聲、電、電腦、數字化等多種高科技手法，主題餐廳將會體現出更強的生命力。如美國拉斯維加斯有一家潛水主題餐廳，就是透過現代各種高科技，全面展現其獨特的主題魅力。潛水餐廳的外部是一個同實物大小的黃色和紫色的潛艇船頭（如圖5-6），船頭還形象地標著刻度。潛艇的頭「衝破」一道九公尺多厚的水牆，水呈瀑布狀瀉

圖5-6　潛水主題餐廳

入一個特大的排水池中。船頭有六個噴水孔，頂上有一台潛水望遠鏡和一盞雷達燈。在潛水艇的尾部有一座十多公尺高的燈塔，燈塔上的信號燈正歡迎顧客的來臨。餐廳的主體被漆成深灰色，並用九個泡泡狀舷窗和霓虹燈鑲邊進行裝飾。該餐廳分為上下兩層，餐廳主題完全仿造潛水艇的船體。餐廳的上方有一個體現潛艇操作細節的技術網絡，包括外露的管道、量壓器、節流閥、控制面板、聲納螢幕以及一個懸掛在天花板上的探海球。一種由電腦控制的潛水艇表演每隔三十分鐘展示一次真實而刺激的潛水體驗，隨著潛艇下沉，電視螢幕頓時變成水的奔流。坐在底層可以靠近廚房，而上層「海平面」則可以觀看潛艇的整體。從潛艇上的望遠鏡可以觀看室外的帶狀地形。潛艇後的一面近五公尺見方的電視牆「創造了一個無縫隙的投影螢幕」，在兩層樓面上均可看見該投影螢幕所放映的潛水：水下探險。這樣的環境布置、項目設計，都歸功於現代日益發展的高新技術。

　　高科技手段不僅用來營造整體的大氛圍，而且還可利用新科技加強餐廳的訊息管理。在以訊息為主要驅動力量的現代社會，可透過網際網路拓展餐廳形象訊息；收集來自全球的各類所需訊息；滿足顧客對訊息的強烈渴求。再者，餐廳可利用新科技大大改善各種設施設備，加強服務能力，營造出一種無所不在的人性關懷，在提高客人舒適程度的基礎上提高客人的滿意程度。此外，科學技術還可提高員工的工作效率，使其適時適當地為客人服務，餐廳也可利用新科技加強控制管理。如開發各類多功能化的IC卡，方便客人在吃、住、行、娛、購等方面的消費。

　　利用高科技，餐廳在細節處理上也可出奇制勝。歐美某些酒吧、咖啡廳內，藉助於高新技術設計了一種特殊的電話機。這種電話機放在一個隔音效果非常好的「亭子」內，亭子可設計成酒吧或咖啡廳內的一景。這種電話機的功能在於能模擬出各種聲音，如機場鬧哄哄的人流、碼頭汽輪的鳴笛聲、公路上汽車的喇叭聲甚至是靜音（以表現

辦公室的靜謐）。藉助這些全新功能，方便泡吧的顧客向家人或朋友「撒謊」。一旦被追問，可透過各種模擬音響「完美無缺」地撒謊。

（二）文化手段

文化作爲一種古老的管理藝術，在知識經濟時代又重新煥發出魅力。主題餐廳從裝修設計，到員工服飾，到各種店內細節，如垃圾箱、藝術陳列品、電話等都可體現文化色彩。作爲主題餐廳的靈魂，文化不僅作爲主題的吸引物，而且文化還將成爲主題餐廳經營的主要手段，即利用文化在主題餐廳內部塑造各種經營氣氛。

（三）商業促銷手段

現代商業促銷手段可謂是層出不窮，主題餐廳也應藉助各類成功的商業促銷活動，開展各類卓有成效的活動。

在組織策劃各類商業促銷活動時，應標新立異，超脫一般的做法，體現主題餐廳的主題魅力。如可在餐廳中擺放一些初出道的畫家作品或編織作品，或擺上寄售的各類小首飾、小陶器，既可作欣賞，又可代售增加收入。尤其要遵循「五適原則」：

1.適時：要求企業策劃應因時制宜。
2.適度：要求企業無論是經濟規模還是單項指標，都應該有一個適度控制，過高過大或過低過小，都是不適宜的，同時，在某些必要的環節上留有餘地和彈性，保持適度，防止呆板和僵化。
3.適合實情：即各種活動要適合餐廳的實際情況。
4.適合環境：從大處而言，企業的環境分爲經濟環境、政治環境、自然環境、人文環境等，企業經營和管理應在這四度環境空間調適自己的坐標，充分考慮產業特點、產品特色、顧客需

求、市場趨向、地理位置、政策法規、思想文化、民俗風尚等各種環境因素，與環境協調發展。

5.適應未來：即各種活動內容應緊扣時代特色。

具體而言餐廳可透過以下手段提高促銷效果：

■標新立異，巧設懸念

所謂「標新立異」即故意違背常理，別出心裁地搞出新穎獨到的創意，給人以意料之外、情理之中的新奇結果。而「製造懸念」就是利用人們的好奇心理，引發人們的好奇心理，巧妙設疑，創造人們尋根問底、非探其究的效果，製造出一種扣人心弦的懸念圈套，從而強烈刺激人們的感官，造成深刻印象。

但是，運用這兩種技術，應注意：

1.刻意求新求奇。

2.巧妙設疑。

3.把握分寸尺度。

■利用名人，營造名人效應

營造名人效應，關鍵在於「利用」，即在不花錢或少花錢的前提下，讓名人在知道不知道、自覺不自覺、情願不情願、有意無意之中為企業揚名樹名。基本方式有：

1.同名人結交友誼。

2.讓名人消費餐廳產品：如柯林頓曾在上海綠波廊消費。

3.請名人加盟：名人猶如財神，企業可藉名人的故鄉情誼等拉名人「入夥」。

4.讓客人評價你的產品：讓名人的金口玉言對企業給予評價，正面的評價有很高的「含金量」，是最能征服消費者的「廣告詞」。

5.請名人光臨企業做客。

6.用名人相關的訊息揚名。

■製造新聞，發揮新聞效應

製造新聞就是有目的地、有計畫地、藝術地、誠實地、不損害社會公眾利益地製造出同餐廳密切相關的、對企業有益的、有新聞價值的事情，並透過新聞媒介傳播出去，達到做廣告的效果，即能「無事生非」、「無中生有」。

三、發展資本品牌化

餐廳作為一個特殊的行業，進行品牌建設尤為必要。因為，餐飲產品有無形性、不可儲存性、不可運輸性、無專利性等特點；而客人消費和評價服務又帶有很大的主觀性，同時，餐廳又面臨著國際餐廳集團的衝擊、知識經濟的挑戰等。因此，進行餐廳品牌建設，樹立知名品牌，走出一條與國際接軌的管理道路，是餐飲業發展的重要策略。未來的主題餐廳也將在塑造知名品牌方面下大力氣。主題餐廳在進行品牌建設時，首先必須對品牌功能有一個正確的認識。品牌作為一種有特殊訊息意義的集合體，以最精練的方式向顧客傳遞了有關產品或服務的訊息，成為一種重要的識別工具。在買方市場條件下，由於每一件產品或服務都存在諸多的生產者，都面臨很多的競爭者。因此，良好的品牌是顧客區分產品的基礎，顧客可以透過品牌辨別來購買產品，並形成習慣，從而節省比較、挑選的時間。品牌也象徵產品或服務的信譽，代表一定的質量水平，它集中體現了人們對該產品或服務的綜合評價。因此，「認牌」購買產品或服務，就可以獲得相應的質量上和信譽上的保證，免卻後顧之憂或是意外風險，給顧客一種心理上的安慰和保證。尤其是對餐飲產品而言，它是一種以服務和產

品為主體的商品，具有無形性和有形性相結合的特點，顧客在初次購買時，無法透過查看實體獲得可靠的保證。這種情況下，品牌就成為顧客是否採取購買行為的首要影響因素。品牌作為餐廳重要的無形資產，它本身就可以作為商品被買賣或轉讓、出借，誰擁有了著名的形象，誰就掌握了「點金術」。在產品供給的現實和潛在的生產能力大於市場需求的條件下，品牌還是現代餐廳競爭優勢的主要源泉和富有價值的策略財富。以品牌培育餐廳的競爭優勢，已成為現代競爭者角逐世界經濟大舞台的主要策略。

基於品牌的上述功能，廣大的餐廳經營管理者在探索品牌建設之路時，首先應轉變看家守鋪的保守觀念和四平八穩的安逸觀念，樹立競爭觀念、創新觀念、開拓觀念和風險觀念，因為現代市場本身就是一個充滿挑戰的地方；轉變墨守成規、以不變應萬變的陳舊觀念，樹立敢於出名成名、標新立異的變革觀念。

品牌競爭要求餐廳必須增強餐廳品牌意識，注重品牌的設計和推廣，堅持以質量作為品牌競爭的基礎，以獨特、新穎、鮮明、引人入勝的品牌作為品牌競爭的標幟，以靈活多變的公關宣傳作為品牌拓展的手段，以合理的價格作為品牌含金量的尺度，並以深厚的文化底蘊作為品牌的生命，從而在顧客的心目中確立餐廳形象。

四、市場定位大眾化

隨著社會經濟發展，國民收入水準逐年提高，居民手中可支配收入也日益增加，顧客的個人消費能力加強，普通居民將成為餐飲市場上的消費主體之一。

為迎合這一變化了的形式，主題餐廳在選擇主題時，應考慮到如何開發這一龐大的市民家庭消費主體，進一步加大開拓力度，不斷挖掘市場內在潛力。

五、主題產品新穎化

　　二十一世紀吃什麼？這是世界食品工業和食品研究機構長期以來一直在探討的一個焦點問題。1999年末，由八十八個國家和地區、廠商參加的法國巴黎國際食品博覽會上，顯示了人類未來食品的發展方向——新穎化，具體而言，就是：保健食品態勢強勁、天然食品後來居上、方便食品不斷創新，科技產品後來居上。

(一)「營養品」花樣更多

　　具有多種營養的保健食品近年來越來越受到顧客的青睞，一些餐廳已開始著手研究新一代的保健食品：用植物脂肪代替動物脂肪，發明用黃豆製成的「無肉牛排」，用黃豆和雞蛋製成的「無肉肉餡」，用植物脂肪代替雞蛋脂肪製成的「無雞蛋蛋餅」，用天然植物油取代動物油等，以迎合顧客求營養的迫切需求。

(二)「天然化」大勢所趨

　　天然食品和純種食品也是未來食品發展的趨勢。因為顧客對狂牛病和基因作物越來越感到憂慮，顧客要求從種植或飼養到加工的整個過程中不能受污染。餐廳在選擇食品原料時，應注意選擇那些註明了產地、品名、加工辦法、養殖方法等內容的原料，尤其是多使用那些生態農業產品和沒有施加化肥的蔬菜瓜果、不加任何防腐劑的罐頭食品、在食品加工過程中減少對營養成分形成破壞的滅菌方法和保鮮方法。

(三)「方便餐」雅俗共賞

　　由於人們生活節奏的加快和生活質量的提高，未來的方便食品分為兩大類：一類是面向家庭或個人的方便食品和套餐；另一類是面向

餐廳的成套食品，如方便加熱、牙膏式的果醬等，便於外出使用的噴管式實用油，以及大批量稍加處理就可用於招待會或宴會的食品。

(四)「科技餐」聞所未聞

隨著科技的進步，「科技餐」後來居上。「科技餐」是指藉助各種高科技手段開發出來的產品服務，它不僅包括具體的茱式飲品，還包括服務環境的創新和改革。如仿眞技術將會極大地改進用餐環境，餐廳可根據顧客的需要，透過仿眞技術模擬各種就餐環境，如在冬季紐約的某家餐廳內可看見熱帶沙漠的景致，在陸地的餐廳內可觀賞神奇的海底世界等，爲就餐者帶來前所未有的新感覺。

六、發展規模兩極化

主題餐廳在發展過程中，將呈現明顯的兩極分化。一方面，餐廳將透過各種資本運營手段，加快融資管道，形成規模經營，因爲大規模意味著可包容更多的文化內容，可形成更突出的文化主題。如國外一些著名的主題餐廳（如熱帶雨林餐廳、好萊塢星球餐廳）都走上了證券市場，取得了不俗的融資業績。另一方面，一種微型化的主題餐廳也將獲得大發展，它們往往以一些相對冷僻的主題，滿足了少部分相關顧客的偏好。

七、區域分布城鄉化

主題餐廳最早是在經濟比較發達的大城市出現並得到很大的發展。隨著我國城鄉之間差距的進一步縮小，未來的主題餐廳將衝出大城市，在更多的中小城市和城鎮安家落戶，成爲當地典型的餐飲經營模式之一。

第六章

多元化選擇：主題餐廳個案設計

消費偏好的多樣化發展趨勢為主題餐廳的多元化發展提供了廣闊的空間。因此，對於現代餐廳而言，可選擇、開發、經營不同的主題文化。本章將重點介紹各類主題餐廳的設計要點，並提供一些主題餐廳的設計方案。

第一節　休閒主題餐廳設計

縱觀二十世紀全球餐飲潮流，大體經歷了四個時期：本世紀初，餐飲業僅是單純地提供吃喝，與娛樂分離；二〇年代，隨著汽車工業的崛起，以講求效率為核心的快餐業在美國萌芽；第二次世界大戰後，經濟蕭條，人們普遍懷念「戰前」的好時光，以懷舊為主題的文化餐飲流行於歐美；餐飲業與娛樂業聯姻、共創輝煌則出現在七〇年代，這一經營形式發展到今天，直接引發了眾多休閒類主題餐廳的出現。

七〇年代以來，公司年假的普及、物質條件的提高、消費意識的覺醒，為休閒主題餐廳的產生準備了客觀條件；而現代人精神壓力的增加，更加重視精神上的休息與放鬆，則是休閒餐廳產生的主觀條件。基於這兩點，休閒開始注入餐飲市場，休閒類的主題餐廳成為時代的新寵。

休閒餐飲的出現，賦予了餐廳新的功能，使其日益成為社會交際、休閒娛樂的舞台（如商業洽談舞台、朋友聚會舞台、公司非正式聚會舞台等），這種全新的經營理念為餐廳帶來新的發展契機，也推動了社會的進步。

在設計各類休閒主題餐廳時，應注意：

一、準確了解休閒的基本內涵

首先必須明確休閒和休息的區別。休息自古有之，主要是指人們為了恢復體力，使勞動力中的體力部分得到再生而停止勞作，它以「停止」作為主要標誌，以「靜」作為主要方式。而休閒活動則是隨著社會化大生產的出現而出現的，在緊張的現代生活中，人們感受到的不僅是體力透支，更多的是前所未有的精神壓力和體力透支。在這雙重壓力下，僅僅依靠簡單的休息不能消除精神壓力，休閒應運而生。休閒以「動」為主要方式，以「與日常勞作完全無關的動」為主要標誌。

休閒概念涵蓋面極廣，幾乎包括現代人享用業餘時間的全部活動和由這些活動而引起的所有社會、經濟、文化現象和關係，它不僅包括各種戶內娛樂活動，而且還包括大量的戶外活動，不僅包括人們利用零散的業餘時間進行的娛樂活動，而且還包括人們利用假期進行的各種旅遊活動。一般，休閒的方式有：

1. 歌舞類休閒：如歌廳、卡拉OK、舞廳等。
2. 體育健身類休閒：如球類運動、水上娛樂、美容、健身活動等。
3. 遊藝類休閒：如橋牌、電動玩具、博彩遊戲、遊樂活動等。
4. 益智類休閒：如影視中心、閱覽室等。
5. 附屬類休閒：如各種主題吧、茶藝館等。

作為一種後現代文化，休閒文化注重的是透過各種積極的娛樂活動，恢復全身的體力和精神，彌補智力磨損，獲得新的知識和新的靈感，增強創造力。餐廳應準確了解休閒的基本內涵以及休閒的主要方式，在此基礎上根據餐廳場地大小、資金多少、人員素質、顧客需求

等因素，尋求餐飲文化與休閒文化的有機結合。美國某餐廳將戲劇文化和餐飲文化融為一體，形成別具一格的餐飲劇場；杭州富士溫泉山莊、上海雲都浴場，將浴文化和餐飲文化有機結合在一起；各大商場紛紛在商場內開設美食城、食街、快餐廳等，就是將購物文化和餐飲文化結合在一起；此外，還有體育與餐飲的融合、文娛表演與餐飲等。

此外，越來越多的餐廳（尤其是一些小規模的餐廳）更是開始以「休閒主題」代替餐飲主題，它們將以各類特色吧的形式出現在城市的各個角落，在上海、北京、廣州等地，類似這樣的休閒吧已形成一定的規模。

二、改革傳統餐飲，強調特色餐點

多元化消費時代要求餐廳擺脫原先以純粹的餐飲產品「獨步天下」的經營模式，而應以餐飲產品為主打產品之一，以休閒娛樂為輔助產品（甚至是主導產品）進行開發設計。在品種的選擇上，可以多餐別（中餐、西餐、日餐等）。

此外，休閒餐飲的經營特色還在於餐廳要抓住飯前飯後的空檔進行隨意式經營，可由日前大眾餐飲的三餐變成六餐直至二十四小時營業，滿足人們休閒就餐的隨意性。顧客在此，既可進行正規的正餐消費，也可在飯前飯後進行其他休閒消費。一般，休閒主題餐廳往往以一些休閒飲品、茶點、休閒書籍、玩具、休閒賣場等非餐飲物品作為主題吸引，顧客在此消費的需求焦點是尋求身心放鬆。這類主題多以「吧類」出現在都市的大街小巷，如以主題酒吧、主題茶館的形象出現。盛產綠茶的浙江杭州，沿西湖就有許多頗具特色的茶館，成為當地的一道非常雅致的風景。如杭州的太極茶館，定位於「休閒主題茶館」，取名為「水茶坊」，其基本宗旨是「濃縮茶道精華，弘揚中華本

色」。整個茶樓分成三部分：一樓是品茶區，有小橋、曲溪、古樹，顧客可任意拿取在曲溪中漂流的美味茶點，如蓮蓬、西瓜、胡桃等，顧客進門便有身著長衫的茶博士引座，他們可為顧客獻上精湛的茶道技藝。二樓則是茶屋，以迴廊的面貌出現，長長的迴廊被分割成不同的包廂，幽雅、清麗、自然回歸太極古有的風格，並且在迴廊邊有許多時尚的玩具，如棋盤、鎖扣、積木等成人玩具。三樓則是茶人街，有金軒、木塢、陶坊、茗居、書齋、雨廳、隨園、翠寓、雲廂等九個主題。茶區各有千秋，茶宴、茶會、茶藝各樹一幟。整個茶屋，透露出一股休閒味道，連室內的台階都刻意設計成原始的磚塊和粗糙的水泥樣。

三、強化參與性節目，尋求互動過程

作為新型的休閒場所，休閒主題餐廳富有情調的布置讓顧客忘卻煩惱，他們在此聊天、遊戲，輕鬆而閒適。

本著現代人標新立異的偏好，在開發休閒類主題餐飲時，應考慮如何更方便顧客的參與，並且要減少顧客參與的難度，使之成為一項老幼皆宜的活動。雲南海埂一條街的「十八怪」餐廳，菜餚、服務平平，但其猜新娘、背新娘等節目讓人耳目一新，回味無窮；愛伲山莊的席間按摩、聊天、與服務員合影以及煽情式的舉止，雖有輕佻之嫌，卻得到大多數食客的歡迎，就餐氣氛輕鬆愉快。運動主題餐廳要讓顧客進入一個運動天地，好藉助各種模擬機使顧客步入「全壘打」、「滑雪場」、「高爾夫球場」、「壁球房」，配合五彩繽紛的電視運動場面，使人強烈感受到美食、娛樂、運動。

而茶吧、酒吧、陶吧等可推出各種參與性特色服務：茶吧自助性茶點的較大隨意性，陶吧自娛自買的原始樂趣，都改變了以往自主性不強的傳統飲食模式，給顧客較大的自由空間。而在玩具吧內，多元

化經營是其一大特色,玩具作為新「賣點」推出的同時,也成為推銷飲料的一種輔助方式。來休閒場所消費,顧客只需支付飲料的錢就可在玩具吧裡「大展身手」。這類市場以年輕人為主,因而選用的玩具大都是從新加坡、德國等地進口而來的鐵製及木製成人智力玩具,「顧客的快樂就是我們的追求」是它們的服務宗旨。

四、把握休閒餐飲特點,滿足顧客休閒需求

休閒餐飲成功與否取決於顧客減壓需求、情調需求和宣洩需求能否得到滿足。現代人已學會善待自己:每天工作結束後,或是午間週末,忙裡偷閒,尋找機會放鬆,這就是顧客的減壓需求;而情調消費則是在年輕人之間普遍盛行的一種消費方式,如情人節的玫瑰、生日的祝福,因此,餐廳可透過一份精美的禮品、一個真誠的問候、一件具有特別意義的紀念品等,拉近顧客和店家的距離,增進彼此的感情;宣洩消費則是現代人在心理承受力達到一定的程度之後產生的一種渴望「洩氣」的要求。因此,休閒餐飲在開發設計上可考慮如何讓現代人在一種許可的環境中有效地宣洩。

五、迎合休閒時尚,做好主題選替

在消費觀念更新的今天,人們在品味消費上的比重將會越來越大,時尚潮流的介入更是讓顧客層次有了迅速提高。「吧類」的出現讓人們在休閒娛樂的同時,領略到走在時尚前端的風景。休閒主題餐廳應對相應的休閒時尚保持高度的「敏感」,並適時引導休閒文化的健康發展,如近些年,都市出現為數不少的卡通一族,以「卡通文化」為主題的餐廳也應運而生,並占據了牢固的市場份額。

六、典型案例

（一）拉薩的甜茶館

在拉薩的街頭，一家挨一家的滿是「甜茶館」。拉薩城裡的甜茶館一般小而簡單：幾張藏方桌加幾條長凳即成，茶具都是酒盅大小的玻璃杯，老板娘或是夥計（全是女性）提著暖瓶來回走動，不停地為茶客斟茶。甜茶館還供應其他飲料食品，如酥油茶、酸奶、牛肉餃子、麵條等，有的還播放錄影帶。甜茶館不僅是藏民重要的休閒場所，也是他們的社交場所。茶客們在此一坐就是大半天，聊天、打牌、看錄影帶，散發出一種令人著迷的民族情調。透過甜茶館，也可深入了解藏民的生活。在浮動的茶香中，在收錄音機悠揚的藏族長調中，可熟悉藏族的風俗掌故。

（二）「花生殼地毯」酒吧

洛杉磯有一家「啤酒屋」，所有的牆壁及天棚全部用木板裝修，深褐色油漆與燈光相映，呈現出一片暗紅的溫柔，而在這一片暗紅色的溫柔下，竟有金燦燦的地面，仔細望去，原來是一層厚厚的花生皮。顧客踩著厚厚的地毯般的花生皮，在座位上坐定，立刻會有金髮碧眼的女郎過來，手端著一盤花生朝顧客桌面上撒網般的一掄，盤裡的花生凌空飛瀉，均勻地撒滿桌面，絕無一粒掉到地上，動作乾淨俐落，就像川菜館斟茶的服務員，扛在肩上的長嘴輕輕一抖，一道亮線直射茶碗，不漏一滴。在啤酒屋，啤酒花錢買，花生隨便吃，桌面上的花生一減少，酒吧人員便又會以迅速而優美的動作在桌面上撒滿花生。在店內，吃花生可以隨意亂扔花生殼，這實在讓客人吃得愜意。啤酒屋的老板很精明，隨便扔花生皮就是一種奇妙的創意。在暗紅的

暖色氛圍中響著叮咚的琴聲，客人踩著「沙沙」作響的金黃色的「花生皮地毯」，有滋有味地喝著酒，亂扔瓜皮果殼，卻享受著高雅的懶散，文雅的自由，這就是休閒的基本內涵：隨意卻優雅。

（三）仙蹤林休閒餐飲店

仙蹤林餐飲店是由翰軒國際集團首創的，位於北京前門的仙蹤林休閒餐飲店也是一家頗具特色的主題餐廳。它以園林景致為主題，配以富有環保概念的後現代設計，營造清雅休閒的氣氛，整個餐廳布置和菜式搭配都體現了這一主題。店面以原木加岩石組成，推進木製大門，迎面見到的是一棵巨大的榕樹，密密的綠葉散發著大自然特有的清新氣息，而粗壯的樹幹則顯示出歲月帶來的悠遠經歷。近十公尺寬的吧台以岩石「疊就」而成，台面以原木鋪就。所有的菜點均用毛筆寫在二寸見寬的木板上，一排排地掛在吧台後面的牆壁上。服務人員衣著隨意休閒。店內的桌椅全部用不加任何粉飾的原木製成，每隔二個或四個座位就用粗大的麻繩加以分隔，營造出一種古樸氛圍。靠近馬路的一排就餐區則與眾不同：地面是鬆軟的海沙；所有的椅子全部設計成鞦韆架，鞦韆架上綴滿了大榕樹的樹葉，衣著隨意的青年男女一邊品嚐各類菜點飲品，一邊隨意交談。仙蹤林餐廳的四壁以白色為主色調，牆壁上用浮雕手法凸現出一棵棵高矮不一的榕樹，天花板則用天藍色的幕布設計出一股曠遠感覺，同時也巧妙「掩蓋」了頂部的各種管線。

仙蹤林餐廳非常注重細節的處理：電話架也用原木「隨意」製成，洗手間的門上用卡通人物表示男女：分別是戴棒球帽的男孩和梳羊角辮的女孩，兩個小孩的眼睛都設計成鬥雞眼樣，讓人忍俊不禁。

（四）凱萊運動城

在北京好吃又好玩的地方，當屬凱萊大酒店的運動餐廳。通常我

們所遵循的「飯後不可劇烈運動」的原則，在這家酒店都要改變，代之以邊吃邊玩的全新的美國時尚。凱萊大酒店的運動餐廳以奧運五環為主題，涉及籃球、田徑、高爾夫、賽車等多個門類的小餐廳、酒吧、遊藝室。繽紛的色彩、抬頭可見的明星巨照、真人大小的名將雕塑、實物跑車，無不牽動顧客的情緒。一出電梯門，人們往往被電梯間上方那幾個真人大小的彩色雕塑唬得一怔，那是幾個中外球星生龍活虎、躍躍欲試的造型。進入餐廳，隨著動感十足的音樂映入眼簾的是類似於體育館的大廳、吧台、桌椅、通道、隔板……無處不存在著運動和體育的影子、造型、色彩、聲響燈光……連服務員都是運動裝束，看著他們一身短打扮在傳菜遞酒，令人有些忍俊不禁。

就餐者不僅可看到ESPN的體育節目，而且可在北京唯一的二分之一國際籃球場一顯身手。灌籃餐廳玻璃門上是正在運動的真人大小的運動員肖像。吧台設計成圓形的籃框，頂上有一巨大的雙手捧著一個巨大的籃球往籃框裡扣，旁邊還有飛起的黑人運動員。「籃框」上有電視機，轉播各類體育節目。白天，拉下懸在空中的圍網，客人隨時可以進去一試身手；夜晚，捲簾機升起圍網，這裡就是跳迪斯可的最佳地方。跑道餐廳用三百多幅世界體育明星的照片和雕塑做裝飾，全場嵌有五十餘台電視機，全天播放ESPN體育錄影節目。遊藝室裡有刺激的賽車、滑雪機，也有高雅的室內高爾夫和台球、飛鏢，還有小小籃球和桌上足球。另有籃球吧、雪茄酒廊和禮品屋，都極富特色。整個運動城餐廳，除了隨意的美食，就是它運動化的裝潢裝飾了，真的令人難忘。

第二節　民俗主題餐廳設計

不同的國家、地區和民族，有不同的風俗習慣，尤其是在餐飲消

費上，更是呈現「百花齊放、各具千秋」的恢弘氣勢。因此，在尋找主題時，可根據民俗民風進行設計。以中式餐飲為例，由於少數民族較多，各個民族形成了獨特的民俗，居住在草原的蒙、藏、哈薩克、柯爾克孜、塔吉克等民族，從事畜牧業，以肉類、奶製品為主；南方地區的壯、苗、白、瑤、哈伲、土家等民族從事農業生產，食物以糧食為主；而高原地區的藏、彝、羌等民族以高梁、大麥、青稞、蕎麥、土豆等雜糧為主；而居住在大興安嶺的鄂倫春、鄂溫克等民族，從事狩獵，肉類和野味成為他們的主要食物；松花江下游的赫哲族，以漁業為主，食魚肉，穿魚皮……這些飲食上的差異和文化上的差異，都是開發主題的重要源泉。

一、開發設計民俗主題餐飲的注意事項

開發設計民俗主題餐飲，應注意：

1. 深層挖掘某一民族的文化特色：做民俗文章不能停留在表面，餐廳應深層次開發設計當地的民族文化，將其作為主題的源泉。這種文化可以是歷史上曾有的文化，也可是現實環境中仍然保留的文化，以這種文化為基礎，適當融入若干對應的現代文化，滿足顧客求異的消費心理。
2. 大飯店中可以包廂形式形成系列主題餐飲，供多元化顧客群的選擇：大飯店可憑藉其雄厚的實力，以包廂的形式推出系列主題餐飲，滿足住店客人的不同需求。不過，系列主題應有一定的關聯性和系統性，否則往往會削減主題的整體效果。
3. 依託有特色的民族物品、民族服裝、民族音樂、民族舞蹈、民族飾品、民族餐具、民族荣饈等全方位展現民俗文化：如傣家村大酒店內的竹筒、椰子、菠蘿、山菌等都是能體現傣族特色

的載體。清真餐廳則可仿造清真寺的造型，外觀設計成圓頂式結構，圖案鮮艷。餐廳內部則富麗堂皇，彷彿皇家宮殿。大廳應寬敞明亮，可擺上一排排整齊的椅子，周圍則是一幅幅精美的壁畫，透過栩栩如生的人物，充分體現維吾爾族人高超的繪畫才能。廳內的每一件裝飾品，甚至連燈都可選用民族物品，並推出富有民族特色的菜餚，讓人徜徉於古老的民族氛圍中。

4. 依據主要客源設計主題餐食，一般應設有一些大眾化的基本餐點，但各類民族餐飲也不可或缺。

5. 可透過穿插民俗表演等動態的民族文化，激發顧客的參與熱情。

6. 剔除民族文化中的糟粕部分，積極弘揚健康向上的民族文化。

二、典型案例

(一) 清真餐廳

坐落於內景三元橋西南側的穆斯林餐廳是京城獨具特色的清真餐廳。飯莊以其京味清真菜聞名遐邇，受到廣大中外賓客的喜愛。為了營造一個幽靜、高雅、舒適的就餐環境，使之成為有文化藝術品味，並能領略老北京民俗風情的場所，餐廳在二樓設置了京韻曲藝表演舞台，每晚特邀北京琴書泰斗關增學先生的得意門生、著名曲藝表演藝術家蕭四北先生主持曲藝演出；同時提供精美點心小吃和各地名茶乾果。在一樓用餐的客人可透過電視螢幕觀賞現場演出。

(二) 傣家村大酒店

傣家村大酒店是一個民族氣息很濃的酒店。傣家村大酒店的門口，身著民族服裝的姑娘和小夥正在吹奏民族樂器，旁邊還有一頭巨

大的木製大象。整幢建築從外表看正是一個傣家竹樓，碧綠的屋頂在太陽下投射出勃勃生機。該酒店擁有一支由傣族、苗族、滿族、基諾族、漢族等多種民族組成的傣家村藝術團，擅長演奏民族樂器。餐廳的內外裝飾、飲食菜餚都極具民族特色和民族風味，竹樓、椰樹、傣家姑娘和小夥構成了一幅畫捲，使人彷彿回到了西雙版納。「傣家村」非常注重美食文化的宣傳，根據酒店的特色，推出了以傣家風味為主的多民族的菜餚，營造出一個新穎、獨特的就餐氛圍，成為一個連接各民族的橋樑。

（三）錦江飯店的川菜系列主題餐飲

錦江飯店的川菜廳則是利用典型的環境布置突出其獨特的「巴蜀」主題。一入餐廳，一股強烈的四川民俗氣息撲面而來，宛若置身於巴山蜀水之間。「巴蜀宴，無醉不歸；天府席，入味有神」兩塊大匾額點出了川菜餐廳的意境。餐廳中的一個個小包廂都經過精心的設計，如「臥龍村餐廳」設計成竹結構，四周配有出師表、七弦琴、鵝毛扇、掛成對聯式樣的西漢畫，琴台上置一香爐，香氣繚繞，宛若孔明在世。石頭結構的「寶瓶口餐廳」，房頂用七個深藍色的燈象徵北斗七星，四周牆面用石頭砌成懸崖峭壁，並漆上白漆，好似白浪滔天。還有木結構的「東坡亭」、草土結構的「杜甫草堂」、磚結構的「山城餐廳」等，各具特色，並配有相應的菜餚，如「寶瓶口」的灌縣肥鴨、「東坡亭」的東坡肘子等，巴蜀特色十分突出。

（四）老廣州西關人家餐廳

青磚、紅瓦、滿洲窗、懷舊的紅色地磚、紅木家具、高懸的大紅燈籠，還有粗壯的大榕樹、小鳥的啾鳴聲，這一切再加上穿梭於其間的西關少爺、西關小姐和悠揚的粵曲小調，營造出一股濃濃的老廣州西關風情，這就是近兩年紅遍廣州的著名食府「西關人家」。作為老

廣州的中心，西關的各色小吃店集中了廣州絕大部分風味小吃。西關人家的定位在於利用廣州名點小吃，弘揚廣州美食文化。在店面裝修上，他們儘量保持西關普通人家的裝修風格，青磚砌牆，飾以滿洲窗，店內擺設則以明清時代的紅木家具為主，室內的兩棵巨大的細葉榕透出道地的嶺南田園氣息。在服務員的穿著以及打扮上，他們也是費盡心思，透過查找各種歷史資料，他們設計出一套能反映明清時代風格的服裝以及裝飾。女服務員穿枇杷襟的碎花上衣，髮型則是梳兩條分辮；而男服務員則是西關少爺的打扮。西關人家主要供應廣州各個時期的名優小吃，長年供應的有十多個大類的二百個左右的品種，並根據季節的不同而進行調整，藉助其鮮明的特色，西關人家成為當地餐飲界的佼佼者。

（五）滿漢席

香港某酒樓以滿漢席為主題，這是由前清宮廷的「滿漢全席」衍化而來的。酒家提供可擺四十桌的宴會場地，劃分「娛樂」和「御膳」兩區，仿照清廷宮女及侍衛打扮的服務員站立兩旁，娛樂廳搭置亭台樓閣，備有金龍纏身的黃袍，客人還可以穿戴龍袍扮皇帝。席間還有樂隊演奏，「宮廷舞女」翩翩起舞，民間藝人獻藝，文人騷客弄墨，真是好不熱鬧。光顧過的客人說：「眼福多於口福，排場勝過佳餚」，豪門大賈們趨之若鶩，不少人竟用十萬港元吃一席「皇帝飯」。

第三節　文化（學）主題餐廳設計

著名經濟學家于光遠先生認為：經濟發展的深層次是文化，文化是根，經濟是葉，根深才能葉茂。越來越多的企業家已經意識到：高品味、高層次的文化是企業立足的基礎，因此，許多餐廳舉起「文化

興店」的大旗。

中國有著悠久的古老文化，這些都是開發餐飲文化珍貴的素材，如可結合歷史開設「三國宴」、「射鵰宴」（根據《射鵰英雄傳》）、「少林素食宴」、「西遊宴」、「梁山宴」等。

一、設計開發文化（學）類主題餐飲的注意事項

在設計開發文化（學）類主題餐飲時，應注意：

1. 熟讀有關的作品，領會其中的真諦，確保原汁原味地再現各種文化，防止出現「畫虎不成反類犬」。
2. 選取有影響的作品（如四大古典名著等）作為設計源泉，以確保一定的知名度。
3. 為突出主題餐飲的生命力，條件許可，可優先選擇一些系列文化（學）加以開發設計。
4. 以宴席為龍頭，在環境布置上，考慮與主題的和諧性和相融性。

二、典型案例

（一）紅樓套餐

揚州西園大酒店根據中國古典小說《紅樓夢》開發了「紅樓餐飲套餐」，享譽海內外。紅樓套餐由四個部分組成：大觀一品、賈府冷碟、寧榮大菜和怡紅細點。瀟湘乾果為紅樓序曲。在客人入席開宴之前，邊品茶，邊嗑一些瓜子、腰果、蜜餞、青果之類的小吃，還可欣賞由「丹鳳朝陽」、「荷塘清趣」、「蝴蝶戀花」三道工藝菜組成的一

個「品」字，意為賈府中的一品菜餚。賈府冷碟為品茗、飲酒開胃的四道冷菜，即「胭脂鵝脯」、「翡翠羽衣」、「金釵銀絲」、「水晶肘花」等，造型精美，色香俱佳，讓人觀之欲食，食之不忍。寧榮大菜則是「紅樓宴」的精華，白雪紅梅，酒釀蒸鴨，珍珠精藏在蚌殼裡的傳說，劉姥姥進大觀園吃鴿蛋的笑話，讓人在品嚐佳餚的同時，品嚐紅樓文化。品嚐寧榮大菜，暢飲大觀美酒之餘，再見怡紅細點，玲瓏剔透，有入口即化的「太君酥」、滋陰補腎的「三藥糕」、解毒敗火的「藕粉圓子」等，席間還可享受「賈府丫頭」的委婉介紹。著名的紅學專家馮其庸盛讚「天下珍饈屬揚州，三套鴨子燴魚頭，紅樓昨夜開佳宴，讒煞九州饕餮侯」，可見，文化在餐飲中的魅力。

(二) 三國宴

在無錫三國城景區內有座臨湖而建的「孫尚香酒家」，向遊人推出了由十三道菜組成的「三國宴」，每道菜以其獨特的創意、精美的造型以及個中蘊涵的典故令人回味無窮。品種分為冷盤、炒菜、麵點、湯、火鍋、水果拼盤等，用料都是家常的豆腐、魚片、筍絲、豬舌等，但製成品卻令人耳目一新。例如，竹船揚帆緩緩「駛」來，船上豎插著兩排湖蝦，便成了膾炙人口的「草船借箭」。又如蘑菇、猴頭菇、香菇炒成三鮮，前面做個別致小巧的小木屋，用竹籬笆圍起，就儼然成了「三顧茅廬」。

(三) 神鵰宴

當電視連續劇《神鵰俠侶》播出時，台北的一家餐廳竟然以最快的速度定位於「金庸武林──射鵰英雄宴」，並打出「讓書中名菜成真」的口號，向「金庸迷」招手。「射鵰英雄宴」每道菜都有書中的典故。十道菜名依次是「英雄豪傑響叮噹」（肥蚝響螺）、「矯若遊龍擲金針」（炒龍蝦、魚翅）、「玉笛誰家聽落梅」（炙牛肉條）、「荷香

飄逸叫化雞」（叫化雞）、「駝山西毒四蛇」（菊花五花蛇）、「廿四橋明月夜」（火腿蒸豆腐）、「北丐降龍十八掌」（薑醋金蹄子）、「歲寒三友聚一堂」（竹笙穿冬筍扒絲瓜）、「獨步天下蛤蟆功」（杏汁雪蛤露）及「桃花島上白花開」（牡丹酥、菊花酥、水晶奶花黃花）。

（四）金瓶梅宴

根據《金瓶梅》的記載整理出「金瓶梅宴」，但又不是全部地照搬照抄。「金瓶梅宴」的首創人——山東濟南五月花大酒店的總經理李志剛在試製金瓶梅宴時，就定下了以市井美食為主，兼顧官府菜和民間菜，既有較少的昂貴高檔的參翅海味，也有中檔豐盛的葷素佳餚，還有風味獨特的井肆小吃和平民飲食。「金瓶梅宴」從實際出發，餚饌突出經濟實惠、可操作性強的特點，特別是那些能夠適應經營的餚饌，優先選入改造。「金瓶梅宴」共有菜點二百多款，內容有「家常小吃宴」、「四季滋補宴」、「梵僧齋素」、「金瓶梅全席」等六個系列。菜品製作精美，品味獨特，滋補而無藥味。該宴在程序安排、宴款風格以及酒菜的配備上，反映了明朝中晚期商賈大戶的飲食風貌，是歷史市井美食的再現。「金瓶梅宴」為小說留見證，為廚藝傳絕藝，目前在山東五月花大酒店的菜單上，「金瓶梅宴」菜點品種不下一百款，並且可根據一年四季的變化調整菜單。「金瓶梅宴」的菜名採取吸收和創新兼容的做法，特別是對《金瓶梅》中讀者十分熟悉的菜點，予以保留，如騎馬腸、宋惠蓮燒豬頭、頭腦湯、一龍吸二珠等，使食客見菜生情。「金瓶梅宴」以文化藝術宴為經營方式，對於促進人們身心健康大有裨益。台灣美食界認為「金瓶梅宴」沉浸在濃郁的儒家文化中，有著五味調和百味香的廚藝精神，堪稱中華一絕。在設計金瓶梅宴中，可透過「金瓶梅」菜布局、菜點安排、品席習俗等為主要切入口，營造相應的氛圍。

（五）西遊宴

　　湖北武漢猴王大酒店注重從文學作品中挖掘精華，以此作爲樹立形象的直接手段。該店由店名「猴王」直接想到了中國古典名著《西遊記》中王母娘娘招待各路神仙的蟠桃盛會，傳說蟠桃會乃天上人間之至尊宴席，凡人若吃了宴席上的蟠桃，便可成仙得道。因此，該店從這個傳說中找到發展的契機，本著「出新、出奇、出特、出名、出效益」的原則，以「昔日美猴王大鬧天宮，攪亂了王母娘娘的蟠桃盛宴；今日美猴王要重建蟠桃盛宴，奉獻至尊宴席，創造嶄新菜系，爲弘揚古老而又年輕的中華飲食文化做出『齊天』之貢獻」爲宗旨，在1996年5月24日成功地推出了第一屆「蟠桃宴美食節」，受到社會各界的歡迎。「蟠桃宴」在借鑑中國各大菜系、地方名餚和西洋菜之精華的基礎上，吸收了中華古老餐飲文化之神韻，進行了重大的創新，它填補了中國四大古典名著人文宴席獨缺「西遊宴」這一歷史空白，具有較高的文化、經濟價值。此後，「蟠桃宴」不斷發展創新，在蟠桃宴這一「母體」下已推出了「花卉宴」、「水簾洞宴」、「昆蟲宴」等三大新秀宴席，還將推出「天宮宴」、「地府宴」和「西遊記快餐」等，形成了系列產品，在當地稱爲餐飲文化一絕。

（六）少林素宴

　　少林武術早已名揚天下，而少林素宴卻鮮爲人知。其實，少林素宴也獨樹一幟，精美絕倫。因此，餐廳可以以少林素宴爲主題。少林素食歷來以青菜、豆腐、麵筋、粉絲爲主要原料，並雜以金針、木耳、猴頭菇、海帶、紫菜等配料，透過獨特的烹飪技藝，製作出千種美味佳餚。根據記載，少林寺的僧人在歷史上舉辦過三次最盛大的素宴。第一次是在西元629年2月，大和尚曇宗爲接待唐太宗而設的有六十餘道菜餚的「蟠龍宴」，而最受唐太宗歡迎的一道菜是「少林八寶

酥」，此菜是用從嵩山採來的山珍，拌和麵粉、雞蛋、蜂蜜精製而成，唐太宗食後稱之為「天下奇珍」。第二次是距唐太宗遊寺四十一年後，曇宗大和尚為迎接武則天駕臨而設的「龍鳳宴」。此宴共一百二十道菜，主菜為「龍飛鳳舞」，而最受武則天讚賞的一道菜是「萬花湯」，此湯異香撲鼻，具有醒腦、解乏之效用。第三次是1292年，大和尚為元世祖忽必烈巡視所設的「飛龍宴」，此宴共有九十道素菜，最受忽必烈欣賞的一道菜是「中岳八景」，此菜是以「嵩山待月」、「盧涯飛瀑」、「玉溪垂釣」、「少空晴雪」等中岳八景為造型而烹製的。其中「玉溪垂釣」的造型是嵩山腳下石羊關外的「姜子牙釣魚台」，在大蓮子湯內反扣一碗八寶飯，上撒青紅絲，置蜜漬山藥數塊，圓形玉蘭片壓頂，旁飾直立粉絲，猶如漁翁垂釣，情趣盎然。

第四節　懷舊復古主題餐廳設計

幾乎每一個人都喜歡追憶「過去的好時光」——在每個人出生之前或年幼時候的日子，因此，懷舊便成為商家經營的永恆主題，以懷舊復古為主題的餐廳具有極強的生命力。近些年以來，各地大力挖掘和整理具有濃郁地方歷史文化特色的仿古宴，這些仿古宴就是懷舊主題餐廳的主要菜式，如西安的「仿唐宴」、開封的「仿宋宴」、湖北的「仿楚宴」、北京的「仿膳宴」、南京的「隨園宴」、濟南的「孔府宴」等。

在開發設計這類主題餐廳時，必須注意：

1. 具備豐富的歷史知識，方能再現原汁原味的歷史風韻。如在設置仿唐主題餐廳時，就必須對唐代歷史，尤其是對唐代的社會生活史有一個全面的了解，必須閱讀大量唐代的歷史文獻資

料，並結合出土文物和民間風俗傳承，才能對餐廳布置、菜式安排、服務風格、飲食文化等有一個全面的了解。

2.科學對待傳統歷史文化，做好對歷史文化的揚棄工作。

3.融入先進的現代技術，做好歷史與現代的有機融合。

一般，在設計各類懷舊復古餐廳時，可從以下幾方面著手：

一、歷史上的特殊事件

餐廳首先可透過搜索歷史上某些有特殊意義的事件來創設主題，藉助於「時光隧道」回到那些特定的歷史事件中。

如三、四○年代的老上海是許多人懷念的黃金歲月。因此，上海就出現了一批以此為主題的餐廳、咖啡館、特色吧等。如坐落在上海曲陽地區的小酌軒食苑，就是以滬上二○年代的居民風俗為創意主題，亭列八仙桌、骨牌凳等，飾以六、七十年前上海灘的舊報紙以及那個年代的廣告招貼、錢幣銀票等，其中有1928年出版的日報《晶報》、1929年出版的《羅賓漢報》，不少食客無暇用餐，卻先看起年代久遠的報紙來，在此品嚐本幫家常菜，讓人有恍若隔世之感，因而喚醒了許多文化、文藝界人士的「懷舊」情結，也吸引了其他好奇的食客。

再如，在漫長的歷史中，海盜影響頗大。突尼斯的「海盜餐廳」就再現了海盜猖獗時代的歷史。

在突尼斯有一家不同尋常的「海盜餐廳」，它坐落在地中海之濱一處幽靜的海灣邊，四周綠樹繁蔭，鮮花盛開，風景秀麗。相傳，在古羅馬時代，這裡曾是海盜的宿營地。如今，海盜作為一個特定歷史時期的產物已經消逝，但這塊土地上美麗的自然風光和傳奇般的故事卻吸引了成千上萬的遊人，成為著名的旅遊勝地。商人們藉「海盜」

攬客以奇趣競爭，於是就開了饒有趣味的「海盜餐廳」。

　　「海盜餐廳」刻意仿照當年在海上神出鬼沒、殺人越貨的盜賊們的生活習慣建造布局，與現代餐廳大不相同。餐廳沒有圍牆，只是在平地上豎著一個大門，大門兩邊地上各放了一條五公尺長的大鐵鏈和一個大鐵錨。迎面的一堵牆旁邊砌有兩座一人多高的壁爐。據說，這正是古時海盜們烤肉煮湯的地方。現在，爐子已重新砌過，烹調時，烘、烤、煎、炸、燻、煮，都用這兩座爐子。到了晚上，熊熊的火光把四周海面照得通紅，景色十分壯觀。餐廳裡沒有店堂、餐廳，門的左側是長著椰子樹和棕櫚樹的一個庭院，樹下放著木製的椅子和桌子，供客人進餐。遊客在這裡可以一邊品嚐佳餚，一邊欣賞海上景致，下雨刮風時，可將桌椅搬至旁邊的小屋中。小屋蓋成山洞模樣，窗戶很小，裡面點著油燈，亮光如豆，隨風搖曳，別具風情。餐廳用具也十分簡單粗糙，客人們用大陶碗喝葡萄酒，用橄欖枝紮成的小筐盛放麵包。最使客人喜愛和嚮往的是餐廳裡供應的名菜海味，其中大龍蝦、烤魚、冷盤蝦段、雷粥湯都是地中海周圍國家享有盛名的美味，而鮮牡蠣則是來客必點的菜餚。其製作之精細、味道之鮮美，就連來自牡蠣家鄉──法國的食客也拍手叫絕。

　　遊人們坐在綠蔭樹下，品鮮美之海味，聽拍岸之濤聲，羨天地之一色，發思古之幽情，無不感到心曠神怡，樂而忘返。因此，「海盜餐廳」終日生意興隆，賓客如雲，由於店小客多，遊人們想在此吃上一頓飯，必須提前一個星期訂位。

二、歷史上的著名人物

　　歷史上形形色色的著名人物由於其非凡的成就往往成為後人景仰的主要對象。因此，餐廳可藉助於在歷史上各個領域取得較大成就的人物作為創設主題的源泉。這些著名人物可分為：

（一）政治領袖

在大陸及國外有以毛澤東為主題吸引的主題餐廳。最早是毛澤東的舊時鄰居湯瑞仁在韶山開了第一家毛家菜館，其菜餚以韶山當地的土特產為原料，製作的地瓜、紅燒肉、米豆腐燉泥鰍等都是毛澤東生前喜好的口味，此後，毛家菜館因其獨特的主題受到了顧客的歡迎。

新加坡的毛家餐廳也以毛澤東為主題吸引。跑堂的盡是紅衛兵，滿屋子也都是毛澤東的畫像，連筷筒也設計成筆筒的樣子。除了餐廳布置外，最引人注目的是十八位紅衛兵裝扮的服務員。這些「紅衛兵」見到顧客便行軍禮，臂上戴著「為人民服務」的紅袖章，頭戴五星帽，能用英語和漢語向客人介紹。餐廳以經營獨特的毛澤東家鄉菜——湘菜為主。

（二）歷代將領

歷代將領由於身處特殊的戰爭時期，因此也造就了特殊時期的特殊餐飲。一些餐廳可以此為主題吸引。如杭州湧金大酒店就定位於這個主題，推出了響噹噹的「歷代將領菜」。該酒店內設三十二個風格各異的包廂，分別以三十二位歷代著名將領命名，包廂設計成這些將領所在時期的風格風貌。每個包廂都有一道知名的「將領菜」，如諸葛亮的「香辣鳳脯」、鄭成功的「成功鯧魚」、趙子龍的「盤龍鱔」、宗澤的「家鄉南肉」等。並且每道「將領菜」都有一個菜名來歷或感人的將領故事。如「成功鯧魚」據說是鄭成功率兵打敗荷蘭殖民者之後，將士歡慶勝利。由於當時海灘上沒有燒菜的鐵鍋，大家就在岩石上抹海水燒烤鯧魚，由此有了這道著名的將領菜。而「香辣鳳脯」則和諸葛亮七擒孟獲有關，彝族人民為了表示感謝，特向諸葛亮獻上的家鄉菜……

(三) 文人雅士

歷代雅士也有其特殊的偏好，從而也引發出許多獨特的餐飲文化。如清代著名詩人袁枚所著的《隨園菜譜》就是很好的主題吸引。又如一代詩仙李白因其膾炙人口的詩句和奔放不羈的性格也受到了世人的關注，由此也出現了以「太白遺風」為主題的各類主題酒店、主題餐廳。而江蘇的「梅蘭宴」則是為紀念京劇大師梅蘭芳，而乾隆宴則是乾隆皇帝下江南的歷史寫照。

以名人作為主題源泉，要做到名實相副，然而有的餐廳雖以名人冠名、以名事裝點，實則卻無其人其事。有的不在菜的外形上和內涵上認真研究，卻極其簡單地和某人某事相聯繫，或生搬硬套，捕風捉影，以形附意，給人一種華而不實、牽強附會的感覺。

三、文學作品中的歷史事件

作為泱泱文明古國，我國留下了許多精彩的文學作品，這些文學作品也因其巨大的影響而成為人們的興趣焦點。因此，創設主題可從這些文學作品中尋求切入口。如以金庸的武俠小說為例，可開發「射鵰宴」、「江湖閣」、「俠侶館」等。

四、特殊的懷舊實物

餐廳可藉助一些特殊的懷舊實物，強化餐廳的懷舊色彩。這些實物包括：

(一) 懷念布衣

如今，化纖、混紡等工業衣料已充斥市場，但這並沒有沖淡現代

人對昔日粗糙棉布的懷念。因此，一些三、四〇年代的旗袍、禮帽、大衫等「捲土重來」。餐廳可利用這些懷舊色彩濃厚的棉、麻織品裝點餐廳，強化懷舊色彩。如某中餐廳的服務人員全部身著中式服裝，與此相映成趣的是，牆壁上全部用同樣式樣，但「迷你化」的中式服裝作點綴，形成強烈的視覺衝擊效果。

（二）懷念老歌

老歌舊曲在人們心目中的地位是不可動搖的，像《南泥灣》、《洪湖水，浪打浪》、《莫斯科郊外的晚上》、《卡薩布蘭卡》、《紅梅贊》等名歌金曲，往往讓人百聽不厭。因此，餐廳可推出「難忘金曲」、「舊曲新彈」、「老歌回顧」等主題活動，也可以其中的某支歌曲作爲餐廳的主打歌曲，滿足顧客的要求。

（三）懷念故居

工作過的地方、孩提時代學習過的地方……都是時下中老年人競相重遊的地方。儘管這些地方有的成了大都市，有的卻破敗不堪，但絲毫不影響人們的懷舊熱情。因此，餐廳可設定某一主題，重現這些「故居」。

（四）懷念民居

長期的都市生活也迫使現代人尋求一種「雞犬相聞」的「三間平房一個院」的莊園住宅，田園餐廳便應運而生，它以樸實的民居、鮮活的菜餚滿足了現代人對民居的懷念。

五、典型案例

(一) 全聚德老鋪

　　全聚德老鋪始創於1864年，1888年重新修繕，面貌一新：平地起樓，青磚青瓦，中間大門和兩側的窗戶上，有三塊磚刻的區額：「全聚德」居中，「老爐鋪」在左，「雞鴨店」在右。大門旁高掛兩塊幌子，分別寫著「包辦酒席，內有雅座」，「應時小賣，隨意便酌」，從那時起，這個老牆就一直沿用一百多年，成爲全聚德歷史悠久的見證和獨特的飲食文化景觀。1992年，全聚德新店開業，雕樑畫棟，氣宇軒昂，「老牆」被整體移入一層大廳，壁立東隅，成爲一道承文溯史的滄桑風景線。1999年，全聚德又現新貌，走進老牆大門，時光彷彿倒退一百年，展現在面前的是一間只有在影視作品中見過的老式餐廳：木格門扇，木製樓梯，連廊柱都是實木的，餐廳正中高懸「全聚德」的金字區額，兩側是烏木嵌金的對聯，上聯寫著「只三間老屋時宜明月時宜風」，下聯是「惟一道小味半似塵世半似仙」，讓人未嚐食味，先品人生的滋味。東牆正中由八仙桌、太師椅、福祿壽三星畫像組成了一個典型老北京中堂；兩側「福如東海長流水，壽比南山不老松」的紅底灑金對聯，更透露出一派喜興祥和。北牆上是一幅展現全聚德老掌櫃們的畫像，從第一代到第四代，服飾變遷，讓人聯想起風雲變幻的百年滄桑。最引人注目的是貼著「招財進寶」喜帖的老櫃台，其上青瓷燭台、紫銅茶壺、瓷酒樽、木食盒比肩而立；那把算珠晶瑩的瓷算盤，對許多中年以下的人而言，絕對是一件新鮮的物件；而那紙面已經泛黃的老帳簿，據說還是老全聚德用過的舊物。此外，餐廳內的大理石面八仙桌、清式木椅、藍瓷茶具、泥製酒壺酒盅、老留聲機、老掛鐘、老電話、宮燈、鳥籠以及牆頭寫有當日菜餚的「水

牌」，無不流露出濃厚的舊日氣息。

　　老鋪內的人也是「舊」的——全是清一色的男服務員，青色小帽、灰布大褂，挽出四指寬的雪白袖口，胳臂上搭塊白布，加上一臉殷勤的微笑和一聲京味兒十足的招呼「您幾位裡邊兒請！」活脫脫一位老飯館的「小跑堂兒」。

　　老鋪最大的賣點就在於它濃厚的文化氛圍和它的飯菜水準。

（二）譚家菜

　　譚家菜是清末民初由官僚譚宗浚父子創始的，它吸取了北京菜、粵菜和淮揚菜的精華，經不斷的實踐而形成的。譚家菜流入社會後名噪京華，由於用料精細名貴，烹飪考究，口味極佳，使其始終處於高檔次的菜餚地位，享有「食界無口不誇譚」的美稱。三○年代名聲大振。當時的譚家菜餐廳非同尋常，是在家中開的一間客廳和三間餐堂，家具皆花梨紫檀，四壁名人字畫，古玩滿架，盆景玲瓏，室雅花香。當時的政界、財界和社會文化名流都以品嚐譚家菜為快。譚家菜具有低脂肪、低糖份、高蛋白質、營養豐富的特點。1958年，譚家菜班子由西單的恩成居全部搬入北京飯店。

（三）亞特蘭提斯（Atlantis）度假酒店

　　這是一家以同名的傳說中已沉沒的島嶼為主題的酒店。亞特蘭提斯是傳說中的島嶼，據說位於大西洋直布羅陀海峽以西，後沉於海底。總部設在美國佛羅里達州的太陽公司的市場副總監卡拉旺指出，亞特蘭提斯既要有激動人心的標誌物，又要有歷史的真實性。酒店專門特聘了三十名專家，他們就如移動的「百科全書」，向賓客們講述亞特蘭提斯的傳說，其中不乏地理、氣象、歷史、航海等方面的科學知識。酒店堅持「寓科教於娛樂」的原則，絕不把度假地辦成要帶耳機、聽各種語言卡帶的「歷史博物館」，而是要讓客人在輕鬆的娛樂

中不知不覺地學到知識。他們把客人心理分析得很透徹——他們是到旅遊地去度假的，而不是到教育基地去學習的。

（四）「一碗居」餐廳

該餐廳門口的一副對聯先讓顧客著迷，上聯是「東不管，西不管，酒館；愁也罷，樂也罷，喝吧」，下聯是「窮也好，富也好，吃好；南是家，北是家，麵佳」，橫批是「喝酒吃麵」。店內夥計穿著對襟藍色粗棉布小褂和燈籠褲，肩上搭一條白毛巾，托著盤子或拎著茶壺來回穿梭，嘴裡不停地喊著「上麵——」、「上茶——」、「送客——」，透著熱鬧、熱情。而一套炸醬麵，讓顧客吃了個實惠。托盤中青花大瓷碗裡是咬勁十足的手擀麵，旁襯六小碟菜碼和一小碗乾炸。小夥計一邊倒菜碼一邊念叨：豆芽、蘿蔔絲、黃瓜、青蒜等，一會兒，顧客的碗中已是色彩紛呈。顧客鍾情於這裡的不僅是老北京炸醬麵的味道，還有這裡的就餐環境的味道：屋內外紅燈高懸，七拐八彎的紅木窗櫺子，黑裡透紅的木桌椅，牆上展示老北京風俗的七十多張的小照片及秘製炸醬麵圖譜……

（五）南京秦淮人家

在秦淮人家內，一道流動的景觀是古代仕女（服務員），她們彈奏南方的絲竹音樂，不時地出幾道「詩謎」，請就餐的客人猜一猜，而這些詩都與南京和秦淮河有著直接關係。例如：

山圍故國周遭在，潮打空城寂寞回。
淮水東邊舊時月，夜深還過女牆來。

朱雀橋邊野草花，烏衣巷口夕陽斜。
舊時王謝堂前燕，飛入尋常百姓家。

台城六代競豪華，結綺臨春事最奢。

萬戶千門成野草，只緣一曲後庭花。

煙籠寒水月籠紗，夜泊秦淮近酒家。

商女不知亡國恨，隔江猶唱後庭花。

「古代仕女」背出詩歌，客人說出詩名和作者，就可以得到小小
的紀念品。紀念品也是很有特色的，其中一種爲竹筷子，筷子上刻著
十二生肖之一，問清了客人的生肖，就選出一雙客人的生肖筷子送
上，使進餐充滿歡聲笑語。除此之外，食譜也很講究，是一幅扇面
圖。餐巾上有秦淮人家的吉祥物——睡在蓮花裡的一個可愛胖娃娃。

第五節　農家主題餐廳設計

在回歸自然成爲新世紀主導需求之一的今天，一批「農字號」的
餐廳應運而生，並可預見，農家主題的餐廳將會獲得大發展。在設計
各類農家主題餐廳時，可透過細緻分析「農家」特有的各種景觀來做
「農」字號文章。如杭州龍井附近的一批餐廳，針對自己所處的地理
位置（四周被茶樹環抱），推出了「農家菜」主題，吸引了大批杭州
人，成爲杭州餐飲業中的一枝獨秀。

我們可將農家餐廳的主題進一步細分爲植物主題、動物主題和農
家生活主題。

一、植物主題

我們可選擇其中一種或幾種有代表性的植物作爲塑造主題的突破
口。如美國人預測，在二十一世紀，大豆將會成爲最具營養價值和最

流行的健康食品之一，餐廳不妨以大豆爲主題，推出各種以大豆爲原料的食品或飲料，並介紹相應的烹製方法，了解大豆的營養價值，傳授種植大豆的經驗技巧。最具創意的是餐廳可引導顧客參觀大豆的生長過程。簡單的一種方法是將大豆生長的各個過程以錄影的方式向顧客作介紹；爲增強趣味性和靈活性，也可藉助電腦軟體或動畫技術，形象模擬大豆的生長過程，增強節目的互動性。爲強化現場感，餐廳也可設置幾個溫度不一的溫室，在不同的時期種植大豆，使這些大豆各現不同的「發育階段」，如有的是剛播種、有的冒新芽、有的已開花、有的則結果、有的則已枯黃等。顧客可透過參觀不同的溫室，完整看到大豆的成長期、成熟期和衰退期。爲滿足顧客的參與心理，餐廳還可闢出一片土地，專供顧客培植大豆，以便日後讓顧客享用自己的「勞動果實」，還可藉此吸引回頭客。這樣的主題餐廳尤其適合大城市中的少年兒童。

類似的，餐廳也可按照這種方式選擇其他的流行食品爲主題開展特色經營活動。上海佘山的森林賓館是上海目前爲止唯一一座建在山麓上的賓館，森林賓館的餐飲就以蘭花筍宴聞名。森林賓館八幢各具風情的歐式別墅依山而築，錯落有致，掩映在濃郁深秀的山色之中，被譽爲是「人間仙境，世外桃源」的東佘山國家森林公園成爲其不可多得的大背景。賓館內有萬竿脆竹，參天古樹，山水潺潺，好一個「脆竹幽居」。得益於得天獨厚的地理環境，賓館的餐飲以上海本幫菜爲主，其中主打產品是蘭花筍宴。蘭花筍是佘山的特產，因其特有的蘭花香味，爲乾隆皇帝遊覽佘山時所賜此名，該筍一般一年中只有四五月間才有。蘭花筍宴冷盤八只：文武雙筍、目魚筍圈、筍丁螺肉、雪梗蒜絲、風鰻筍片、糟香筍尖、長生筍丁、雞胸筍塊；熱菜也是八只：竹雞一品盅、清涼春筍片、竹蓀鳳尾蝦、拔絲蘭花筍、牛碾竹筍煲、蝦筍湯鯉魚、南乳筍烤肉和蛇絲三味捲；還有竹葉糯米捲和子筍竹箸飯兩道點心，就連茶也是餘山龍井竹芯茶。

值得一提的是，作爲植物主題中的一類，花卉主題大有文章可做。根據有關部門預測，「全方位」的消費鮮花將會成爲新世紀的又一種時尚，鮮花不僅用來表情達意，而且走上了餐桌。上海等城市的餐桌上，已經頻繁出現各類鮮花，以鮮花爲原料烹製各種菜餚和飲品。普通的如百合西芹等，並且出現了許多以「花茶」、「花飲」爲主題的各類特色吧，引起了時尚男女的極大興趣。如位於杭州西湖邊的「天使冰王」冰淇淋屋就開始轉型，推出了各類花草茶，並賦予藝術化的名稱，如藍色憂鬱、巴黎香榭、紫羅蘭、薄荷風情等。有的花卉餐廳用新鮮的時令蔬菜配以少許顏色艷麗的鮮花，製作出獨樹一幟的「蔬菜花籃」，深受人們的青睞。這種蔬菜花籃，每天只需澆水一次，就能保持很長一段時間不凋謝。蔬菜花籃不僅賞心悅目，還能增添就餐者的食欲。並且，顧客還可買回家，既當藝術品，又可當做不錯的蔬菜籃。

　　事實上，吟花和食花兩者之間有著密切的關係。在千姿百態的花卉中，千古詩人爲之吟詠歌頌，揮毫潑墨，留下了不朽的篇章。這些奇花異草不僅能供人們觀賞、吟詠、賦詩寫意，更有不少花卉透過歷代名廚靈巧的雙手與智慧，巧妙合理地運用多種烹飪方法，與豐富的動植物原料相搭配，創造了許多味香色艷的美撰佳餚。如魯菜中的「茉莉銀耳」取茉莉的花蕾與潔白的雪耳，用清湯調和，成菜色香味醲，茉莉芳香開竅，雪耳軟糯滋陰。還有魯菜中的「龍菊廣肚」精選白菊與油發魚肚相配，採用扒的技法完成，菊花瓣宛若龍爪，魚肚形似玉牌，好像鳳凰展翅。可食用的鮮花可謂不勝枚舉，如菊花、牡丹、臘梅、荷花等，並且花中的根、莖、葉、瓣等均可食用，因此，若「百花園」內能提供各式花宴，並且用各式鮮花裝飾，收效一定不菲。

　　而目前，隨著保健意識的強化，純天然、高營養、具有保健功能的食品越來越受到當代人們的青睞，這一綠色環保食品逐漸成爲人們

餐飲消費的焦點。因此，可根據消費潮流，開設各類野菜餐廳。野菜不僅天然無公害，而且其維生素、氨基酸、蛋白質、脂肪及微量元素的含量，均優於種植蔬菜，有較高的營養價值，所含的碳水化合物、熱能，與蔬菜相比也毫不遜色，我國可食野菜資源本身就十分豐富，有二百餘種，多生長在山野、村邊、道旁，採摘起來十分方便，現在人們普遍接受並已食用的有蕨菜、野黃花、蒲公英、莒麥菜、小根蒜、柳蒿芽、刺五加、車輪菜、刺嫩芽、貓爪子等。並且，隨著越來越多的公司支持和開發野菜市場，野菜開發成本會下降，市場價格也會不斷下調，因此，利用野菜作爲主題吸引，將會吸引更多的現代人源源不斷地走上綠色餐桌。浙江寧波就已出現幾個野菜餐廳，有的酒店則推出野山菜專宴，受到當地人們的歡迎；而廣西的一些酒店則推出回歸自然的野生食用菌菜餚系列，有松茸、竹蓀、猴頭菇、牛肝菌等，因物以稀爲貴而大受顧客歡迎。

無論何種植物作爲主題，均應體現特色，並注意：

1. 植物應具備一定的營養價值。
2. 應選擇本地或某地獨有的或最出名的植物作爲主題吸引物：桂花是杭州最著名的花卉之一，地處杭州的餐廳可以桂花爲主題做文章，釀桂花酒、製桂花糕、吃糖桂花、讀桂花書籍、聞各種桂香等。
3. 選擇具有一定流行生命力的植物作爲主題。
4. 可按照植物之間的關聯性形成系列主題：若以某一種植物做主題略顯單薄，則可根據植物之間的關聯性形成系列主題。
5. 應透過各種鮮活的方式來傳遞主題：設定了主題，必須透過鮮活的方式巧妙地加以介紹。如選擇桂花爲主題，可將餐廳命名爲「桂雨流香」，並透過菜單、宣傳資料等介紹此特色。更直觀的方法之一可將餐廳的門設計不同品種的桂花造型，並配以簡

潔的文字說明，於飲食中見知識。

二、動物主題

作為人類的親密朋友，動物也是現代人寵愛的對象。考慮到飲食衛生等因素，以動物為主題的餐廳應考慮動物的觀賞性和趣味性，不能以奇特性取代基本的飲食常理要求。在動物的選擇上，應有意識地選擇那些具有文化象徵、觀賞價值和一定美感的動物作為吸引物。

龍是中華民族傳統文化的一部分。作為中國飲食文化內容之一的龍食文化內容豐富多彩，不但有龍茶、龍果，而且還有龍菜。

按說龍是不能吃的「神物」，但偏偏在古代的典籍中有食龍的記載。如《左傳·昭公二十年》記載：夏時有一個名叫劉累的人，跟著豢龍氏學「擾龍」受到獎賞，賜氏「御龍」。後來一條雌龍死了，劉累便將龍肉醃作肉醬獻給夏后，夏后美食一頓。由此可見，古代的龍是可吃的，不過，夏后吃的不是作為神物的龍，大概是鱷或是蛇之類的東西。當代人們製作龍菜，也大都藉用寓意性的動植物，如蛇、鯉魚、海參、對蝦、龍蝦等海產品和以龍為命名的龍鬚菜、龍眼、龍井茶等。通常說的龍虎鳳，是指蛇、貓、雞作烹飪原料。設計龍的菜餚品種繁多，比較著名的有廣東名菜龍虎鬥，浙江名菜龍井蝦仁，貴州名菜龍爪魚翅，宮廷菜龍鬚駝掌、雞米鎖雙龍，湖北名菜蠅龍菜，仿唐菜鏤金龍鳳蟹等。近些年來，龍菜又有所創新，如龍袍大蝦、蛟龍鬧海、烏龍賞月、龍宮宴、黃龍戲寶、龍鳳荔枝、群龍戲海等都選料考究，有形有味，色澤悅目，頗負盛名。因此，可推出以龍菜為主題的餐飲產品，在餐廳布置上，用雕花大龍做點綴，餐具也體現帶龍的文化傳說，推出龍菜、龍點、龍小吃等，定能引起人們的關注。如前不久，北京京華食苑龍吟閣水榭推出了大型世紀龍宴。

隨著高新技術的發展，在餐飲經營上也可藉助於科技手段虛擬動

物。風靡全球的熱帶雨林餐廳，就藉助於現代電子技術，形象地再現了亞馬遜河流域特有的一些動物以及一些存活於萬年前的動物，如大象、恐龍、豹、蟒蛇等，並模擬出相應的聲響，據熱帶雨林餐廳的設計師史迪夫‧舒斯勒介紹，該主題餐廳的設計出發點就是對動物的喜愛。他常常設想：在一個熱帶仙境，涼爽的霧氣瀰漫在階梯瀑布的四周，雷電滾滾而至，連綿不斷的熱帶風暴，巨大的蘑菇傘，古怪的蝴蝶、鱷魚、蛇和青蛙，吹喇叭的大象和逗趣的大猩猩，所有這些動物來往於巨大的菩提樹下，這裡的聲音氣味又都像是來自熱帶雨林，還有充滿想像力的食品……這一切就成爲日後全球第一家熱帶雨林餐廳的特色和標誌。置身於熱帶雨林餐廳，仿若進入一個想像中的動物樂園。人們一邊在巨大的人造雨林下享受美味餐飲，一邊可欣賞各種動物或動物畫像，餐廳內隨處可見色彩鮮艷、形象可愛的「名牌」T恤、運動衫、帽子、填充物製成的動物和玩具。同時，餐廳內還有一間寵物店，那裡可購買到新奇的巨嘴鳥、金剛鸚鵡和美冠鸚鵡等。爲了營造一個夢幻的世界，構思者兼設計人史迪夫‧舒斯勒和辛恩建築事務所的約‧格林伯恩一起設計了一個直徑爲十一點六公尺的大蘑菇，用以覆蓋一個「神奇蘑菇果汁吧」，吧內布置了一些惹人喜愛的、以動物和鳥腿爲形狀的吧凳；而海豚好像正在躍過三點七公尺高的瀑布；瀑布由循環泵推動，透過精密的過濾系統，保證水質清澈、衛生又環保；居然還有一條機器蛇在混凝土的「岩石」上爬行，水池中有一條張著大嘴的鱷魚；顧客每行進一步，每一次調轉都可欣賞到新的景致，感受到新的刺激。地面則是經過鹽酸染色處理，以模仿熱帶雨林中的各種色彩各異的「泥濘」路面。巨大的水族缸既是零售區收銀台和包裝台的一都分，又形成了餐廳入口處的拱門。餐廳中還有多個水池，裡面養著一百三十多種淡水魚和海水魚，用合成材料人工製成的「珊瑚礁石」爲水池增添了氣氛。在餐廳內，專設一位全職的館長和一位動物學專家負責照看水族館內和店中的珍稀鳥類，他們隨

時與大家分享自己的知識並回答人們提出的問題。由於主題鮮明，熱帶雨林餐廳很快在美國及世界得到迅速發展，展現了主題的魅力。

值得一提的是，以動物為主題招徠顧客時，應本著「我們是朋友」這一基本宗旨，確保地球生態圈的良性循環，不得藉口尋求賣點而濫殺珍貴動物。

在選擇主題動物時，有的動物也可用來製作成美味菜餚，比如「全魚席」，所有菜餚均以魚類為原料烹製，它是「全料席」的一種。所謂「全料席」就是專門以某一種原料或某一類原料為主製作的宴席。「全料席」要求選用某類原料的不同品種或某種原料的不同部位，採用多種烹調方法和調味手段，製作成各具特色的菜餚，使之組合成一套別具一格的宴席。

我國各地有許多風味獨特的「全料席」，北方以「全羊席」為代表，南方以「全魚席」為代表，此外，淮安的「全鱔席」、南京的「全鴨席」、浦東的「全雞席」、昆明的「鵪鶉席」、廣州的「全蛇席」等，都是各具特色的以動物為主要原料的宴席。下面介紹一套湖北的「全魚席」，其菜單如下：

一彩碟

金魚戲蓮

八冷碟

酸辣魚絲　龍井燻魚　東湖魚脆　桂霜魚條

麻辣銀魚　金鉤銀芽　芝麻西芹　薑汁蓮藕

九大菜

金粟魚米之鄉

紅燒金口回魚

白花筆架魚肚

清蒸樊口鯿魚

觀音檔煮財魚

珞珈珊瑚桂魚

椒鹽香酥魚排

什錦滿園春色

元寶猴頭菜膽

二湯

峽口明珠清湯

冰糖洪湖蓮米

三點心

玲瓏魚餃　螃蟹酥點　雲夢魚麵

水果

一帆風順

　　湖北自古有「魚米之鄉」的美名，「千湖之省」的雅譽，「水產為本，魚鮮為主」是鄂菜有別於其他菜系的主要特徵。從上面的「全魚席」菜單中，不難看出鄂菜廚師魚菜製作之精美，變化之多樣。整套菜餚緊扣「魚」字做文章，選料廣，製作精良，湖北地方特色濃郁。

三、農家生活主趣

　　富有生活氣息、田園氣息的農家生活也是現代都市人渴望的生活方式之一。緊張的生活節奏、冷漠的人情世故，使得現代人對那種「比鄰而居」、「雞犬相聞」、「互幫互助」的淳樸民風懷有強烈的好奇。農家生活主題餐廳就是為了迎合現代人的這種好奇心理。

　　在設計此類餐廳時，應考慮顧客心目中最理想的農家生活格調，並在環境布置、菜式搭配、廣告宣傳等方面聯合烘托主題。如可以簡

單的茅草屋作為餐飲消費空間，服務人員宜穿著隨意乾淨，菜式體現農家特色，條件許可，還可向顧客提供一套農家常用的炊具和菜點原料，讓顧客親自上陣，如擀麵條、燒灶台等。不過，此類餐廳應嚴格保持衛生標準。

　　北京的向陽屯食村就是以農家生活為主題進行開發設計。一進食村大院，只見院子中間有一個漂亮的噴水池，北面和西面的走廊上掛滿紅燈籠，給人一種喜氣洋洋的氣氛。北面和南面有八間餐室，每間餐室都有不同的名字，室內的布置風格也不同，餐室的門上還掛著妙趣橫生的對聯。「北京泥灣」、「掃盲夜校」、「光榮軍屬」、「灶王爺府」、「高粱穗子」、「模範夫妻」、「田間小路」、「莊戶人家」、「人好錢多」、「和泥的歲月」、「天橋的把式」、「燦爛的日子」等等為各室的名目。「小天地大場合讓我一席，論英雄談古今喝它幾杯」、「暴撮無肉不可，侃山離酒難成」、「滿園蔬菜又栽花，四壁圖書還掛畫」等等為門外的對聯，而室內有山東、天津和文革時期的年畫。大紅、大綠、黑白分明的色彩，使各間餐室充滿了民間文化的氣氛。為了突出特色，在「模範夫妻」的房間裡，進門就可以看到供在北面牆上的笑彌勒佛，面牆一側有紅色的婚床，上有紅幔帳、紅枕頭、紅緞子被。屋頂上有求子的圖騰圖案，是用剪紙的形式設計製作的。有的房間用的是大紅漆木八仙桌和紅木條凳，有的房間是土炕式，炕上放餐桌，配有沙發靠、坐墊。三百二十平方公尺的特大卡拉OK歌廳，也是現代土炕式的沙發靠、坐墊，真可謂絞盡了腦汁，甚至各餐室用的餐具也是民間陶碗，與環境和菜餚配套。服務設施是現代化的，特別是廁所十分乾淨。各餐室全有空調，都採用現代照明設備。至於餐飲，看一下食譜菜單就一目瞭然了：炸螞蚱、炸蠶蛹、炸金蟬、炸豆蟲、炸香椿魚、炸鮮椒芽、煮蠶豆、煮毛豆、馬齒莧、桂花菜、楊樹葉、柳樹葉、蘇子葉、苦苦菜、酸辣筍條、香椿拌豆腐、黃瓜小蔥蘸大醬、豬肉燉粉條、肉絲薇菜、肉絲蕨菜、肉絲苦瓜、炸

茄合、炸藕合、燉帶魚、炸小泥鰍、熬小魚、燒嘎魚、菜團子、手擀麵、豆沙餅、小米粥、包米、渣子粥、螞蟻湯……全是鄉土菜餚。由於注重了民間文化，使這家向陽屯食村很有格調。實踐證明，許多人慕名而來，而來的目的，「吃」成了次要的，吃的是格調，格調成了吸引人的一道菜。

四、典型案例

(一) 百花山莊

該山莊以鮮花為主題，整個餐廳就好像是一個花的海洋，到處都是爭奇鬥艷的各類鮮花。該餐廳還將花做成甜點，清爽可口，也有以花為食材的「百花宴」，廚師調配設計出各式各樣的百花餐點，百花餐點取用的都是當季的花卉材料，如菊花排翅羹、金盞葵畫蝦、家鄉金針花、笙鮑半天花、長年百合花、蒜花穿金針等等。

(二) 莊園特色餐廳

在菲律賓的馬尼拉市，沿著高速公路走近一個小時，便到達了一個主人名字叫愛思・古德羅的莊園。這個莊園面積二十多公頃，完全是菲律賓古老農莊的模樣。顧客可乘坐古老的牛車，向莊園深處走去。路邊的草坪、花叢間，不時出現菲律賓古代農村的農夫、農婦、少女、兒童以及水牛、山羊、雞、貓、狗等家畜、家禽的雕像。其間，還有古代各式戰車、古砲。路上，不時可聽到菲律賓古老的情歌。

牛車走到一個湖畔，顧客可看見湖畔有樹林、稻田、菜園、花圃等。稻田旁全部是草屋，掩映在樹林中。主人會向顧客介紹莊園內的一切情況。莊園內的房屋全部是用椰子木造成的，並且一切細微的擺

設也獨有特色，如各房內的煙灰缸是用椰子殼做的，燈罩是用椰子枝編的，看上去也很美觀，讓顧客體會到菲律賓農家的純樸生活。

　　莊園內水電站下面有一個露天水中餐廳。這個餐廳能容納二、三百人。瀑布流經水壩下一段水泥地平面，水控制在一腳多深。一張張桌凳擺放在水中。顧客可領取一份野餐，一面坐在座位上吃飯，一面腳可以在水中擺動，給人以涼爽之感。由於這個莊園具有這些「土」特色，吸引了無數顧客。

第六節　保健主題餐廳設計

　　健康概念在餐飲消費上日益受到顧客的關注。鑑於此，有的餐廳開始推出健康食譜，在餐廳內透過布置圖片、定期舉辦健康餐飲講座等方式引進健康訊息，有的餐廳提供一些基本的健康設施或服務，如提供午休設備、裝備按摩器等；還有的配合顧客的健康活動調整營業時間，如提前營業，滿足早運動顧客的需求，更多的是透過提供健康的就餐環境來突出健康餐飲概念，如禁煙、裝點綠色植物等。可見，健康不僅僅是停留在藥膳、素食，而且要向健美、健身方向發展，北京等地出現的運動餐廳就表徵著這一趨勢。

一、開設保健主題餐廳的注意事項

　　在開設保健主題餐廳時，應注意：

（一）透過查閱歷史資料，明晰健康、保健餐飲內涵

　　古代藥膳淵遠流長，神農嚐百草的傳說就反映了中華民族在遠古時代就開始探索藥物和食物的功用，故有「醫食同源」之說。我國是

個很注重「食」的國家，自古就有許多研究飲食的著作。早在西元前一千多年前的周朝，就有專門的食醫，即透過調配膳食為帝王的養生、保健服務；約成書於戰國時期的中醫經典《黃帝內經》，記載了藥膳方數則；而著成於秦漢時期，現存中國最早的藥學專著《神農本草經》，記載了許多既是藥物又是食物的品種，如大棗、芝麻、山藥、核桃、百合、生薑等。東漢「醫聖」張仲景在《傷寒雜病論》中，也記載了一些藥膳名方，如當歸生薑羊肉湯、百合雞子黃湯、豬膚湯等，至今仍有實用價值。唐代名醫孫思邈的《備急千金要方》和《千金翼方》專門列有「食治」、「養老食療」等門，藥膳方十分豐富。而唐代孟銑所著的《食療本草》是我國現存最早的食療專著。宋代王懷隱編輯的《太平聖惠方》論述了許多疾病的藥膳配方；陳直的《養老壽親書》是我國現存的早期老年醫學專著，其中有七十種左右的藥膳方，該書強調：凡老人之患，宜先以食治，食治未癒，然後命藥。而元代御醫忽思慧所著的藥膳專著《飲膳正要》，藥膳方和食療藥非常豐富。明代李時珍在《本草綱目》中收載了許多藥膳方，如藥粥、藥酒等。明代高濂養生專著《遵生八箋》也有不少養生保健的藥膳。清代的藥繕專著則更是各有特色，如王士雄的《隨息居飲譜》、章穆的《調疾飲食辯》、袁枚的《隨園食單》、曹庭棟的《老老恆言》（又名《養生隨老》）等。

因此，定位於藥膳主題的餐廳可根據以上諸多古書中的有關記載，請教營養專家，在傳統工藝的基礎上進行揚棄、提高、改良和擴展，結合現代科研成果進行研製，並且可針對不同的疾病對症下藥，如肥胖者、心血管疾病、高血壓疾病可服用不同的藥膳，而運動員、演員、礦工、學生等也有各自的配方，還有促進兒童健康發育或用於老年人延年益壽的保健食品或藥膳，真正做到因人制宜。

（二）藥膳不是食物與中藥的簡單相加

藥膳是在中醫辯證配膳理論指導下，由藥物、食物和調料三者精製而成的一種既有藥物功效，又有食品美味，用以防病強身益壽的特殊食品。

使得注意的是，以保健為主題的餐廳，仍舊要講究並保持絕佳的味道。如前幾年，也曾出現不少以經營藥膳為主的餐廳，但很快銷聲匿跡，其中很重要的一個原因是重視藥用功效的同時忽略了餐飲的「色、香、味」。藥膳放進了不少的藥，以治病為主，在心理上、口味上不討人喜歡。而營養保健菜以預防和保健為主，注重營養搭配，包括葷素搭配、主副食搭配、酸鹼平衡，當然也有的摻雜了一些藥膳通用食品如五味子、髮菜，但是沒有藥的味道，吃起來就是普通的美味佳餚，讓顧客開開心心地全面汲取營養。

（三）提倡並實踐「生態餐飲」學說

所謂「生態餐飲」學說，就是把本身當作是一個生態環境，透過攝取自然環境中的動植物來維護自身的生存，而餐飲是聯繫這兩個生態環境的樞紐，其合理與否對人類的健康發展起著至關重要的作用。飲食合理，將促進內在生態環境的平衡發展，飲食不當，將使內在生態環境不斷惡化，釀成疾病的惡果。生態餐飲就是要把飲食作為人體生態環境的重要手段，透過四季不同食品的選用以及在飲食中陰陽平衡、營養均衡的科學手段的綜合運用，來營造良好的個人身體生態環境。北京台灣飯店的同仁堂御膳，以其濃厚的中國傳統文化氣息在餐飲界小有名氣。而今，它提出並正在實踐的生態餐飲說，更是使這家餐廳名揚四方。同仁堂本身就是中國中藥的金字招牌，它利用招牌本身所具有的形象效應，定位於御膳，並召集烹飪協會、藥膳協會、食品研究所、中國綠色食品研究中心的專家，進行了御膳的研究。它集

中了中國五千年養生飲食文化的結晶，並融入現代營養學、烹飪學，以四季五補、陰陽平衡、酸鹹平衡為基礎，創造並實踐生態餐飲學說。

　　走進台灣飯店地下一層，即可步入裝飾得古香古色的甬道。此處一切均依照宮內陳設仿製，無論龍椅、龍柱、匾額、字畫等，均有出處。服務人員無論男女，一律身著宮裝，施宮廷禮儀，加上悠揚的古樂、秘製的薰香氣息等特定因素，竟使人恍若置身於百多年以前的清廷皇宮。同仁堂御膳的菜品更可謂是京城一絕。由粵菜名師康輝老先生、譚家菜第三代傳人陳玉亮老先生、宮廷菜第三代傳人董世海先生等烹飪界名人推出的名廚名宴，令食客們大開眼界。這些菜品共分為「春夏秋冬」四大系列，每一系列又分為「天龍、金鳳、千叟」三套宴，每套宴會再各分為三回，全年共分三十六回，每回均具有不同的養生作用。為了確保所用的原料達到「極品、綠色」標準，同仁堂御膳從原料開始就選擇綠色無污染的綠色基地，並在北京懷柔建立了綠色食品原料基地，專門生產無污染的蔬菜。同仁堂御膳將透過綠色、健康、文化的概念使其深入人心，從而達到改變人類的不科學的飲食習慣，並力圖向眾多的國內外客人奉獻「藥食同源，四季五補」的生態餐飲，以濃郁的宮廷氛圍為京城的旅遊文化增添一道亮麗的風景線，並藉此建立形象，站穩腳跟。

（四）藉助現代科技手段，提高健康餐飲的針對性

　　在武漢的一些美食餐廳，為加強針對性，採取由武漢食品研究所等科研單位研製出來的「健康飲食導向系統」。顧客在餐前只要把自己的年齡、性別、民族、職業、心理狀況、病史等輸入電腦，電腦很快就會打印出一份健康飲食指南，供顧客點菜參考，此招一出，前來就餐的顧客絡繹不絕。若保健主題餐廳能借鑑此招，定會產生錦上添花之效。

二、案例典型

（一）帝王軒

台中市大墩路上有一家以藥膳養生為主題的「食補藥膳專賣店」
——帝王軒，經過九年來的努力經營，帝王軒不但在台中地區打下了
藥膳專家的名號，更帶動了台中地區藥膳食補的風潮。

「帝王軒」取自中國古代帝王注重膳食、以藥膳來延年益壽之典
故，「帝王軒」以此為名。而讓現代人享用滋補中國千百年來帝王藥
膳食補精華，將藥膳生活化則是「帝王軒」開店的最大宗旨。它堅持
以「不斷精進飲食品味，提升服務水準」的信念回饋顧客，並提倡
「以藥膳吃出健康、將藥膳融入生活化」的養生理念。

由於所訴求的理念在於傳承整個中國藥膳的文化，因此，帝王軒
從外觀給人的第一印象，到整個內部的裝潢，無不是古色古香，中國
式的裝潢、桌椅、門窗，在中國古典音樂的飄散中，在古董的裝飾陪
襯下，不但凸顯帝王軒古色古香的特色與風格，更表現比帝王軒濃厚
的文化氣息。

在帝王軒所採用的即是中醫所謂的「食療」，一方面是取藥物的
性，一方面是取用食物之味，以「食藉藥力，藥助食成」相輔相成之
觀點，並注重人與天時、氣候、地理、環境等自然因素的關係，選擇
最適合的藥材，再進行食物的烹製。因此帝王軒的食療藥膳，既不同
於一般的中藥，又有別於一般的飲食，可說是一種具有食品美味又富
含營養及治療功效的特殊飲食。

嚴謹的製作與誠信務實的理念，加上廣泛尋求中醫專家之指導，
帝王軒將傳統藥膳融入現代烹調技巧，並依節氣變化，精心調理出適
合大眾口味和體質的一系列藥膳料理，包括藥膳鍋、藥膳套餐、傳統

藥膳料理、冷熱養生飲品、健康小點及健康養生茶包等，受到大眾的青睞。

（二）邊緣菜館

所謂邊緣菜館，是指在健康飲食觀念的指導下，花茶蟲子皆入饌，即鮮花菜、茶饌、蟲餚大量出現在餐桌上，使普通的餐飲更添生活情趣。隨著生活水平的提高，健康已擺在人們飲饌的首位，餐飲業要適應這一新的消費潮流，及時推陳出新，才能保持活力。邊緣餐廳的設計也可邊緣化，即可打破傳統餐廳布置，如不妨將餐廳設計成一個大花園，在鮮花、綠草叢中享用美味佳餚，菜譜設計、人員打扮也可邊緣化。

第七節　水果主題餐廳設計

水果不僅清新爽口，而且具有豐富的營養成分和一定的醫療價值，這已是普遍為人們所知的。因此，不少人都已將水果作為飯前或飯後的必備食物。但是，直接食用者較多，將之入菜食用者就相對較少。美食家們在多年潛心鑽研之後，為餐飲行業拓展了一個頗具創意的飲食新趨勢——以果入饌。利用這一飲食新趨勢又可以營造另一種主題餐廳——水果主題餐廳。

在設計水果主題餐廳時，應考慮以下因素：

一、利用水果的季節性特點使主題餐廳四季常新

由於水果生長時期不同，每個季節都有其代表性的水果，根據這一特色，以水果為主題的餐廳就可以隨著多樣性的季節做變化。每一

季可以推出該季的代表性水果菜餚，並在餐廳的布置、裝飾，以及宣傳廣告上突出濃濃的季節特色，給人以常變常新的感受。

二、創造一種水果文化

餐廳可以透過舉辦各種水果節活動突出其文化內涵。這水果節活動可以匯集各地不同的新奇水果，以奇制勝；也可以介紹不同水果的營養價值及其特定的醫療效用，以豐富顧客的知識為目的；更可以用水果作為原材料開展類似水果拼盤比賽、水果雕刻比賽、水果菜餚製作大賽等活動，以推動該地區的飲食文化的發展。

三、用水果主題引導一個健康飲食新概念

水果中富含的維生素C能養顏美容、潤白肌膚；纖維素可以幫助腸胃蠕動，促進消化；某些礦物質如鐵、鉀等又具有治療貧血、恢復新陳代謝等作用。善用水果有利人們的身體健康。水果主題餐廳可以引導一個清新自然的健康飲食新概念，使人們的飲食更營養、更科學、更健康。

但是，並不是所有的水果都適宜入菜，因此在烹調時要慎重選擇，合理搭配，才能烹製出真正對味的精美菜餚。

四、水果菜餚設計

現介紹台灣名廚許堂仁先生經過多年潛心研製而成的一些以水果為主要原料的精美菜餚，以供參考。

（一）春天的水果

• 枇杷鑲鮮蝦、白花鑲枇杷。枇杷又名無憂扇，果肉富含豐富的維生素A、蛋白質及礦物質，除了能生津止渴、潤喉爽肺外，亦兼具整腸、治胃、消除浮腫的功能。

• 陳皮梅扣肉。以橘子皮加工而成的陳皮，含有維生素E、維生素P，可健胃、化痰、清熱，具有降氣消氣的作用。

• 羊腩燉甘蔗、甘蔗燒牛腩。我國產量極大的甘蔗，除了含有容易爲人體所吸收的蔗糖、果糖、葡萄糖外，亦富含蛋白質、脂肪、鐵、鈣、磷及維生素等營養物質。具有袪痰、止渴、利便、治嘔等功能。

• 蓮霧拌蜇皮、蓮霧拌三絲。蓮霧含有豐富的水分，以及以葡萄糖爲主的醣類，是一種低熱量、高清涼的健康水果。

• 椰漿咖哩雞、椰子燉雞、椰絲托榴槤。椰子在硬實的外殼內，含有高量的蛋白質、澱粉與脂肪，是一種相當具有營養價值的水果。

（二）夏天的水果

• 荔枝炒雞丁、紅燒荔枝肉。甘甜多汁的荔枝別名「妃子笑」，含有高量的糖分及礦物質，具有散寒、袪濕、止渴、暖胃的功能。

• 芒果沙拉蝦、香芒炒蝦球。多產於熱帶地區的芒果，含有大多以蔗糖型態存在的高糖分；其果肉具有治療暈船嘔吐，以及健胃的效用。芒果又名「密望」，富含豐富的維生素A、維生素C及鈣質，其果核可清熱，爲夏季消暑之聖品。

• 水蜜桃鑲油條、綠茶蝦仁水蜜桃、蜜桃鮮貝杏仁捲。水蜜桃味道芳香而清甜，以果實飽滿、表皮顏色轉化完全的品質較好。水蜜桃的果肉含有蛋白質及鉀元素；因質地組織柔軟故較不傷胃，且有暖身之效，因此可以多加食用。

• 葡萄炒雞丁。葡萄又名「草龍珠」，富含果糖、葡萄糖及鐵質，除了能消除疲勞外亦能治療貧血，極適合供身體虛弱、食慾不振者加以食用。

• 菠蘿牛肉、鳳梨炒飯、鳳梨海鮮盅、乳豬夾鳳梨。菠蘿即鳳梨，含有多種營養成分，包括纖維素、維生素C、蛋白質分解酵素、鉀及醣類，具有消除便秘、恢復新陳代謝以及涼身等作用。

(三) 秋天的水果

• 蘋果炒蝦仁、蘋果夾烏魚子、蘋果干貝酥、蘋果燒雞。蘋果性屬溫和，會自然散發芳香氣味，內含豐富的果糖及葡萄糖，具有高熱量，可使人消除疲勞、增加活力、感覺飽足。又含有果酸、檸檬酸及果膠，榨汁飲用能止瀉，於睡前食用可治便秘，兼具健胃整腸之功效。

• 百香果蝦凍、百香煎鮮貝。百香果在暗紫色的果皮內，含有不少的蛋白質、礦物質與纖維素，可直接食用或調成果汁飲用。

• 水梨拌西芹、鮮梨夾火腿、水梨釀干貝、川貝雪梨燉銀耳。水梨含有多量的鈣、鎂、果糖及纖維素，對於喉痛、咳痰及扁桃腺發炎者有很大幫助。還具有退熱、醒酒、治便秘、治燙傷、止潰爛等多重功效。

• 酪梨海鮮、酪梨哈士蟆。來自中美洲及墨西哥的酪梨，因其果肉似乳酪故又稱「奶油果」，內含有極高的植物性脂肪與熱量。酪梨也稱「鱷梨」，還含有不少的蛋白質、纖維素與少量的醣類，是營養價值頗高的珍貴水果。

• 芭樂炒雞絲、魷魚炒芭樂、芭樂乾果凍。芭樂又稱番石榴，內含維生素C高居蔬果之首。另還含有礦物質與纖維素，是減肥極佳的天然食品。

（四）冬天的水果

• 青木瓜燒排骨、涼拌青木瓜、南北杏燉木瓜。木瓜又稱「鐵腳梨」，富含各種維生素、礦物質、纖維素及果糖，果肉豐滿香甜，氣味獨特，爲炎夏中引人入勝的水果。木瓜內還含有大量特殊的木瓜酵素，其性屬溫且無毒，具有鎭咳、化痰、潤肺、益肺之效。此外，木瓜還能治濕痺腳氣，加上木瓜本身含有輕微的興奮作用，因此有舒筋消腫及治關節痠痛的功用。

• 番茄盅蒸蛋、小番茄炒鮮貝、油醋淋番茄、番茄蓮藕。番茄富含維生素A、維生素C及醣類，爲低熱量食物，能清血、消化脂肪。番茄還具有消炎的療效，對於口角炎、急、慢性胃炎及十二指腸潰瘍均有幫助；而在新鮮番茄汁中加少許檸檬或蓮藕汁，則有袪除壓力及疲勞的功效。

（五）四季均有的水果

• 密瓜西米露。哈密瓜又名洋香瓜，口味香甜、肉質柔軟，富含水分及高礦物質，爲全年都可品嚐到的鮮果。

• 漬楊桃燉雞、楊挑牛柳。楊桃因其外形，故又名「五斂子」，含有鈣、鎂、鈉及蔗糖，食用後能令人清涼消暑。

• 香蕉百合銀耳湯。香蕉又名甘蕉，味道甘甜、香滑、順口，每根熱量約有334.41焦耳，營養價值極高。香蕉內含有多量的果糖、澱粉及纖維素，可幫助消化、促進腸子蠕動；若蒸熟而食，有益骨、通血、潤腸、利喉等功效。

• 金橘香蕉、糖醋香蕉夾鮮魚。金橘又名金棗，營養成分與一般柑橘類似，主要有維生素A、維生素C、維生素E，其果皮具有治咳化痰之效用。

• 奇異果粉絲拌蝦仁、奇異果蝦鬆。奇異果含有極豐富的醣類、

維生素C、纖維素、蛋白質及檸檬酸，食用後有提神解勞之功效。

• 紅龍果沙拉蝦。紅龍果又名「火龍果」，是一種仙人掌的果實，富含水分，以色艷、果大、質重者爲佳。

第八節　國宴主題餐廳設計

任何一個國家和地區都有集本國本地餐飲文化精華的國宴。因此，條件許可，可根據「國宴」這一大主題進行開發和設計。

一、設計國宴主題餐廳的注意事項

一般，在設計國宴主題餐廳時，應注意：

1.經營成本與付費能力之間的關係：既然是一國或一地餐飲文化的精華，國宴類的產品或服務價格一定較高，因此，餐廳要考慮經營成本和目標客源付費能力之間的關係，可選取某一國宴中的精華部分作爲主導產品，以介紹一國或一地的國宴爲主導服務內容，以節約成本，擴大顧客的收益。

2.研究該國的文化精華，謀求環境布置和國宴主題的一致性。

3.根據客源口味，選擇有代表性的國宴作爲設計主題。

二、典型國宴介紹

（一）日本國宴

日本國宴菜是生魚片，日本國宴或平民請客以招待生魚片爲最高

禮節。日本人稱生魚片爲「沙西米」，一般生魚片是以鯉魚、鯛魚、鱸魚配製，最高檔的生魚片是金槍魚生魚片。開宴時，先讓來賓看到一缸活魚，廚師現撈現殺、剝皮、去刺隨後切成如紙透明的薄片，碼盤端上餐桌，蘸著佐料細細品嚐，滋味美不可言。

（二）烏干達國宴

烏干達的國菜是香蕉飯，烏干達人招待來賓自始至終離不開香蕉，客人入屋先敬上一杯鮮美可口的香蕉汁，然後端上炸得焦黃的香蕉點心。正餐吃一種叫做「馬托基香蕉飯」，它是以一種香甜的香蕉爲原料，剝皮搗成漿糊狀，蒸熟後拌上紅豆汁、花生醬、紅燒雞塊、咖哩牛肉的飯，吃過「馬托基」的人，普遍稱讚這是世界上最好吃的飯，因而成了烏干達國宴之主菜。更妙的是香蕉啤酒，以香蕉和高粱混合發酵釀製而成，香甜醇厚。開宴時，先將酒壇擺上桌子，壇頂插著一公尺長的單管，賓主吮管而吸。

（三）墨西哥國宴

墨西哥的國宴是玉米宴。墨西哥人以玉米爲主食，即使舉辦國宴也是一盤盤玉米美食，其中「托爾蒂亞」是將玉米麵放在平底鍋上烤出的薄餅，類似中國的春餅，吃起來香脆可口。另一種獨具特色的美食叫「達科」，是包著雞絲沙拉、洋蔥、辣椒，用油炸過的玉米捲；其中最高檔次的「達科」是以蝗蟲做餡做成的。名爲「達馬雷斯」的美食是用玉米葉包裹的玉米粽子，還有用玉米粒加魚肉熬成的鮮湯。整席玉米國宴包括麵包、餅乾、可樂、冰淇淋、糖酒等，一律以玉米爲主料製作而成，讓人大開眼界。

（四）巴西國宴

巴西的國菜是烤牛肉。此菜是巴西上層宴席的一品國菜，也是民

間最受歡迎的一道菜，烤牛肉不加調料，只是在牛肉的表面上撒一點食鹽，以免喪失原汁原味，用炭火一烤，表面油脂滲出，外面焦黃裡面鮮嫩，有一種獨特的香味。烤肉部位有臀部、裡脊、中排等之分，不同部位有不同的味道，要吃什麼部位，服務員就會削什麼部位，直到吃飽為止。不過，在上國菜之前，先上若干道烤菜：烤香腸、烤雞心、烤雞腳、烤豬脊、烤豬排等，客人不可飢不擇食。此外，巴西的燴費，在世界上也頗具盛名，所以也被奉為國菜。所謂「燴費」是將巴西之特產黑豆、豬肉、香腸、煙燻肉、甘藍菜和橘子片用砂鍋燉熟，做好後澆在飯上或香茶上食用。據說這種菜是葡萄牙殖民地在統治巴西時傳下來的，由於巴西人非常喜歡吃，便奉為國菜。

（五）葡萄牙國宴

葡萄牙人把公雞當作是一種神聖、偉大、善良、正直的動物，公雞美餚便被當成了國宴。它是由紅蘿蔔、椰汁、牛奶以及香料拌著一塊塊嫩滑的雞肉，色香味俱全。

（六）荷蘭國宴

每年10月3日，荷蘭家家都會烹食國菜。該國菜並非是美味佳餚，而是由胡蘿蔔、白薯、洋蔥三味一鍋煮的雜燴菜，但因有一段感人的故事而成為國菜。在設計荷蘭國菜主題餐廳時，可介紹國菜的來歷：在1574年西班牙侵略荷蘭，荷蘭戰略要地萊頓被團團包圍。荷蘭領袖給城內荷蘭居民一封信，要求堅決守衛。但是航道太淺，荷蘭艦隊等待了三個月還是進不了萊頓港，援兵不出，軍民據城固守，全部糧食吃盡之際，10月3日忽然下起暴雨，水漲數公尺，荷蘭軍艦順利啟動，西班牙軍隊不戰自潰。城內外兩軍會師之時，到處尋找食物，但只有西軍丟棄的一些馬鈴薯、胡蘿蔔和洋蔥，他們就將這三種食物倒在一起混煮，每人一份。荷蘭人因為這道菜得救，就定為國菜，每

年10月3日家家煮食，人人食用，以憶苦思甜。

（七）伊拉克國宴

伊拉克的國菜叫「曼斯佐夫烤食」，是該國招待外賓的美食。開
宴時，身穿阿拉伯民族服裝的一對男女兒童，手捧一盤這種國菜椰
棗、一杯酸牛奶送上，以表主人的情誼，曼斯佐夫烤魚則是國宴必備
之佳餚。這種魚是底格里斯河的特產，將魚用木柴火烤熟後拌上作
料，香氣四溢。

（八）德國國宴

德國的國菜是香腸和火腿。德國的食品最有名的是紅腸、香腸及
火腿。他們製造的香腸種類起碼有一千五百種以上，並且都是豬肉製
品。德國的國菜就是在酸捲心菜上鋪滿各式香腸及火腿；有時用一整
隻豬後腿代替香腸和火腿。

附錄 其他特色（主題）餐廳

手抓飯餐廳

在菲律賓有一家「手抓飯餐廳」，該餐廳的主要特色在於顧客進餐時捨棄一切的餐具，取而代之的是顧客與生俱來的雙手。所有的餐食均用手抓方式完成整個「吃」的過程。用完餐，服務員會拿來白色塗料，請顧客在深咖啡色的布框上印上手印，這是手抓飯餐廳最有趣、最有特色的「美餐」──在此用餐的每一個顧客均可按下自己的手印，並在旁邊用各種字體簽下本人「大名」，服務員會將這些手印掛在餐廳內的某些地方作為永久性的紀念。

幽默餐廳

在幽默餐廳裡，食客踏進店裡，就能聽到播放的笑話、相聲、小品等錄音。服務小姐每上一道菜，便會送上一張寫有幽默故事或笑話的卡片，以供進餐者欣賞。這種別有新意的餐廳總是顧客盈門，尤受歡迎。

魔術餐廳

在魔術餐廳裡，服務員是魔術師，在上菜的同時，也會為你獻上一段精彩的魔術，使顧客口福、眼福兼而得之。有時，魔術餐廳還聘請外地和國外的魔術師在餐廳裡一展身手，令食客捧腹大笑，光顧者絡繹不絕。

紅軍餐廳

江西南昌有一家「紅軍餐廳」。店主別出心裁地推出了當年紅軍吃的紅米飯、南瓜湯之類的食品，店內裝飾也是仿照當年蘇區的建築風格，古箏、提琴還爲客人演奏革命歌曲。

電腦點菜餐廳

在上海有一家網絡餐廳，吸引了眾多的網路使用者。這是以全新的理念建設的新餐廳，成爲上海展示訊息產業發展的一個窗口。

點菜一般要找服務員。這裡，顧客動動手指，點擊觸摸螢幕，便可瀏覽餐廳的菜餚介紹、照片、價目，隨意選擇。等待上菜的時刻，可上網瀏覽，並進行視頻點播，不會有寂寞的感覺，可以瀏覽一下今日的新聞、體育賽事、娛樂訊息、商務要聞，也可點播自己喜歡的節目。這就是由上海在線（www.cnmaya.com）投資千萬元興建的上海長樂花苑餐廳，將網路與餐飲娛樂相結合，接入了寬一百五十五兆的寬頻網路。每個桌上都有手提電腦，顧客點擊電腦出現顯示螢幕，便可在網上點菜、訂座，並能及時看到點菜的總價。

恐龍餐廳

在餐廳內放著經過藝術家精雕細刻的各類恐龍模型，這些早已絕跡的古生代與中生代的爬行動物姿態各異，栩栩如生。

輪胎餐廳

日本人用數以百計的廢棄舊輪胎建成了一個餐廳，實際上，這個餐廳是個兒童樂園。裡面的鞦韆、滑梯、機器人，甚至圍牆、販賣部和地板，都是以舊輪胎爲原料製成的，因而孩子們在遊戲的時候十分安全。此外，它也向孩子們形象地灌輸「廢物利用可變廢爲寶」的節

儉意識。

童謠餐廳

這是仿照日本和歌山縣紀伊半島的童謠公園而建成的，在餐廳內樹立著流行於日本的童謠的歌碑和童謠中描寫的人物的青銅像。走廊是一條長長的「童謠散步路」，其兩側樹立了從全國各地收集的七首最受人歡迎的童謠的石碑，並且餐廳內有一種特殊的裝置，每當在歌碑前停下腳步，童謠的旋律便會自動響起。

時間餐廳

餐廳內有一個空心圓圈造型，其下是一個時鐘模型的實心大圓圈，顧客到此，感覺像是走進了時光隧道，目的是讓人們珍惜時間。

水族館

餐廳內置一個巨大的玻璃缸，長約十七公尺，寬約十公尺，有三層樓高。在這個巨大的玻璃缸裡面，養殖著許多熱帶海洋生物。這是一家專門經營各類海鮮的餐廳。在餐廳裡面，有十二個長四公尺，寬二公尺的窗戶，透過這些窗戶，可清楚地領略到大水缸中的景致。潛水員每天在水缸中餵七次魚，每次約十五分鐘。顧客可欣賞潛水員的整個餵魚的過程。有興趣的話，顧客也可隨同潛水員一起進入這個逼真的「海底世界」遨遊。此舉的目的是強化餐廳的特色，讓顧客在就餐過程中，彷若自己正置身於海底世界，別有情趣。

倒立餐廳

日本松本市一家餐廳，牆面傾斜成五十度，室內裝飾擺放都是倒置的，門口的哈哈鏡映出顧客腳朝上頭朝下的模樣，桌子上的電視機的圖像是反的，牆上時鐘逆時針旋轉，茶杯、咖啡壺底朝上，使就餐

者彷彿進入了奇妙的倒立世界。

不醉餐廳

義大利米蘭有家喝不醉的餐廳，以經營酒為主，實行酒量分檔服務，配有專門的調酒師，能對每個檔次的顧客科學定量供酒，並配以各種飲料、食品，酒客可以盡情喝酒而不必擔心喝醉。

動物餐廳

智利聖地牙哥有一家動物餐廳，除了廚師和收銀員外，服務員全是動物，門口有鸚鵡歡迎顧客並問好，金絲猴替顧客存放衣物，長耳犬請客人入座並遞上菜單，黑猩猩和短尾猴負責上菜送酒，吸引了大量顧客。

計時餐廳

義大利有一家餐廳根據顧客用餐時間的長短收費。一般每分鐘三千里拉，以此鼓勵人們節約時間，由於經營效率高，接待顧客人次多，營業額很大。

野草酒吧

法國巴黎有一家野草酒吧，其菜單上明白地寫著野黃花草、野水芹、珊瑚草、蒲公英等，廚師就是以這些野草為原料，製作出一道道色香味俱佳的菜餚，連酒也是用野草、野果釀製的，風味獨特。

回扣餐廳

美國密西根州的阿漢姆餐廳，給顧客發放回扣招徠顧客，餐廳為每個食客立個戶頭，逐次記下每次用餐帳目，每年9月30日結帳，餐廳視客戶用餐金額的多少將總利潤的10%分發給顧客，招徠回頭客。

袖珍餐廳

美國俄勒岡州有一家最小的餐廳「雙座軒」，每週營業五天，每天招待兩位客人，只供應一頓中餐，數年如一日，生意興隆。顧客一般要在三個月之前預訂才能享受到兩位老板兼廚師的親切款待和常新菜餚。

廚房餐廳

丹麥有一家廚房餐廳，餐廳與廚房合二為一，廚師當著顧客烹飪，這樣不僅有利於顧客監督和檢查菜餚的數量、質量和衛生狀況，還可以欣賞廚師的烹飪技藝並學點做菜的技巧。

毒蛇餐廳

印尼首都雅加達有一家餐廳，佳餚美酒皆與蛇有關：毒蛇酒、毒蛇肉、毒蛇湯等。飲料是用眼鏡蛇血調製成的雞尾酒，而就餐的人很多，因為當地人相信蛇餐對風濕病等有奇效。

禁煙餐廳

日本東京麻布區有一家餐廳別出心裁，效法政府，明文規定顧客入內不准吸煙，成為日本第一家禁煙餐廳，許多不吸煙和吸煙的人都慕名前來，吸煙的人是為了自己的健康，依靠餐廳強制戒煙。

垂釣餐廳

在土耳其有一家垂釣餐廳，它的營業廳後面設有數個魚塘，塘內放養著魚，顧客若想品嚐鮮魚，可向餐廳租借釣竿、魚餌到魚塘垂釣，釣上的魚過秤後由廚師代為烹飪。

聾人餐廳

菲律賓馬尼拉的黎剎公園內有一家聾人餐廳，包括經理在內的一百五十人全是聾人，職員用手交談，客人在特製的表格上劃叉點菜，其他的要求則寫在紙上，此舉吸引了不少慈善家。

無人餐廳

德國漢堡有一家無人餐廳，一切工作均由電腦負責。顧客往販售機投入鈔票，一會兒就會送出快餐，飯畢客人往回送餐具，又會得到擦臉用的毛巾。

沙漏餐廳

在沙漏餐廳每張餐桌中間均有造型各異、格調高雅的沙漏。每當顧客就位後，服務員就把沙漏倒置而放，裡面的沙子便一點點往下漏。大約過了一小時，沙子漏完，此時就應是起身結帳的時間。此舉是為了提高餐桌的利用率。

擊鼓餐廳

肯亞的培羅歐有家餐廳，客人一進大門，懸掛在門口的大鼓就被敲響，通報有客人前來，帶位服務員聞鼓聲而趨前迎客。客人結帳離去，門口大鼓再次響起，隨即有服務員前來送客。這還不算，每張桌子還放有一面小圓鼓，客人想叫服務員，不用說話，只需要敲響小圓鼓，服務員就來了。當然有一定的規矩，只能輕敲，不能重擊，只能敲四下，多一下也不行，少一下也不行，客人結帳，也是敲那面小圓鼓。

鈔票餐廳

美國加州有一家酒吧，裡面貼滿了各國的鈔票。在酒吧屋頂上貼鈔票的習俗是從漁民開始的，光顧酒吧的漁民相信，在屋頂上貼鈔票，會使他們在捕魚時碰到好運氣。當地居民及外來遊客得知後，爭相效仿，希望好夢成真。凡貼鈔票的人，都在鈔票上簽上自己的名字。他們隨時可到酒吧檢查自己的鈔票是否仍在。酒吧的主人為了自己的信譽和前程，對貼在酒吧內的鈔票當然一張也不會挪動，但仍有鈔票被偷走。貼鈔票的人一旦得知自己的鈔票被偷，通常都會補一張。而酒吧的主人也會通知貼鈔票的人有關他們鈔票被偷事宜。因此，許多來自加拿大、日本、澳洲等地的顧客，都會寄回一張鈔票，請店主把它補貼在酒吧的屋頂上。

海盜酒吧

在法國毗鄰摩納哥的地方有一家世界上獨一無二的海盜餐廳。這家餐廳只做晚上的生意。晚市開始，身穿五彩繽紛海盜服、腰懸彎刀、足蹬尖頭靴的服務員，禮貌而訓練有素地招待客人，進餐後，貴賓們紛紛動手砸爛自己的桌椅，或是用香檳酒向鄰座潑灑，但見刀叉杯盤橫飛，桌椅四腳朝天。盡情發洩之後，胡鬧者會自動賠償損失，款額大約在成千上萬之間。摩納哥王子阿勒培赫有次帶著二十五位朋友縱火燒餐廳桌椅，事後賠償三萬美元，但也僅僅得個亞軍，冠軍是阿拉伯王子，他所保持的紀錄是賠償五萬美元。

木偶餐廳

在德國波恩市有一家木偶餐廳，餐廳的老闆特別製作了一批提線木偶，由專人操作、配音，讓木偶當服務員。顧客進餐廳坐下後，木偶服務員侍立桌邊，用悅耳動聽的聲音向顧客問好。木偶服務員還善

於察言觀色，遇上心情不佳的顧客，會坐到旁邊陪同談笑解悶。

水下餐廳

加拿大有一位老板在海港旁建起了一家水下餐廳，面向大海的一面是高強度的鋼化玻璃，可從那裡眺望海底景象。顧客從海岸邊由一通道進入水下餐廳後，便可一面用餐，一面欣賞海底奇觀。

囚犯餐廳

在美國新澤西州有一家由感化中心開辦的囚犯餐廳，侍者彬彬有禮，服務一流，菜餚豐盛可口，令人唇齒留香。而在其中服務的，包括廚師、服務生以及洗碗工，共十四人，全部是正在服刑的犯人。餐廳每週營業五天，供應早餐和午餐，每次最多接待一百位客人。裡面雖無獄警，但服務的囚犯無一逃跑。由於用人費用低廉，該餐廳每年可賺十五萬美元的純利，供感化中心使用。

電子餐廳

日本有一家電子餐廳，除了廚師以外，其他一切都是由電子控制，從顧客進門開始，電子門自動迎接客人；餐桌上螢光幕自動顯示菜單，顧客需要何種菜餚，只要用桌上的特製電子筆，在螢光幕上打記號，電子計算機就會給客人自動記帳。

生吃餐廳

美國亞特蘭大市有一家生吃食物的餐廳。餐廳內沒有爐灶，廚師全靠攪拌器、廚刀和豐富的想像力，製作出別出心裁的美味佳餚。例如，用紫菜包裹滷水什錦菜的諾拉捲，用果仁製成的肉丸，用胡蘿蔔絲、芹菜種子等製成的特色沙拉等，都是未經過烹煮的天然食物。顧客以素食為主，每天顧客盈門。

巨魚餐廳

美國某海灘有一家外形為巨魚形狀的餐廳，主要經營海鮮，顧客進店後，可在魚腹內食用海鮮，也可在大魚口的露天平台上居高臨下看風景。

飛機餐廳

馬尼拉的一個飲食集團將已故「貓王」普利斯萊擁有過的一架私人波音七〇七噴射機改裝成了豪華的飛機餐廳，裡面的裝修保持「貓王」當年使用的原貌。餐廳主要以「貓王」的海報和畫像作裝飾，音響系統只播放「貓王」的歌曲，經理和服務員則裝扮成機長和空姐，飛機餐由名廚料理。

參考文獻

《二十一世紀飯店發展趨勢》，王大悟著，華夏出版社，1999年12月。

《中外飯店》，1996至1990年合訂本。

《中國食品報‧餐飲週刊》，1999至2000年合訂本。

《中國旅遊飯店業的競爭與發展》，魏小安、沈彥蓉著，廣東旅遊出版
　　社，1999年9月。

《中國旅遊業新世紀發展大趨勢》，魏小安等，廣東旅遊出版社，1999
　　年12月。

〈中國餐飲業：邁向新世紀〉，閻宇，《中國食品報‧餐飲週刊》，第
　　75期，2000年1月13日。

《主題餐廳設計》，馬丁‧M‧佩格勒著，甘海亮譯，安徽科學技術出
　　版社，2000年5月。

《市場定位方略》，傅浙銘、張多中著，廣東經濟出版社，1999年。

〈多元化餐飲的時代特徵〉，邵萬寬，《中國食品報‧餐飲週刊》，第
　　92期，2000年6月15日。

《老字號的特色經營與創新》，林永匡著，《中國旅遊報》。

〈近觀美國餐飲業〉，韓明、陳新華、閻宇，《中國烹飪》，2000年第5
　　期。

《旅遊》，1996至1999年合訂本。

《旅遊天地》，1996至1999年合訂本。

《飯店營銷學》，陳偉主編，中國商業出版社，1996年5月。

《籌劃店鋪》，李響編著，民主與建設出版社，2000年1月。

主題餐廳設計與管理

餐旅叢書

著　　者／黃瀏英

出 版 者／揚智文化事業股份有限公司

發 行 人／葉忠賢

執行編輯／晏華璞

登 記 證／局版北市業字第1117號

地　　址／台北市新生南路三段88號5樓之6

電　　話／(02)2366-0309　2366-0313

傳　　眞／(02)2366-0310

E - m a i l／tn605541@ms6.tisnet.net.tw

網　　址／http://www.ycrc.com.tw

郵撥帳號／14534976

戶　　名／揚智文化事業股份有限公司

印　　刷／偉勵彩色印刷股份有限公司

法律顧問／北辰著作權事務所　蕭雄淋律師

初版五刷／2015年5月

定　　價／新台幣400元

I S B N／957-818-366-6

本書如有缺頁、破損、裝訂錯誤，請寄回更換。

版權所有　翻印必究

國家圖書館出版品預行編目資料

主題餐廳設計與管理/ 黃瀏英著. -- 初版. -- 台
北市：揚智文化, 2002[民91]
　　面；　公分. -- （餐旅叢書）
參考書目：面
ISBN 957-818-366-6 （平裝）

1. 飲食業 - 管理 2. 餐廳 - 設計

483.8　　　　　　　　　　　　　　　90022200